看透JavaScript

原理、方法与实践

韩路彪 著

JavaScript in Action

Principles, Methods and Practice

清华大学出版社

北京

内容简介

本书由资深软件开发专家撰写，凝聚其多年开发经验，系统、深入、全面地阐释JavaScript，内容涉及流行的Web开发实践，结合实际案例进行讲解，授人以渔。本书内容并不局限于某个具体功能的使用方法，而是系统深入地讲解JavaScript的本质与结构，清晰阐释ECMAScript、DOM和BOM三部分内容的关系及重要性，以帮助开发人员全面深入了解前端开发技术。本书讲解的内容通俗易懂、深入浅出，特别是书中所用示例的设计，它们不仅可以让读者理解某个知识点的用法，更能让读者明白具体知识点所使用的场景，从而更深入地理解具体内容。

本书内容安排合理，架构清晰，注意理论与实践相结合，适合那些希望学习Web编程语言的初、中级程序员和希望精通JavaScript的程序员阅读。

图书在版编目(CIP)数据

看透JavaScript：原理、方法与实践 / 韩路彪著. —北京：清华大学出版社，2017

ISBN 978-7-302-46794-6

I. ①看… II. ①韩… III. ①JAVA–语言–程序设计 IV. ①TP312.8

中国版本图书馆CIP数据核字（2017）第052768号

责任编辑：秦 健
封面设计：李召霞
责任校对：徐俊伟
责任印制：刘海龙

出版发行：清华大学出版社

网 址：http://www.tup.com.cn，http://www.wqbook.com
地 址：北京清华大学学研大厦A座 **邮 编：**100084
社 总 机：010-62770175 **邮 购：**010-62786544
投稿与读者服务：010-62776969，c-service@tup.tsinghua.edu.cn
质 量 反 馈：010-62772015，zhiliang@tup.tsinghua.edu.cn

印 装 者：三河市铭诚印务有限公司
经 销：全国新华书店
开 本：186mm×240mm **印 张：**25.25 **字 数：**550千字
版 次：2017年9月第1版 **印 次：**2017年9月第1次印刷
印 数：1～3000
定 价：79.00元

产品编号：073287-01

献　给

父亲韩志荣

Preface 前　言

第一次接触 JavaScript 时的场景现在已经记不清了，不过因为有其他语言的基础，我很快就上手了。当时感觉 JavaScript 就是一门不需要专门去学的语言，太简单了！

但是，随着使用的深入，才逐渐发现事实并非如此。JavaScript 既不像 C 语言这类面向过程的语言，也不像 C++、Java 这类面向对象的语言。JavaScript 中有些概念虽然在其他语言（这里主要指 C、C++ 和 Java）里也有，但是含义却不尽相同，而且 JavaScript 中还有很多其他语言所没有的用法和概念。例如，在函数体中还可以再定义另外一个函数，函数也是对象，而且有个特殊的 prototype 属性，另外也可以使用函数创建对象，以及由此引出的闭包、参数作用域链和琢磨不透的 this 指针等，后来感觉越用越不明白了。

随着近几年 B/S 结构的快速发展，JavaScript 已经成了一门不可或缺的语言。GitHub 在 2015 年 8 月 20 日发布的统计数据显示，JavaScript 是现在最受欢迎的语言。另一篇开源中国社区的文章更是指出，在所有 stars 超过 10 000 个的仓库中，基于 JavaScript 开发的仓库占到 55.7%！

既然离不开那就将其弄明白。经过一段时间的努力终于将其弄清楚了，而且也明白了其背后的实现原理。既然花费了不少精力，那么何不让更多的人受益，以使自己的付出更有意义呢。于是就有了大家手中的这本书。

本书的目标是帮助读者理解 JavaScript 的各种语法及底层的实现原理，进而灵活使用其所提供的内在对象，所以本书并不是针对零基础的读者。如果您要阅读本书，至少需要使用过 JavaScript，如果同时还使用过 C/C++ 或者 Java 就更好了。

本书特点

- **系统**：全书采用了总分总的结构。首先整体介绍了 JavaScript、ECMAScript、DOM、BOM 和 HTML5 之间的关系，然后依次对每一项内容进行讲解，最后进行总结。全书系统介绍了 JavaScript 的内部结构；提出了将 JavaScript 分为两种对象的思维方式；深入分析 JavaScript 中各种属性和变量的关系；系统阐述 DOM 及其节点的结构；

深入分析了 HTML5 中 6 种新增内容的使用方法。

- **全面**：全面包含整体和细节两个方面。从整体来说，包含 JavaScript 基础、ECMAScript 2015、DOM、BOM 和 HTML5 这 5 个部分，几乎涵盖了 JavaScript 的所有相关知识。细节指每一部分内容的全面性，例如，JavaScript 基础里涵盖了 this 指针、变量作用域、prototype 继承、闭包、对象与对象之间的关系等比较容易出错的内容，ECMAScript 2015（ECMAScript 6）中介绍了绝大部分新增的内容，而 HTML5 部分几乎对所介绍的每种功能都讲解了其所包含的全部方法和属性。
- **深入**：本书并不仅仅给大家介绍 JavaScript 中的各种语法，还说明了底层的实现原理，以及使用中需要注意的地方。另外，对于读者可能不熟悉的内容（例如，数据库、多线程等）会先介绍相关的概念，然后介绍 JavaScript 中的操作方法。
- **通俗易懂**：本书尽量使用通俗易懂的文字给大家介绍相关知识，避免因为一些专有名词而给大家造成理解上的困难，对于不容易理解的地方还会通过比喻或举例来帮助大家理解。

本书结构

本书一共分为 5 篇。

第一篇整体介绍 JavaScript 的结构，以及与 ECMAScript、DOM、BOM、HTML5 的关系，另外还对 ECMAScript 的语法及背后的原理进行了系统讲解。

第二篇系统介绍 ECMAScript 2015 中新增的内容。

第三篇介绍 DOM 的结构及其所包含的各种子标准。

第四篇介绍 BOM 中的 4 个对象。

第五篇介绍 HTML5 中的 6 种实用功能，并对全书进行总结。

致谢

本书的整个编写过程都离不开父亲韩志荣的支持和在背后的默默付出，这种感谢是无法言表的。另外，还要感谢清华大学出版社的秦健编辑以及他所在的团队，如果没有他们的支持和付出，本书也不可能跟大家顺利见面。

写书并不像看书那么简单，虽然笔者已经尽力了，但是由于精力和能力的原因难免还会存在表述不准确甚至不正确的地方，还请大家不吝批评指正。

Connect 目　录

第一篇　JavaScript 基础知识

第二篇　ECMAScript 2015 中的新特性

第三篇　DOM

第四篇 BOM

第五篇 HTML5

第一篇

JavaScript 基础知识

第 1 章介绍学习 JavaScript 的方法。磨刀不误砍柴工，好的学习方法可以让学习更加轻松。

第 2 章对 JavaScript 做了整体介绍，包括 JavaScript 的历史，ES、DOM、BOM 的概念等内容。这一章大致了解一下即可。

第 3 章介绍了所用到的工具以及 JavaScript 的本质和结构。这一章的内容非常重要，请读者认真学习，仔细琢磨。纲举目张，这一章就是 JavaScript 的纲。

第 4 ~ 6 章分别介绍了 JavaScript 中的三类对象属性，包含 prototype 属性对象、函数执行的原理、参数的作用域链、闭包、对象的不同类型属性等很多重要内容。

第 7 章介绍点运算符和 this 关键字。这是很多 JavaScript 开发者，特别是新手容易困惑的地方。

第 8 章介绍 Global 和 Window 对象。这一章对于理解 JavaScript 整体的对象结构非常重要。

第 1 章　JavaScript 怎么学

学习方法对于学习，就像图纸对于生产加工一样重要。如果没有好的学习方法，就像加工零件没有图纸，学习的效率也不会很高。对于学习 JavaScript 来说更是如此。

1.1　三种学习方法

在介绍学习方法之前请大家先看一个示例。记得我在小的时候经常看见大人查看地图，于是我自己也装模作样地看。那时候我是在地图上随便找个地方就看，看那一片都有哪些名字，有几条线，每条线都是什么走向。不过这样看过之后觉得跟没看差不多，而且看的时间越长反而记住的越少。

稍长后我明白了地图是用来查的，去什么地方之前拿出来查一查就知道怎么走了。不过这么看的时候脑子里记住的还是各种线，路线长的时候就记不住了，而且容易搞混。

再后来才知道看地图还有更好的方法。首先要弄明白为什么要看地图。看地图的目的一般来说可以分为两大类：找位置和找路线。而要想完成这两个目的，最好先在脑子里面建立一套完整的框架，这样找起来就容易了。对于位置来说，应该先看整张图可以分为几块。例如，对于我的家乡长子县的地图来说，就应该看划分为多少个乡镇，以及每个乡镇的大概形状和位置关系，然后对每个乡镇仔细查看和学习，这样各个乡镇的位置之间就有了层级关系，再找某个具体位置的时候就容易多了。另外，还可以看长子县在市级行政区域中所处的位置。例如，在长子县标准地图的左上角可以看出长子县位于晋东南地区，这样在地图上查找位置就容易多了。对于路线也是一样的道理，首先要看都有哪些主干线，每条线的大致走向、通过哪些乡镇，然后再看支线、支线的支线……这样看起来就比较系统了，脑子里存储的不是一条一条线而是一个有层次结构的树，这时候即使没走过的路线也能“猜”得八九不离十。

上面所说的只是单纯看地图，如果想真正看透还需要查阅更多资料，甚至亲自走一趟，有些东西只通过地图是看不出来的。例如，长子县的标准地图中有个“常张乡”，其中的第二个字如果从文字表面来看应该读“zhāng”，不过本地人实际上将其读作“cháng”。再例如，

“长子县”的第一个字应该读“cháng”还是“zhǎng”呢？实际应该读“zhǎng”，是大儿子的意思，据说是尧王长子丹朱的封地，这些通过地图是看不出来的。一张小县城的地图都这么复杂，更何况市地图、省地图、国家地图甚至世界地图了。虽然地图不一样，但是看地图的方法都是相通的。

1.2　JavaScript 的学习方法

“治大国若烹小鲜”，按照中国的传统文化来讲应该是一通百通。虽然上文介绍的是看地图的方法，但是同样适用于 JavaScript 以及其他知识和技术的学习。

对于学习 JavaScript 来说，大致也有跟看地图类似的三种学习方法。第一种是先找到像字典一样的 JavaScript 资料，然后从头到尾一点一点看；第二种是在遇到问题后直接寻找解决方案；第三种是先整体思考 JavaScript 是什么、怎么实现的及学习 JavaScript 的目的，然后再有目标地进行系统学习，最后在脑子里建立起一个整体的框架，并且弄明白每个地方的实现原理，这样就差不多了，当然更重要的是多实践多总结。

对于前两种方法，本书就不多说了。第三种方法虽然看起来很复杂，但是只要大家跟着本书来学习，应该会觉得很轻松，而且在学习完之后对 JavaScript 的认识应该也会有质的提升，再使用 JavaScript 的时候会得心应手。

对于第三种学习方法来说，首先要明白为什么需要 JavaScript（或者说 JavaScript 是怎么提出来的）、JavaScript 是什么、有什么用，以及它的结构是什么样的？对于这些问题本书将在接下来的两章中给大家介绍。这里先给大家介绍 JavaScript 的三点特性，让大家对 JavaScript 有一个整体的认识。

1.2.1　JavaScript 是一种面向对象的语言

要理解面向对象首先要明白什么是对象。网页中的一段文字、一个文本框、一张图片、一个样式表规则以及浏览器的导航器等都是对象。另外，JavaScript 中也有为了方便操作自身提供的对象，而且可以自定义对象，JavaScript 中的函数其实也是一种对象。JavaScript 的目的就是要操作这些对象，例如，“把某个文本框的内容清空”，这就是对这个文本框对象进行操作，再例如“返回上一页”就是对导航器这个对象进行操作。只不过 JavaScript 不是中国人开发的语言，所以它并不认识上面的语句，要想操作某个对象，就必须使用 JavaScript 所规定的语句才行。从这里可以看出学习 JavaScript 主要包含以下三方面内容。

- JavaScript 怎么操作对象。
- JavaScript 中都包含哪些对象，每一类对象都有些什么功能。
- 不同对象之间是什么关系。

1.2.2 JavaScript 是一种脚本语言

脚本语言的功能是修改或者称为“操作”，而不是创造，所以，JavaScript 并不能从无到有创建出来一个页面，而只能是对页面进行修改（有的读者可能会觉得 JavaScript 可以在一个空白页面上随意写内容，但那只是对页面进行修改，页面本身是由浏览器创建的，打开新页面也是类似的道理，如果没有浏览器，JavaScript 自己是创建不出来页面的）。因此，JavaScript 并没有类似于其他语言的入口函数 main，真正的入口函数 main 在浏览器程序中。

脚本语言是一堆命令的集合，一般来说会有一个解释器，由其负责从头到尾一条一条语句进行解释，然后根据解释后的语句含义进行操作。例如“给页面内所有文本框添加一个内容变化监听函数 XXX”，如果解释器可以理解这句话，那么它会找到所有文本框，然后添加监听函数，这就叫解释执行。它是由解释器将内容翻译后根据其含义进行相关操作的，即操作最终是由解释器来完成的，而不是将脚本编译为机器码来执行的。

JavaScript 是一种比较复杂的脚本语言，它跟编译型语言一样也有自己的变量、函数，其执行过程跟编译器一样首先生成语法树，然后解释器生成一条一条的中间码（类似于“给页面内所有文本框添加一个内容变化监听函数 XXX”这样的语句，当然不会是中文，甚至不一定使用文字，只要描述出来含义就可以），最后一条一条执行。

当然，随着前端的功能越来越复杂，如果纯粹按照上述方法来解释执行就会严重影响效率，所以后来有的解释器（这里严格来说已经不能称为解释器了，现在通用的叫法为 JavaScript 引擎），例如 JavaScriptCore、SpiderMonkey 会将使用得比较频繁的代码直接编译为 CPU 所执行的机器码，有的引擎（例如 V8）甚至会将所有 JavaScript 代码全部编译为机器码，这样就类似于编译型语言了。不过，JavaScript 引擎还是会在加载网页的时候直接下载源代码，然后编译，最后执行，这对编译速度的要求就更高了。对于我们来说，并不需要过分关注其底层是怎么实现的，只需要明白 JavaScript 脚本是用于表述对各种对象怎么操作的一种描述就可以了。

1.2.3 JavaScript 是一种事件驱动的语言

事件驱动是指 JavaScript 引擎并不是在看到代码之后就会立即执行，而是会在合适的时间才去执行。这个合适的时间是指当某个事件发生之后（例如一个输入框的内容发生了变化，这就是一个事件）。只有当相应的事件发生了之后，相应的操作才会执行，这就是事件驱动。事件驱动在我们的日常生活中也是比较常见的一种模式。例如，银行的营业员处理业务就是一种事件驱动的模式，只有客户到来的时候才需要提供服务，客户到来就是一个事件。

事件驱动包含三个关键内容：事件、事主和处理方法。对于上述银行的例子来说，客户要办理的业务是事件，营业员是事主，而具体每项业务怎么办理就是处理方法。例如，一个客户找到营业员甲办理存款业务，那么事件是存款，事主是营业员甲，处理方法是营业员具体办理存款的操作，而客户只是触发了这一事件。对于每个营业员来说，在上岗前都需要进行培训，培训在事件模型里就是绑定事件。例如，营业员甲负责存取款业务，营业员乙负责开户办卡业务，这就相当于营业员甲绑定了存取款事件，营业员乙绑定了开户办卡事件，对于没有绑定的事件是无法处理的，就像找营业员甲开户是不可以的。另外，对于同一事件不同的营业员的处理方式也可能不一样，就像同样是开户，但是不同银行的营业员的开户方式可能就不一样。

在事件模型中，我们所要做的就是给需要处理事件的事主绑定处理方法，就像给营业员进行业务培训一样，绑定完事件之后，其他的事情就不需要我们参与了。虽然底层的实现不需要我们来参与，但是明白了底层的实现原理，可以让我们对事件驱动理解得更加深刻。

事件驱动模型在底层一般都是通过队列来实现的，这与在银行窗口前排队差不多。当发生一个事件时就会将其排入队列中，其中写清楚事件是什么、事主是谁，然后事件管理器定时查看队列，如果队列中有事件，那么事件管理器就会找跟事主相关的此类事件的处理方法，如果找不到，该事件就会被丢弃，如果找到就会执行相应的处理方法。这跟银行的排队稍微有点区别，银行的排队是直接排在各自事主（营业员）前面，而事件驱动模型中所有的事件都排在一个队列里，这就像到银行办业务的人都排成一个长队（类似于取号排队，但是不分业务，全部排在一起的那种），然后大堂经理负责安排业务，排队的人需要告诉大堂经理准备到哪个窗口、办理什么业务。当然，直接按照银行的排队模型来实现从技术上来说并非不可以，而且在有的地方确实就是这么实现的，这只是业务和设计的问题。另外，这里所说的只是原理，具体怎么实现还要看开发者是如何设计的，例如，也可以直接将事件处理方法的地址保存到队列中。

理解了事件模型，我们就能明白 JavaScript 中的代码虽然是用于描述怎么操作对象的，但是并不一定要立即操作对象。

现在从宏观上明白这三点就可以了，至于 JavaScript 具体是怎么描述对对象的操作、怎么创建对象、自身包含哪些内置对象、对象之间有些什么关系等内容，随后整本书将进行详细介绍。大家带着这些问题去学习接下来的内容，这样学起来会更加轻松，而且也能够理解得更加透彻。

当然，这里介绍的学习方法，接下来还需要大家自己去使用、实践，只有这样才能真正受益，否则仅是学了一种方法而已。例如，虽然笔者知道地图怎么看，但是因为没在这上面花太多精力，所以对很多具体的地图并不熟悉。

第2章 JavaScript简介

JavaScript最初是由网景（Netscape）公司于1995年开发的一种脚本语言，用于给HTML网页增加动态功能，最早使用在网景导航者浏览器上，随后微软在其Internet Explorer 3.0中引入了JScript来实现类似的功能。

但是，JScript和JavaScript的语法并不统一，这就给程序开发人员带来了很大的麻烦。于是，1996年11月，网景公司将JavaScript提交给ECMA（欧洲计算机制造商协会）进行标准化，最后由网景、Sun、微软和Borland等公司组成的工作组制定了统一的标准——ECMA-262，并且将脚本语言的名称最终定为ECMAScript（以下简称ES）。

ES主要定义了语言本身的特性，而作为一种脚本语言，ES并不是只可以用于浏览器，还可以同时用于其他合适的场景，例如，ActionScript可用于Flex，Node.js可用于服务端等。

JavaScript（以下简称JS）一般是指用在浏览器上完成动态网页功能的语言，主要包含三部分内容：ES、DOM和BOM。ES定义了基本的语法结构，DOM（Document Object Model，文档对象模型）定义了文档对象的结构及其操作方法，BOM（Browser Object Mode，浏览器对象模型）提供了跟浏览器交互的接口。

JS的创始人布兰登·艾奇

吃水不忘挖井人，在正式学习JS之前，我们先来认识一下它的创建者——布兰登·艾奇（Brendan Eich）。这是一位传奇人物，他在1995年4月被网景（Netscape）公司录用，同年5月，他用了10天时间就将JS设计了出来！

当时的大环境是这样的，1994年网景公司发布了Navigator（导航者）浏览器0.9版。这是一款非常经典的浏览器，曾经轰动一时，网景公司也因此名声大噪。但是，Navigator 0.9并不具备跟用户交互的功能，只能完成页面内容的展示，这就成了

Navigator 0.9 美中不足的地方。为了弥补这一缺陷，当时有两套解决方案，第一套是采用（当时）现有的脚本语言，例如 Perl、Python、Tcl、Scheme 等，第二套是网景自己发明一种新的脚本语言。网景公司的高层对这两套方案产生了严重分歧，他们争论不休，很难决断。

就在这一年（1995 年），Sun 公司将 Oak 语言改名为 Java 并正式推向市场，而且 Sun 还推出了自己的浏览器：HotJava。这款浏览器可以将 Java 作为脚本嵌入到网页中实现跟用户的交互，即 Java Applet。当时网景公司跟 Sun 公司结成联盟，也在自己的 Navigator 浏览器中实现了相应的功能。但是后来他们发现这种方式过于复杂，所以就想开发一种跟 Java 语言类似，但使用起来更加简单的语言。这项任务就交给了新录用的布兰登·艾奇，他当时 34 岁。

虽然布兰登·艾奇当时的主要方向和兴趣是函数式编程，对 Java 并不感兴趣，但他还是仅用了 10 天时间就完成了新脚本的设计（当然其中包含了很多不严谨的地方）。本书的主角 JS 就这么诞生了。

对于布兰登·艾奇个人来说，除了是 JS 的创建者之外，还有一件事情广为人知。

2008 年，布兰登·艾奇曾经向当时轰动一时的“Proposition 8”（加州 8 号提案）及其支持者进行捐款。这份提案的内容是反对同性恋婚姻，在当时遭到很多美国人的反对，其依据是美国所谓的“自由”，不过依然有众多的支持者。他们双方为了各自的立场展开了拉票大战，据说这次拉票的规模仅次于美国总统大选的拉票！而且这次事件还被拍成了电影《8 号提案》。

2014 年 3 月底，布兰登·艾奇出任网景的后身 Mozilla 的 CEO（原来是 CTO）。大名鼎鼎的 Firefox（火狐浏览器）就是 Mozilla 的产品。但是，布兰登·艾奇在出任仅 10 日后就被迫辞职，反对的原因竟然是他支持过“8 号提案”！

虽然布兰登·艾奇做 CEO 的时间并不长，但是其贡献是有目共睹的。真正的自由大概并不是一味放纵自己，而是《论语》中的“随心所欲不逾矩”吧！

巧的是我们现在所学的 JavaScript 其实并不是科学技术，只是别人所制定的一套“规矩”罢了，而学好的标准正是“随心所欲不逾矩”。

2.1 ECMAScript 概述

与 ES 对应的 ECMA-262 标准从 1997 年发布第一个版本到现在一共发布了 6 个版本。第 6 版于 2015 年 6 月份发布，正式名称是 ES2015，因为是第 6 版，所以也可以称为 ES6。ES2015 中增加了很多新的特性，特别是启用了 class 关键字，这样使用起来就更加方便了。但是，ES 的本质并没有发生变化，它依然是一种基于对象的语言。在理解了其本质之后，即使有更新的版本也非常容易掌握。新版本一般都只是在一些具体语法和功能上进行了增强。为了能让大家更容易理解，本书首先以 5.1 版为基础来教大家学习 ES，等大家掌握了 ES 这门语言的核心之后，再介绍 ES2015 中新增的内容。

另外，我们要明确 ES 只是一套标准，具体的实现还需要各个浏览器的支持。不同浏览器对 ES 的支持也不尽相同，而且在实现 ES 的基础上，不同的浏览器也都进行了各自相应的扩展，这就造成了浏览器兼容性的问题。

2.2 DOM 概述

上文说过，ES 的标准化主要是为了解决各大浏览器厂商（特别是微软和网景公司）对脚本语言语法实现的不统一，但是，各厂商在浏览器上的竞争并没有因为 ES 的出现而终止。微软为了占领更大的市场，在自己的 Internet Explorer 浏览器中加入了很多专有属性，例如 VBScript 和 ActiveX 等，而使用了这些技术的网页必须使用微软的平台和浏览器才可以正常显示，这又给开发者带来了麻烦。此时，W3C 的一些成员公司提议创建一套标准将页面文档的结构暴露给脚本，从而使脚本可以统一操作浏览器所显示的页面文档，这样最后制定出 DOM 标准。

DOM 是 Document Object Model 的缩写，表示文档对象模型，它定义了文档对象的结构及其操作方法等内容。为什么叫对象模型呢？前面说过，ES 是一种面向对象的语言，它要操作的目标是对象，而 DOM 就是将 HTML 文档转换（或者称对应）成 ES 可以操作的对象的一种模型。这个问题在大家学习了 ES 之后再反过来看就非常清楚了。

虽然 DOM 是为浏览器制定的，但作为一套标准，它不仅可用于 HTML 文件，而且可用于其他格式的文件。例如，服务端经常用来配置信息的 XML 文件、Flex 的 MXML 文件以及表示矢量图的 SVG 格式文件等，这些都符合 DOM 标准。

另外，DOM 主要定义了文档对象及其操作方法的对应关系，而跟具体的语言无关，因此 DOM 不仅适用于 ES，而且适用于其他很多语言，例如，Java 中的 dom4j 也是 DOM 的一种实现。而且 DOM 中规定操作文档的方法都是通过接口定义的，这使不同的语言可以按照自己的语法来实现。

2.3 BOM 概述

JS 的功能并不仅限于对文档的操作，有时候还需要对浏览器直接进行操作，例如，查看当前页面的 URL 地址、控制浏览器前进或后退，以及从 HTML5 中获取位置信息和 WebSocket 等都需要对浏览器进行操作，常用的 alert、setTimeout 和 setInterval 也需要浏览器来完成。

ES 对浏览器操作的处理方法和对文档操作的处理方法相同，依然是将浏览器转换为一个对象，这就是浏览器对象（Browser Object），它所对应的模型称为浏览器对象模型（Browser Object Mode，BOM）。

2.4 HTML5 概述

HTML5 是近几年非常热的一个名词，那么到底什么是 HTML5 呢？

从名字就可以看出，它是和网页相关的一个东西，而网页的三大组成部分依然是文档结构、展示和动作控制。它们所对应的技术分别是 HTML、CSS 和 JS，前两者都属于 DOM 中的内容（CSS 作为文档的一种特殊节点或者属性，也属于 DOM 的一部分，而且 DOM 中有专门的相关标准），JS 可以对 DOM 进行操作。

HTML5 的主要贡献是扩展了 HTML 的标签（同时也去掉了一些旧有的标签），例如，新增 section、article、header、footer、audio、video 以及备受关注的 canvas 标签，当然相应地扩展了 DOM。另外，HTML5 也对 BOM 进行了扩展，使 JS 操作浏览器的功能更加强大，而且促进了 BOM 的标准化。

第3章　JavaScript的本质

学习JS最难的其实是对这门语言本身的理解。很多开发者觉得JS很难精通，主要原因其实是没有真正抓住它的本质。

JS是一种面向对象的语言，而且是一种纯对象语言，理解这一点是理解整个JS的关键。JS中的对象跟Java等面向对象语言中的对象并不一样，它们有着本质上的区别。其他面向对象的语言都有类的概念，而JS中虽然有对象，但是没有类（虽然ES2015中启用了class关键字，但是与Java等面向对象语言中的类并不相同，这点本书在后面还会介绍）。因此，对于具备Java等面向对象开发语言基础的读者来说反而更不容易理解JS中的对象。在学习ES（或者JS）对象的时候，把它当成一种新的事物来学习效果应该会更好。

俗话说“工欲善其事，必先利其器”。在正式讲解JS之前，先来给大家介绍一下学习JS所需要的工具。

3.1　工具介绍

JS是一种脚本语言，它是直接按源代码解释执行的，并不需要编译，所以编写JS脚本使用简单的文本编辑工具就可以了。例如，Windows自带的记事本、Notepad++、Sublime Text、EditPlus、UltraEdit等，当然也可以使用Dreamweaver或者Eclipse、IDEA、Visual Studio等集成开发工具，只要自己用着顺手就好。

除了编辑代码的工具之外，对学习JS来说，非常重要的还有调试工具。JS是一种脚本语言，它自己并不能运行，需要借助浏览器才可以运行。最新版本的浏览器都可以调试JS脚本，有的是自带此项功能，有的需要安装相应的插件，下面分别进行介绍。

1. Firefox

对于Firefox来说，调试JS要首推大名鼎鼎的FireBug扩展。在使用FireBug扩展之前必须先安装。在安装好Firefox之后，需要在“添加组件”的“扩展”选项卡中搜索“Firebug”，找到后进行安装即可，如图3-1所示。

图 3-1 在 Firefox 中安装 FireBug 扩展示意图

安装完成后会在工具栏多出一个“虫子”按钮，那就是 FireBug。在需要调试的页面单击此按钮或者按 F12 快捷键，就可以调出 FireBug 的调试窗口，其界面如图 3-2 所示。

图 3-2 FireBug 的调试界面

2. Chrome

在安装完 Chrome 后，直接按 F12 或者 Ctrl+Shift+I 快捷键就可以调出调试界面，如图 3-3 所示。

图 3-3 Chrome 的调试界面

3. Internet Explorer

Internet Explorer 8 之后的浏览器中也增加了自带的调试工具。例如在 Interenet Explorer 11 中按 F12 快捷键可以调出调试界面，如图 3-4 所示。

图 3-4 Internet Explorer 11 的调试界面

4. Safari

Safari 也提供了默认的调试工具，不过需要先将开发菜单显示出来才可以使用。显示的方法是，在“偏好设置”的“高级”选项卡中勾选“在菜单栏中显示‘开发’菜单”复选框，如图 3-5 所示。

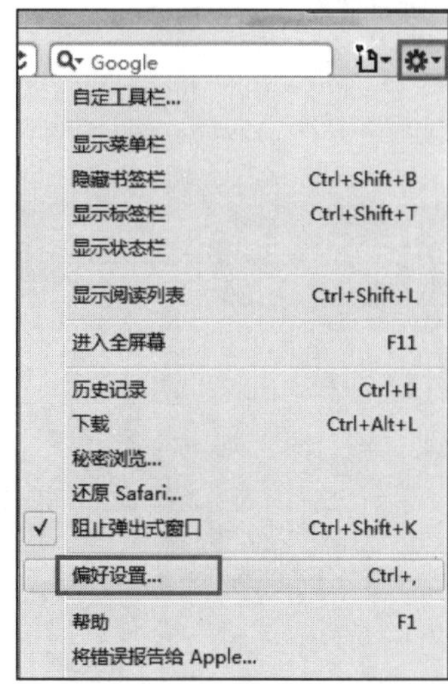

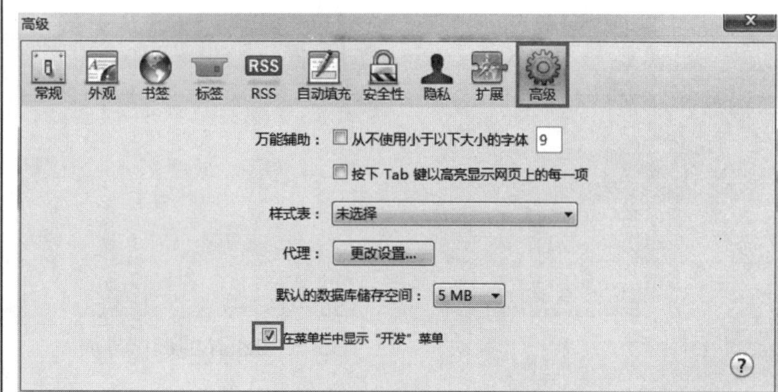

图 3-5　开启 Safari“开发”菜单

开启“开发”菜单之后，就可以在“开发”菜单中调出调试窗口。如果浏览器没有显示此菜单，也可以在设置的下拉菜单中选择“开发”→“开始调试 JavaScript”选项，如图 3-6 所示。

图 3-6　调出 Safari 调试窗口

Safari 的调试窗口如图 3-7 所示。

图 3-7 Safari 的调试界面

5. Opera

Opera 浏览器也提供了自带的调试工具，默认可以按 Ctrl+Shift+I 快捷键调出。Opera 的调试界面默认是在右边，可以通过调试界面的切换按钮（关闭按钮左边）切换到下面显示，调试界面如图 3-8 所示。

图 3-8 Opera 的调试界面

前面介绍了目前主流的 5 种浏览器的调试工具，因为不同浏览器的实现会有所区别，所以在实际开发中可能需要在多个浏览器中进行调试。本书主要以 Firefox 的 FireBug 扩展进行讲解，不同浏览器的调试方法大同小异。

另外，在调试的过程中经常需要输出一些内容，常见的输出方法有三种。

- 调用 alert(msg) 方法弹出提示框。
- 调用 console.log(msg) 方法输出到控制台。
- 将内容写入页面标签（例如写入指定的 div 标签）中。

3.2 JavaScript 的结构

JS 的核心是对象，每个对象都可以包含 0 个或多个由名值对组成的属性。

对象的属性有两种类型：基础类型（直接量）和对象类型（另外还有一种特殊类型的属性，后面再给大家介绍）。基础类型的属性不可以再包含属性，而对象类型的属性还可以再包含自己的属性，此时该对象既是一个对象又是另外一个对象的属性。

JS 中的对象又可以分为 function 和 object 两种类型（注意都是小写），这一点非常重要。理解了这一点就抓住了 JS 的核心，在学习完后面的内容之后大家应该会有更深刻的认识。对象和属性类型的结构如图 3-9 所示。

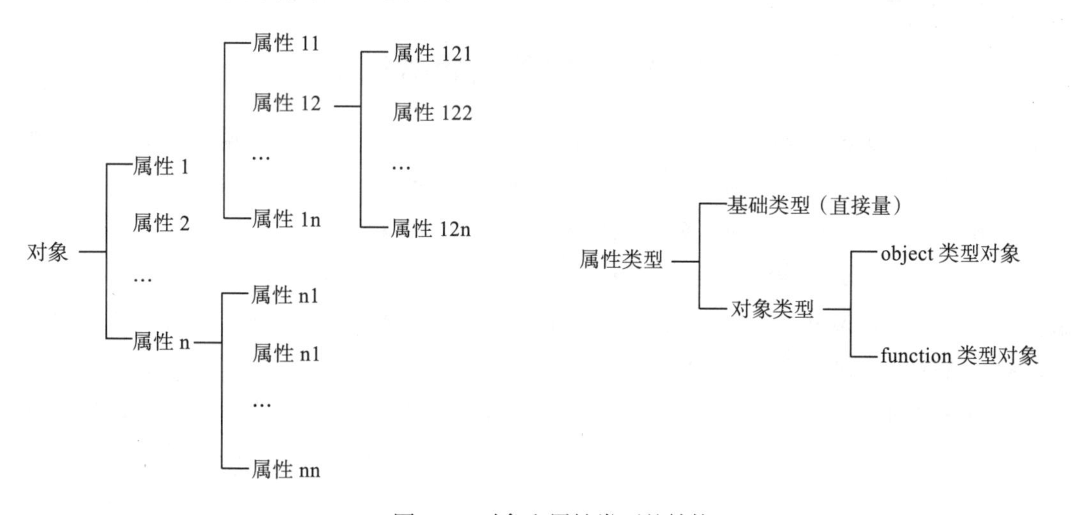

图 3-9 对象和属性类型的结构

Java 等面向对象语言中的对象是通过类来创建的，它们的类是一个树结构，有统一的根节点（例如 Java 中的 Object），而 JS 中没有类的概念，更没有类的树结构。JS 中的 object 类型对象是使用 function 类型对象创建的。JS 中经常使用的 String、Array 和 Date 等对象其实都是 function 类型的对象，就连 Object 对象也是 function 类型的对象，而使用它们创建出来的对象就是 object 类型。可以在 FireBug 中使用 typeof 来查看，如图 3-10 所示。

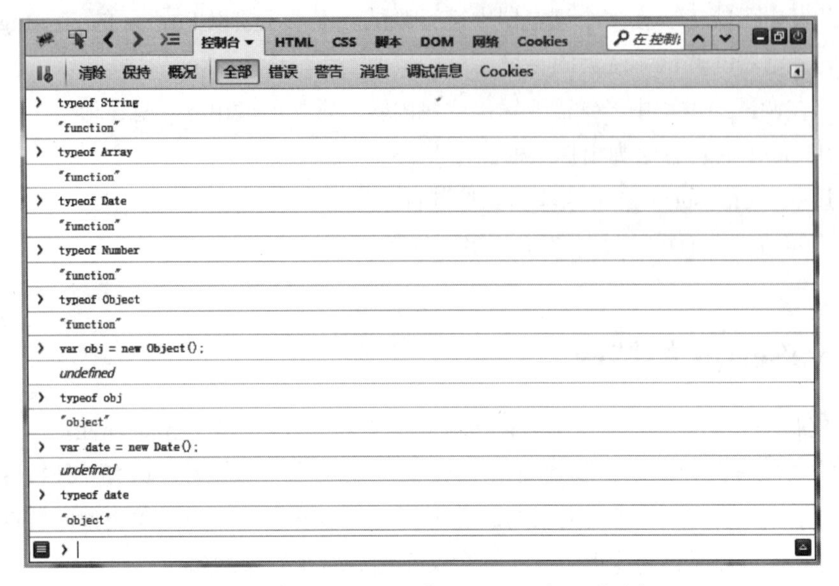

图 3-10 在 FireBug 中使用 typeof 来查看对象

在 FireBug 中怎么调试代码

在 FireBug 的控制台选项卡中的最下面一行可以输入单行命令，按回车键后就会在当前页面的环境中执行，即可以操作当前页面所对应的对象。如果要执行多行命令，那么可以通过单击输入框右边的红色按钮切换到多行代码的模式。

在单行代码模式下控制台会自动输出返回值，在多行模式下，如果想输出多个结果，则需要使用 console.log(msg) 函数来实现。如果想清除控制台的内容，那么可以单击上方的“清除”按钮。

需要注意的是，执行了自己的代码之后可能会修改所在页面的对象，例如图 3-10 中的代码就定义了 obj 和 date 两个全局变量。如果想恢复原来的状态，只需要刷新浏览器就可以了。

JS 中用来创建 object 类型对象的各种 function 对象之间并没有继承关系，但是创建出来的 object 类型的对象可以继承其他对象的属性。另外，由于一个对象可以作为另外一个对象的属性存在，因此对象之间还有另外一层包含关系。这些关系综合到一起就会非常复杂，我们现在也不需要全部理解，只要明白一个对象可以是另外一个对象的属性即可，在学完本书全部之后，这些内容就能全部理解清楚了。JS 的本质就是一个大的对象，这个对象就是 Global Object，它是由宿主环境（例如浏览器）创建出来的，在浏览器中就是 window 对象，其他的对象都是它的属性，或者属性的属性。

3.3 JavaScript 的内存模型

JS 的本质是一个对象，一个对象可以包含多个属性，对象的属性可以分为直接量和对象两种类型，而对象又分为 object 对象和 function 对象两种类型。

直接量和对象两种类型的属性在内存中的保存方式不同。直接量是直接用两块内存分别保存属性名和属性值，而对象需要三块内存，分别保存属性名、属性地址和属性内容，如图 3-11 和图 3-12 所示。

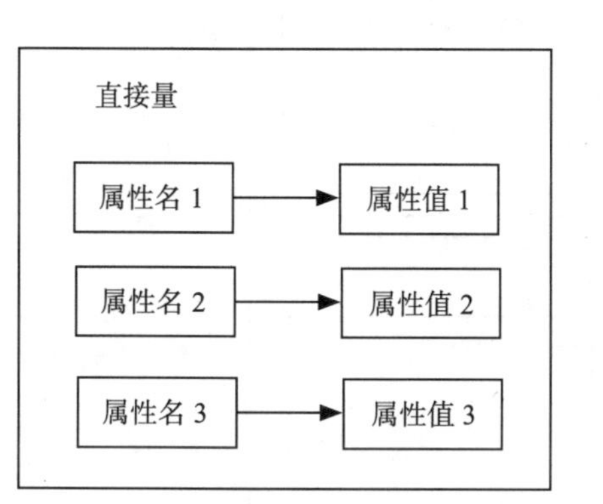

图 3-11　直接量属性的内存模型图

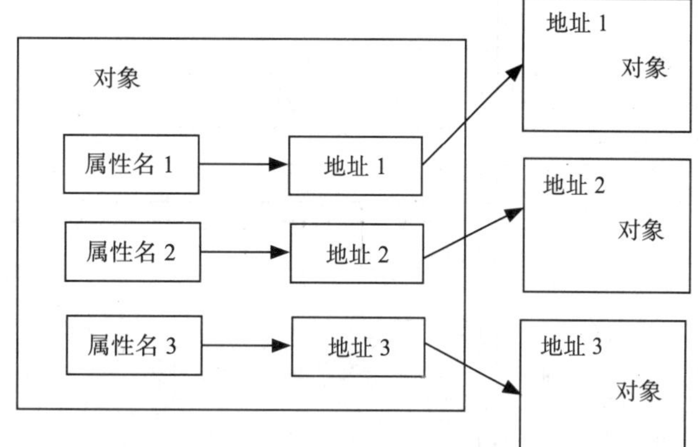

图 3-12　对象属性的内存模型图

对于对象类型的属性来说，属性名只是指向了保存对象的内存地址，而并不是指向实际的对象，从下面的例子就可以看出这一点。

```
function F(){
    this.v = 1;
}
var f = new F();
var f1 = f;
console.log(f1.v);          //输出 1
f1.v=2;
console.log(f.v);           //输出 2
f = null;
console.log(f1.v);          //输出 2
```

在上述代码中，首先使用 function 类型的 F 创建了 object 类型的 f 对象，这时变量 f 就会指向一个保存新创建的对象的地址。然后，将 f 赋值给 f1 变量的操作又将 f1 指向了创建出来的对象。此时，f 和 f1 都指向了同一个对象，所以 f1.v 的值就是新创建对象中默认的 1、通过 f1 将 v 的值修改为 2 之后，因为是修改了对象中属性 v 的值，所以使用 f.v 输出的也是 2。最后将 f 设置为 null 之后，只是将其对应的地址设置为 null，但并不影响对象的内容，通过 f1 还可以调用。整个流程的结构如图 3-13 所示。

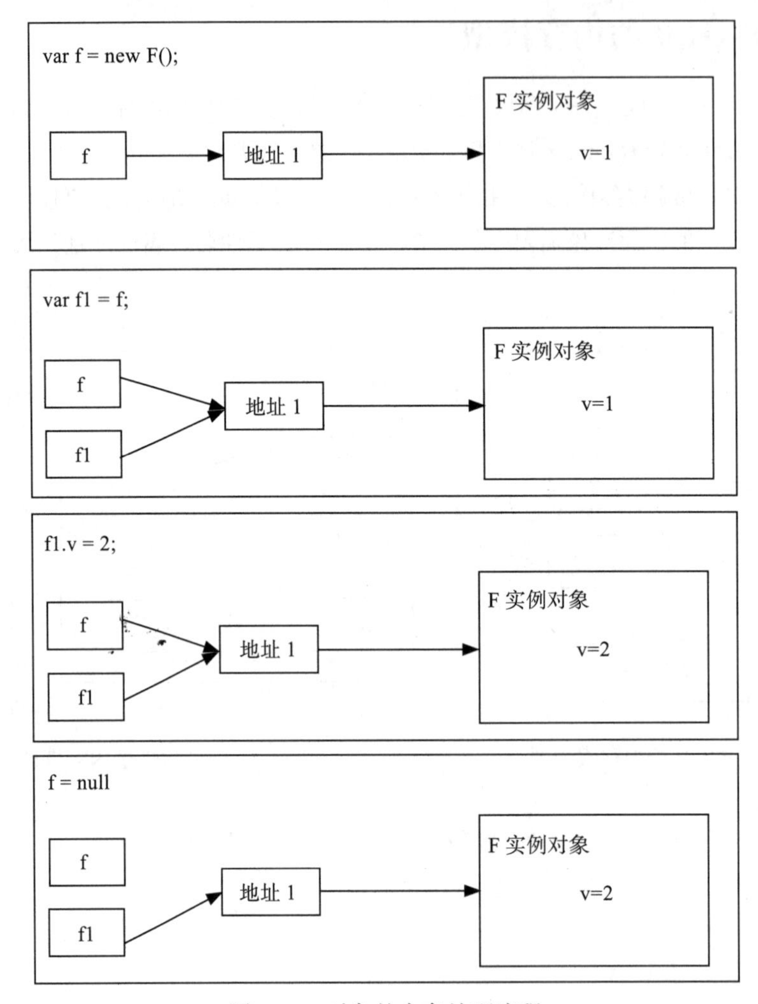

图 3-13 对象的内存处理流程

JS 中对象类型的模型类似于 Windows 系统中的快捷方式。同一个内容，例如一份 Excel 报表，可以在不同的文件夹下有很多快捷方式，不过无论通过哪个快捷方式打开报表修改内容后，所有快捷方式所打开的报表都会被修改，因为它们所对应的本来就是同一个报表。当然，删除其中一些快捷方式也不会影响报表的内容。Windows 中不同的文件夹就相当于 JS 中的不同对象，所包含的文件相当于 JS 中的直接量，快捷方式相当于对象属性名。

这种类比虽然不够严谨，但用于理解 ES 的对象结构和内存模型还是比较直观的，读者们可以细心体会一下。

另外，有些读者可能会认为 JS 是脚本语言，是由解释器执行的，不应该有自己的内存模型，其实并不是这样的。无论编译型语言还是解释型语言，它们的变量、函数、对象等数据都是保存在内存中的，使用时都需要使用变量名在指定地方（例如符号表）找到所对应的具体内容，然后再实际操作。只不过一个是由编译器来做一个是由解释器来做，一个是编译为机器码一个是直接执行相应的操作而已（而且现在 JS 底层越来越偏向编译执行了）。对于解释型的 JS 来说，其在内存中保存数据当然也需要有一定的规则，即本节所介绍的内存模型。

第 4 章　function 类型对象

在 JS 中，function 可以说是最核心的内容了。它本身是一种对象，另外，它还可以创建对象，而且可以对对象进行操作，所以这块内容可以说是 JS 中最复杂的内容。掌握了 function 就掌握了 JS 的一大半。

JS 中的 function 有三大作用：作为对象来管理其中的属性，作为方法处理具体业务，创建对象。

本章首先介绍怎么创建 function，然后分别介绍它的三种用法，最后介绍 function 的三种子类型，这也是 function 中非常容易出问题的地方。

4.1　创建 function

在 JS 中创建 function 的常用方法有两种：函数声明和函数表达式（还有一种使用 Function 创建的方法，一般很少用，本书就不介绍了）。

4.1.1　函数声明

函数声明的结构如下。

```
function 函数名（参数）{函数体}
```

函数一共由 4 部分组成，第一部分是 function 关键字，这个是固定不变的；第二部分是函数名；第三部分是一对圆括号，里面存放函数的参数，可以为空，也可以有多个，如果有多个，则使用逗号分隔；第四部分是用花括号包含的函数体，它是函数的具体内容。例如下面的语句可以定义一个 log 函数。

```
function log(s) {
    console.log(s);
}
```

这个函数的函数名为 log，有一个 s 参数，函数体的内容是将参数打印到控制台。使用这个函数来打印日志比直接调用 console.log(msg) 的书写更为简单，而且如果都调用此函数来打印日志的话还可以很容易地修改打印方式。

4.1.2　函数表达式

函数表达式的结构与函数声明相比，是将函数声明中的函数名去掉，然后将创建的结果赋值给一个变量，例如前面的 log 函数可以使用下面的函数表达式来创建。

```
var log =  function(s) {
    console.log(s);
}
```

这样创建出来的 log 函数和前面通过函数声明创建出来的 log 函数基本没有区别。

4.1.3　两种创建方式的关系

在 JS 中所有的数据只有两种存在形式，要么是对象的属性，要么是变量（后面将详细讲解这两种形式的区别），函数也不例外，无论是对象的属性还是变量都是名值对的结构，因此函数也应该是这种名值对的结构，由函数表达式可以很容易看明白这一点。其实，通过函数声明方式创建函数时，JS 在背后自动帮用户做了这件事情，它首先创建了函数对象，然后又创建了跟函数名同名的变量，并将创建出来的函数赋值给了这个变量。所以，前面通过函数声明创建的 log 函数等价于下面的语句。

```
var log = function log(s) {
    console.log(s);
}
```

这一点使用 FireBug 可以清楚地看到。先在 FireBug 中执行下面的代码。

```
function F(a){}
var f = F;
```

然后可以在 FireBug 的 DOM 选项卡中看到如图 4-1 所示的结构。

Window	
F	F(a)
f	F(a)

图 4-1　FireBug 中的 DOM 选项卡

从图 4-1 中可以看出，函数声明语句首先创建了名为 F 的函数，然后将其值赋给同名的 F 变量，在定义 f 变量的语句中 f 也指向了创建的 F 函数对象。此时内存中的结构如图 4-2 所示。

可以将 F 设置为 null，然后使用 f 调用 F 函数对象。因为设置的 F 只是自动创建出来的变量，所以并不会影响 F 函数对象本身，也就不会影响 f 的调用，可以将上面的代码修改为如下代码。

```
function F(a){
    console.log(a);
}
var f = F;
F = null;
f("hello function");      //输出 hello function
```

F
f
对象地址
F 函数对象

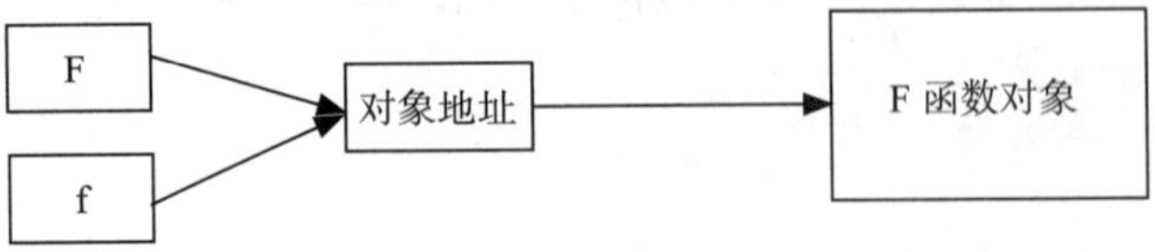

图 4-2　f 变量和 F 函数在内存中的结构

此时的内存结构如图 4-3 所示。

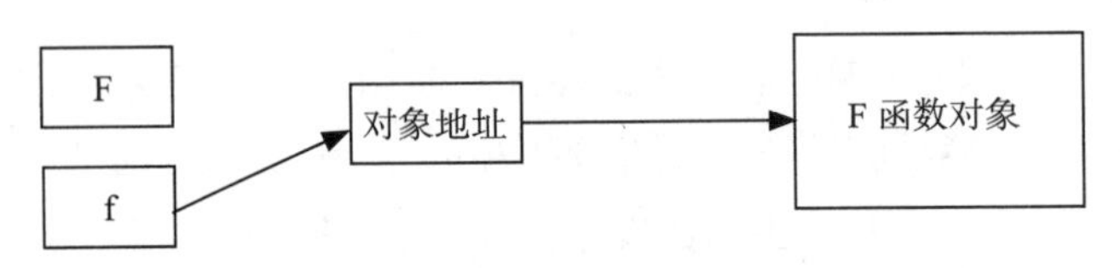

图 4-3　f 变量在内存中的结构

上面讲的是通过函数声明创建的 function 对象。通过函数表达式来创建其实道理也差不多，不同之处在于它会创建一个匿名函数，然后再赋值给定义的变量。例如，在 FireBug 中执行如下代码。

```
var anonymous = function (b) {}
var anony = anonymous;
```

此时，FireBug 中的结构如图 4-4 所示。

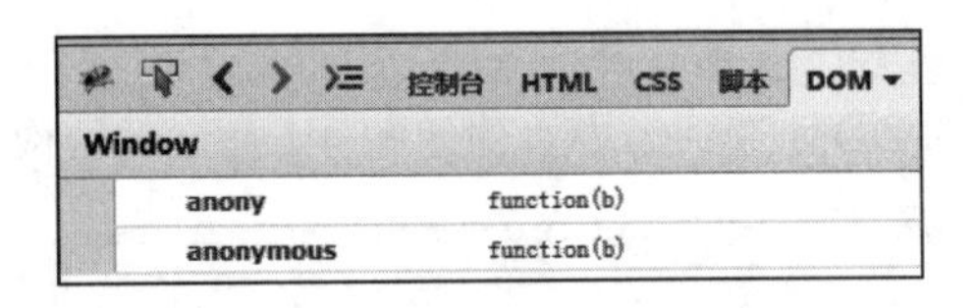

图 4-4　FireBug 中的结构

此时，anonymous 和 anony 两个变量都指向一个匿名函数，内存结构如图 4-5 所示。

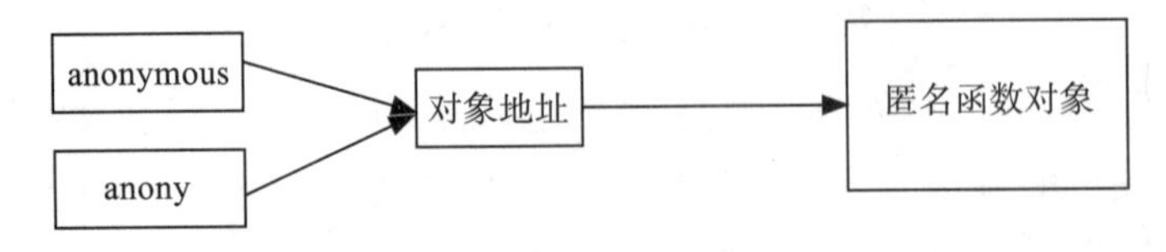

图 4-5　anonymous 和 anony 两个变量都指向一个匿名函数的内存结构

4.2 用作对象

JS 中的函数本身也是对象，是对象就可以有自己的属性。函数对象的属性一般是使用点操作符来操作的，可以通过点给对象的属性进行赋值，如果属性不存在则直接创建，如果存在，则可以修改其内容。函数对象的属性也可以是直接量、object 对象和 function 对象三种类型中的任意一种。如果是 function 对象类型的属性，还可以通过点操作符来调用它执行相应逻辑。我们来看下面的例子。

```
function func(){};
func.val = "go";
func.logVal=function(){
    console.log(this.val);
}
func.logVal();    //go
```

在上述代码中，首先定义了一个名为 func 的 function 函数对象，然后给它添加两个属性，一个是名为 val 的直接量属性，值为“ go”，另一个是名为 logVal 的 function 对象属性，它的功能是在控制台打印出对象的 val 属性的值，最后使用点操作符调用 logVal 方法输出 val 属性的值“go”。这里用到了 this 关键字，可能有些读者对它不是很理解，没关系，本书会在后面专门讲解，这里大家只要知道 function 对象也可以当作普通 object 对象来使用就可以了。

4.3 处理业务

在 JS 中，使用函数（function）对象用来处理业务是最常见的用法。JS 中真正对对象的操作大部分都是通过函数对象来执行的。函数的创建方式，前面已经介绍过，其中用来处理业务的是函数体。函数体主要包括变量、操作符和语句三大部分内容。

本节首先介绍 JS 中的函数变量、操作符和语句，然后介绍函数中最容易出问题的变量作用域和闭包。因为本书不是针对零基础读者的，所以对函数的变量、操作符和语句这部分的介绍并不会非常详细、面面俱到。如果大家需要详细学习这部分内容，那么可以参考其他相关资料。

4.3.1 变量

在函数中，变量的主要作用是暂存业务处理过程中用到的一些值。JS 中的变量是使用 var 关键字来定义的，无论什么类型的变量都使用它来定义，因此 JS 是一种弱类型语言。但是，它的变量是区分大小写的，也就是说，red、Red、reD 是三个不同的变量。JS 中的变量早期要求必须是用“ _”、“ $”、英文字母和数字组成，而且第一个字符不可以是数字。对于现在的引擎来说，只要在词法解析的时候不引起误会就可以了，即使使用中文也是可以的。

另外，变量也不可以使用 JS 的关键字和保留字，这在任何语言里都是一样的，否则就乱套了。

ES5.1 中规定了以下关键字。

```
break     do        instanceof  typeof    case      else      new
var       catch     finally     return    void      continue  for
switch    while     debugger    function  this      with      default
if        throw     delete      in        try
```

ES2015 中规定了以下关键字。

```
break     do        instanceof  typeof    case      else      in
var       catch     export      new       void      class     extends
return    while     const       finally   super     continue  wit
for       switch    yield       debugger  function  this      default
if        throw     delete      import    try
```

除了上面的关键字外，还有一些词虽然不是关键字，但是在后续版本中可能会成为关键字，现在是保留字，最好也不要使用。保留字可分为普通保留字和严格模式的保留字两种类型，严格模式的保留字只在“strict model”模式中会报错。

ES5.1 中的普通保留字如下。

```
class     enum     extends super   const    export  import
```

ES2015 中的普通保留字如下。

```
enum      await
```

ES5.1 中的严格模式保留字如下。

```
implements   let         private     public     yield     interface
package      protected   static
```

ES2015 中的严格模式保留字如下。

```
implements   package   protected   interface   private   public
```

JS 中的 strict model

ES5 中引入了 strict model（严格模式）。严格模式下的 JS 程序需要比非严格模式下的程序更加规范。严格模式对语法做了比较严格的要求，例如，不可以使用 with 语句、不可以重复定义变量、不可以不定义变量直接使用（在非严格模式下会自动定义为全局变量）等。如果使用严格模式，那么只需要在代码中加入“strict model”字符串就可以了。可以将它用到全局中，也可以用到指定的函数中。如果只用到指定的函数中，则只需要在函数内部添加“strict model”字符串就可以了。

非严格模式主要是为了向前兼容。在新写的程序中应该尽量使用严格模式，不过最好局部使用而不是全局使用的，因为页面中可能还会引用别人写的代码，例如一些库文件，它们不一定是按严格模式写的，所以最好使用局部的（function 级）严格模式。

4.3.2　操作符

相信大家对操作符都不陌生，操作符是直接告诉编译器怎么操作对象的工具。本节首先给大家列出了 ES2015 中的所有操作符，并对每个操作符列出其功能，列举相应的示例，最后再对一些特殊的操作符或者特殊的用法进行单独讲解。

1. ES2015 操作符列表

表 4-1 列出了 ES2015 中所用的操作符。

表 4-1　ES2015 所用的操作符

操作符	功能	示例
{ }	定义语句块	{c=a+b;}
	创建对象	var obj = {a:1,b:2}
( )	定义函数	function say(msg){…}
	调用函数	say("hello");
	改变计算优先级	v=a*(b+c);
[ ]	操作数组	var arr = [0,1,2]; arr[1]; //1
	获取对象属性	var obj={a:1,b:2}; obj[a]; //1
.	获取对象的属性	var obj={a:1,

	调用对象的方法	f:function(msg){
		console.log(msg);
		}
		};
		1）obj.a; //1
		2）obj.f(“hello”); //hello

...	将参数转化为数组	function mailTo(…names){};
	将数组转换为参数	Math.max(...[1,3,5]);
;	一条语句结束的标识符	a++;
	定义空语句	for(;i<0;i++){…}

,	多条并列语句的分隔符	var a=1,b=2;
		var arr=[1,2,3];
		var obj = {a:1,b:2,c:3};

<	判断是否小于	if(a<327){…}// 如果 a 小于 327 就会执行
>	判断是否大于	if(a>956){…}// 如果 a 大于 956 就会执行

（续）

操 作 符	功　　能	示　　例
<=	判断是否小于等于（不大于）	if(a<=327){…}// 如果 a 小于等于 327 就会执行
>=	判断是否大于等于（不小于）	if(a>=956){…}// 如果 a 大于等于 956 就会执行
==	判断是否相等	true==1 //true
!=	判断是否不相等	true!=1 //false
===	判断是否恒等	true===1 //false
!==	判断是否恒不等	true!==1 //true true!==false //true
+	加法	var a = 2+5; //7
–	减法	var a = 2–5; //–3
*	乘法	var a = 2*5; //10
/	除法	var a = 2/5; //0.4
%	求余	var a = 5%2; //1
++	自加	var a = 1;a++; ++a; //3
– –	自减	var a = 1;a– –; – –a; //–1
<<	左移位	var a = 5<<2; //20(5 的二进制为 101，左移 2 位为 10100)
>>	有符号右移位	var a = 5>>2; //1(5 的二进制为 101，右移 2 位为 1)
>>>	无符号右移位	var a=–1>>>0; //4294967295(无符号时 –1 等于最大值减 1）
&	按位与，一般用来将某些位清 0	0x3756 & 0xFF00 //0x3700，将后 8 位清 0
|	按位或，一般用来将某些位置 1	0x3756 | 0xFF00 //0xFF56，将前 8 位置 1
^	按位异或	0xFFFF ^ 0xF0F0 //0x0F0F，相同为 0 不同为 1
~	按位取反	~0xF //0xFFFFFFF0，–16
!	逻辑非	!(3>6) //true
&&	逻辑与	(8>7)&&(2>5) //false
||	逻辑或	(8>7)||(2>5) //true
? :	条件运算符，这是唯一一个需要三个表达式的运算符，也称三目运算符	a>800?800:a; // 如果 a 大于 800 则返回 800，否则返回 a
=	赋值	a=386;
+=	加并赋值	var a=25;a+=12; //a=37
–=	减并赋值	var a=25;a–=12; //a=13
*=	乘并赋值	var a=25;a*=12; //a=300
/=	除并赋值	var a=24;a/=12; //a=2
%=	求余并赋值	var a=25;a%=12; //a=1
<<=	左移位并赋值	var a = 5;a<<=2; //20
>>=	有符号右移位并赋值	var a = 5;a>>=2; //1
>>>=	无符号右移位并赋值	var a=–1;a>>>=0; //4294967295
&=	按位与并赋值	var a=0x3756;a&= 0xFF00 //0x3700
|=	按位或并赋值	var a=0x3756;a|=0xFF00 //0xFF56
^=	按位异或并赋值	var a=0xFFFF;a^=0xF0F0 //0x0F0F
=>	创建函数表达式	x=>x+5;

2. 使用细节与技巧

（1）== 和 ===

这两个符号都是用来判断是否相等的，但是具体用法存在一些区别。因为 JS 是一种弱类型语言，所以不同类型之间也可以比较是否相等，如果用 == 则会比较转换后的值是否相等，如果用 === 比较则只要类型不同就返回 false，例如下面的例子。

```
var a= 1,b="1";
console.log(a==b);  // 输出 true
console.log(a===b); // 输出 false
```

（2）>> 和 >>>

这两个符号的作用都是右移位，下面先来介绍一下左移和右移的概念。在计算机中保存的数据（主要指整数）也像平时所写的数一样，除了数字本身外还有“位”的概念，例如 4567 这个数的千位为 4，百位为 5，十位为 6，个位为 7，把不同的数字放到不同的位，其权重就不一样了。假如现在的数只有 4 位（就像某些需要填数字的单据上一格填一个数字，一共有 4 格，只能填 4 个数字），那么 4567 左移一位就是 5670，左移两位就是 6700，而右移一位就成了 0456，右移两位就成了 0045。在计算机中的左移右移跟这里类似，只是它不一定是 4 位，而且每一位都只能是 0 或 1。在程序中经常使用左移右移来做 2 的整数倍的乘除法，这就像十进制中左移一位扩大 10 倍右移一位缩小到原来的 1/10 一样，不过左移右移要比乘除法的计算简单很多。对于处理器来说也一样，移位要比计算乘除速度快。

不过计算机中的移位跟上述十进制的移位还是存在区别的。在计算机中因为只有 0 和 1，所以为了区分正负数，现有的做法是将负数用补码来表示，这样只要看最高位是 0 还是 1，就可以区分正负数了（如果读者不明白补码也没关系，这里只要知道有符号数将最高位用作符号位，符号位 0 表示正数，符号位 1 表示负数即可）。但是这时候问题就来了，对于一个负数来说，右移一位后其符号位（最高位）正常应该变成 0，这样就变成正数了，此时就会出现问题了，因此在右移的时候对有符号数和无符号分别使用了不同的操作符。

当然，这只是表层的区别，在底层有符号数和无符号数使用的是两套不同的进位 / 溢出标志，例如 x86 处理器中有符号数用 OF，无符号数用 CF 标志。另外，数据本身只是一串由 0 和 1 组成的编码，是无法区分有符号数还是无符号数的，只是人为将其看作有符号数或者无符号数而已（在程序的底层会通过类型标志进行区分）。对于一些强类型语言来说，在定义数据的时候就会指定数据的类型，这样在使用时，就可以清楚地知道应该将其看作有符号数还是无符号数。因为 JS 是一种弱类型语言，变量的类型可以任意转换，所以对于 –1>>>0 这样的操作来说，操作的目标是表示 –1 的一串数（对于 32 位数来说就是 0XFFFFFFFF，即 32 个 1），操作的过程是将其当作无符号数左移 0 位，这时虽然不会对数字本身做任何修改，但是，因为在操作的过程中已经将其看作无符号数，所以其结果也就变成了 4294967295，即无符号数的 32 个 1，同样这也是有符号数 –1 的 32 位编码。

（3）&& 和 ||

逻辑与操作符 && 的判断逻辑是依次判断每个表达式，当遇到 false 的表达式时就会马上返回而不再继续执行后面的表达式，如果所有表达式都为 true，则返回 true，例如下面的语句。

```
(表达式 1)&& (表达式 2) && (表达式 3) && (表达式 4) && (表达式 5)
```

当表达式 1 和表达式 2 都为 true 而表达式 3 为 false 时，表达式 4 和表达式 5 就不再判断了，也就不会被执行。利用这个特性可以执行一些条件语句，例如下面的语句。

```
b=a>5&&a-3;
```

这条语句在 a>5 的时候就会执行 a–3 并将计算结果赋值给 b，否则将 false 赋值给 b，相当于下面的语句。

```
if(a>5){
    b=a-3;
}else{
   b=false;
}
```

通过多个表达式的逻辑与组合可以很便捷地完成一组相互具有依赖性的操作。

逻辑或操作符 || 使用好了也非常方便。它的判断逻辑是依次判断每个表达式，当遇到第一个 true 表达式的时候，马上返回而不再继续执行后面的表达式，如果所有表达式都为 false 则返回 false，例如下面的语句。

```
typeof jQuery!="undefined"||importjQuery();
```

这条语句首先通过判断 jQuery 是否存在来判断是否需要引入 jQuery，如果不存在，则调用 importjQuery 函数导入 jQuery，否则就不导入。

另外，点操作符也非常重要，后面会进行详细介绍。按位操作在硬件中使用得比较多，在软件编程中主要用于组合或提取某个标志量，在后面用到的时候还会介绍。“…”和“=>”是 ES2015 中新增的操作符，后面会进行专门讲解。其他操作符比较简单，通过表 4-1 中的例子可以很容易地理解，本书就不详细介绍了。

4.3.3 语句

语句是用来执行具体功能的，可以分为单条语句和语句块。单条语句以分号结束，语句块用花括号包含，语句块可以包含多条语句。

语句主要由变量（或属性）、操作符和关键字组成。有的语句使用操作符完成，还有的语句需要使用相应的关键字。使用操作符的语句只需要按照 4.3.1 节介绍的各种操作符的使用方法来完成就可以了。下面将介绍使用关键字完成的语句。

1. var 和 let 语句

var 关键字用来定义变量，如果在函数内部定义，则定义的变量只能在函数内部使用，如果在函数外部定义，则会成为全局变量。在函数中使用变量时会优先使用内部变量，只有找不到内部变量时才会使用全局变量，下面来看个例子。

```
var color = "red";
function localColor(){
    var color = "blue";
    console.log(color);
}
function globalColor(){
    console.log(color);
}
localColor();      //blue
globalColor();     //red
```

localColor 方法中由于定义了内部变量 color，因此会输出 blue；globalColor 方法中由于没有定义内部变量 color，因此会输出全局变量 red。

在 JS 中函数是怎么执行的

函数无非两部分：数据和对数据的操作。数据又分为外部数据和内部数据，对于外部数据，本书将在后边的作用域链中进行介绍。内部数据又分为参数和变量两部分。在函数每次执行的时候参数都会被赋予一个新值，而变量则每次都会被设置为一个相同的初始值。

函数的变量和参数是怎么保存的呢？对于多个数据来说，最常用也是最简单的保存方式就是使用数组保存，这样按序号查找起来就非常方便了。而且，一般来说，一个函数的参数和变量都会集中保存在一个数组或者跟数组类似的结构（例如栈）中。但是，数组本身存在一个非常致命的缺点，它要求每个元素的长度都相等，这对于参数（或变量）来说是很难符合要求的。但是，为了使用数组（或栈）的便捷性通常会在数组中保存一个包含地址的数据（除地址外，还可能包含数据类型等其他数据），而不是实际的数据，这样既可以使用数组，又可以保存不同长度的数据。此时，在函数中使用参数（或变量）的时候只需要使用“第几个参数（或变量）”就可以了，至于数组中具体一个元素使用多少位，则需要根据不同的硬件平台（例如，是 32 位还是 64 位）和具体引擎的开发者来确定。但是，这里还存在一个小问题，对于复杂的数据来说，这样保存无可厚非，而对于直接使用数组元素就可以保存的简单数据（例如整数）来说，再使用这种方式就显得复杂了，而且多一步通过地址查找数据的操作也会影响效率，因此这种情况一般会直接将值保存到数组中，而不是保存地址。

函数在每次执行之前都会新建一个参数数组和一个变量数组（当然也可以合并为一个数组，而且通常会使用栈来实现），然后将调用时所传递的参数设置到参数数组中，而变量数组在每次执行前都具有相同的内容，对数据进行操作时只需要使用“第几个参数”或者“第几个变量”即可。

简单的数据（例如整数）会直接保存在数组中，而对于复杂的数据，数组中只保存地址，具体的数据保存在堆中。可以简单地将堆理解为一堆草纸，其所保存的数据是所有函数所共享的，不过也并不是每个函数都可以调用堆中所有的数据。因为调用堆中数据的前提是能找到，如果找不到当然也就调用不了。例如，在函数中定义了一个字符串的对象变量 s，这时就会将 s 的内容保存到堆中，然后将堆中所保存数据的地址保存到函数的变量数组中，这时对于函数外部来说，虽然可以访问堆中的数据，但是因为没有 s 的地址，所以也就无法访问 s 这个字符串变量了。

下面来看一个例子，首先对下面的代码设置断点，然后使用 FireBug 进行调试。

```
function paramF(p1){
    var msg="hello";
    console.log(p1);      //此行设置断点
    for(var i in arguments){
        console.log(arguments[i]);
    }
}
paramF("a","b","c");     //a a b c
```

当执行到断点处时，在 FireBug 中可以看到如图 4-6 所示的结构。

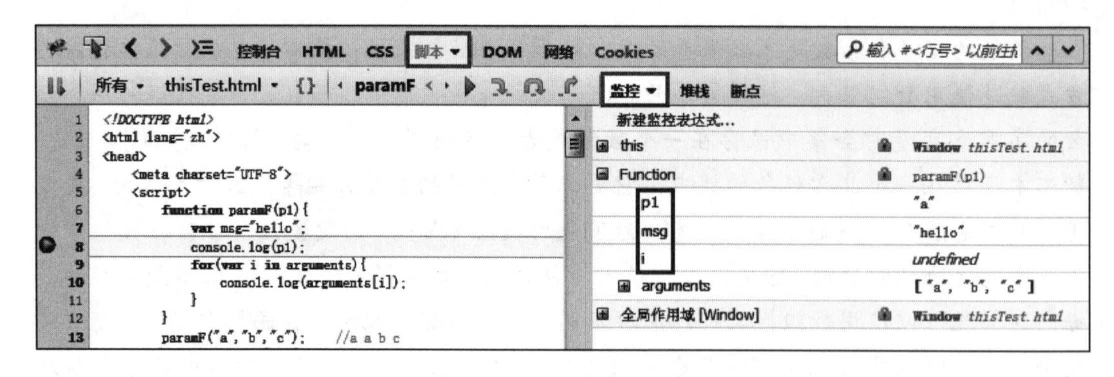

图 4-6 FireBug 的调试界面

从图 4-6 的右侧可以看出，函数在执行时会将参数 p1 和函数中所用到的变量 msg、i 放到相同的地位，即在函数内部执行的时候就不会区分是参数还是变量。另外，在 JS 的函数中，会自动创建一个名为 arguments 的内部变量，然后将所有参数的地址保存到其中。arguments类似数组对象，可以通过它来获取函数调用时所传递的参数。接着来看下面的例子。

```
function paramF(p1){
    console.log(p1);
    for(var i in arguments){
        console.log(arguments[i]);
    }
}
paramF("a");              //a a
paramF("a","b","c");      //a a b c
```

paramF方法首先打印了参数p1的值，然后遍历打印arguments中所有参数的值。可以看出，参数p1的值和arguments[0]的值是一样的，函数的参数按顺序依次保存在arguments变量中。还可以看到，在调用函数时传入参数的个数也可以和定义时不一样。例如，虽然paramF函数定义时只有一个参数，但是在调用时却可以传递三个参数，当然也可以传递任意个数的参数，甚至不传递参数，因此JS中不存在同名函数重载的用法。

函数定义时的参数（通常叫形参）和arguments对象的关系如下：在JS的函数调用前JS引擎会创建一个arguments对象，然后在其中保存调用时的参数（通常叫实参），而形参其实只是一个名字，在实际操作时会将其翻译为arguments对象的一个元素。例如，对于“console.log(p1);”这条语句，在操作时会被翻译为“控制台打印arguments的第一个元素”，即函数的形参只是一个名字，是给程序员看的，引擎在实际操作时会自动将其翻译为arguments中的一个元素，可以使用下面的例子来验证。

```
function paramF(p1){
  console.log(arguments[0]===p1);
}
paramF("www.excelib.com");                 //true
```

当然，这里给大家介绍的只是一种实现方案，还有其他方案。例如，可以直接把参数对象放入栈中，不同参数可以使用偏移量来表示，不过原理都是一样的。

在JS中使用var定义的变量是函数级作用域而不是块级作用域，即一个语句块内部定义的变量在语句块外部也可以使用，例如下面的例子。

```
(function (num){
    if(num>36){
        var result=true;
    }
    console.log(result);
})(81);                      //true
```

这里的result是在if语句块中定义的，但是在if语句块外部依然可以调用。这是因为JS

的方法在执行时会将其自身所有使用 var 定义的变量统一放到前面介绍的变量数组中，所以在一个函数中，所有使用 var 定义的变量都是同等地位的，即在 JS 中使用 var 定义的变量是 function 级作用域而不是块级作用域。

JS 中自运行的匿名函数

在 JS 中可以使用匿名函数，其原理非常简单。前面说过，在 JS 中函数其实也是一种对象，在底层只要用一块内存将其保存下来即可。在调用时只需要找到这块内存，然后创建好执行环境（包含前面所介绍的参数数组、变量数组等内容）就可以执行了。所以有两个关键方面：①将函数对象保存到一块内存中；②找到这块内存。通常使用函数名来查找这块内存的地址，不过函数名只是查找这块内存的一个工具，最主要的目的其实是找到这块内存，也就是说，即使没有函数名也可以，只要能找到这块内存就行。因此可以使用匿名函数，其用法如下。

首先使用 function 关键字定义一个函数，然后将其使用小括号括起来（这只是语法的要求，否则后面的执行语句无法被引擎正确识别），这样就将函数定义好了，引擎会为其分配一块内存来保存。然后直接在后面加个小括号，并将参数放入其中，这样引擎就知道要使用这块内存所保存的函数来执行了。因为对于 JS 来说，在函数后面加小括号是调用函数的意思，这是 JS 的语法规则（如果是我们来设计，当然也可以设计为见到“调用 XXX”的字符串执行函数）。这时既有保存函数的内存也有内存的地址，这样就可以执行了。例如，上面的例子中首先定义了一个函数，然后使用小括号将其扩起来，后面又加了一个表示执行的小括号，并将参数 81 放入其中，这样就可以执行了。

下面再来看一个例子。

```
var log=(function (){
  console.log("创建日志函数");
  return function(param){
     console.log(param);
  };
})();
log("www.excelib.com");
```

这里也创建了一个自运行的匿名函数，不过其返回值仍然是一个匿名函数，也就是说函数自运行后返回的结果仍然是一个函数。把返回的函数赋值给 log 变量，就可以使用 log 变量来调用返回的函数了（注意与前面所介绍的函数表达式创建函数的区别）。这里其实包含两块保存函数的内存，自运行的匿名函数本身有一块内存来保存，当碰到后面表示执行的小括号后就会自动执行，另外还有一块内存来保存所返回的函数，而返回的值其实是这块内存的地址，这样 log 变量指向了这块保存函数的内存，因此也可以使用 log 来调用此函数。

虽然 JS 表面看起来有很多复杂的东西，但只要理解了其本质（特别是内存模型）后就很简单了。

在 ES2015 中可以使用 let 来定义块级变量，这样定义的变量在块的外部不可以使用。例如，将前面例子中的 result 改用 let 来定义，在 if 语句块外面就无法使用 result 输出结果了。

2. if-else 语句

if-else 语句的作用是进行条件判断。当需要进行判断时，就要使用 if 语句来完成，其结构如下。

```
if(条件){
   语句块
}
```

当条件为 true 时，执行语句块里的相应内容，否则不执行，例如下面的例子。

```
function sayHello(lang){
    var hello = "你好";
    if(lang=="en-us"){
        hello = "hello";
    }
    return hello;
}
sayHello();          //你好
sayHello("en-us");   //hello
```

在 sayHello 方法中，如果传入值为“en-us”的 lang 参数，则会返回“hello”，否则会返回“你好”。

有些时候需要对多种情况进行判断，可以组合使用 if-else 语句，在 else 后边可以接着写 if 语句，表示对另外一种情况的判断，也可以不跟 if 语句，用来表示如果所有条件都不符合时执行的默认操作，例如，将前面的例子做如下修改。

```
function sayHello(lang){
    var hello;
    if(lang=="en-us"){
        hello = "hello";
    }else if(lang=="zh-tw"){
        hello = "妳好";
    }else if(lang=="zh-hk"){
        hello = "妳好";
    }else{
        hello = "你好";
    }
```

```
        return hello;
    }
```

这时 sayHello 方法就对“en-us”“zh-tw”和“zh-hk”三种情况做了判断，如果都不是就会执行最后的默认语句块，即将 hello 设置为“你好”。

if 语句的条件还可以使用前面介绍过的逻辑操作符来对多个条件进行组合判断，例如用 || 表示或，用 && 表示与，用 ! 表示非，上面例子中的 sayHello 方法可以写成下面的形式。

```
function sayHello(lang){
    var hello;
    if(lang=="en-us"){
        hello = "hello";
    }else if(lang=="zh-tw" || lang=="zh-hk"){
        hello = " 妳好 ";
    }else{
        hello = " 你好 ";
    }
    return hello;
}
```

这个例子就把 lang=="zh-tw" 和 lang=="zh-hk" 两个条件合并到一起组成一个条件，当 lang 为“zh-tw”或者“zh-hk”的时候都会给 hello 赋值“妳好”。

3. while 语句

while 语句和 if 语句的结构相同，都是一个条件和一个语句块，只是关键字不同，while 语句的结构如下。

```
while( 条件 ){
   语句块
}
```

while 语句和 if 语句的不同之处在于：if 语句如果条件成立的话会且只会执行一次语句块里的内容，而 while 语句会反复执行语句块里的内容，直到条件不成立为止。我们来看下面的例子。

```
var step = 5;
function widthTo(obj, width){
    var owidth = obj.width;
    var isAdd = width - owidth>0;
    while(owidth!=width){
        if(isAdd){
            owidth+=step;
        }else{
            owidth-=step;
        }
        if(width-owidth<step || owidth-width<step){
            owidth = width;
        }
```

```
            sleep(50);         //休眠50ms，JS自身并无此函数，这里只是为了说明问题
            obj.width = owidth;
        }
    }
```

在这个例子中，widthTo 方法的作用是将相应对象的 width 属性修改为指定大小，并且不是一次修改到位而是按指定步长逐次修改，具体修改时需要先判断是变大还是变小，然后再修改，每次修改等待 50ms，这么做就可以给人一种简单动画的感觉。这里使用的就是 while 循环，当对象的 width 属性没有达到目标大小时就会一直向目标方向变化，只有达到目标大小时才会停止并继续向下执行。while 语句也可以理解为执行多次 if 语句，例如，上面代码中的 while 语句相当于下面的语句。

```
if(owidth!=width){
    具体操作;
}
if(owidth!=width){
    具体操作;
}
if(owidth!=width){
    具体操作;
}
……
```

当 if 语句块足够多的时候也可以完成与 while 语句相同的功能。当然，实际使用时没有这么用的，这里只是为了让大家更加清晰地理解 while 语句的原理。

4. do-while 语句

do-while 语句和 while 语句类似，只是 while 语句的条件判断在语句执行之前，而 do-while 语句的条件判断在语句执行之后，do-while 语句的结构如下。

```
do{
   语句块
} while(条件)
```

在 do-while 语句中，每执行完一次语句之后进行一次条件判断，如果条件成立，就会循环执行，直到条件不成立为止。由于 do-while 语句是在执行语句之后判断，所以语句块至少会执行一次。我们来看下面的例子。

```
function getTopLeader(person){
    var leader;
    do{
        leader = person;
        person = leader.getLeader();
    }while(person!=null);
    return leader;
}
```

这个例子中，getTopLeader 方法要获取 TopLeader（最高领导）。要找最高领导很简单，随便找个人问他的领导是谁，如果他有领导，则继续问他的领导的领导是谁，直到有人说我没有领导，好，他就是最高领导，我们将他返回去就可以了。这里使用了 do-while 语句。do-while 语句与 while 语句的区别是，do-while 语句至少会执行一次语句块的内容。在上面的例子中，首先查询上级领导，然后判断是否为空，查询上级领导的操作至少会执行一次，因此我们使用了 do-while 语句。其实 do-while 语句也可以换成 while 语句来执行，只需要在执行前先执行一次语句块中的内容。例如，上面例子中的 getTopLeader 方法也可以写成下面的形式。

```
function getTopLeader(person){
    var leader = person;
    person = leader.getLeader(); // 在 while 前先执行了一次

    while(person!=null){
        leader = person;
        person = leader.getLeader();
    }
    return leader;
}
```

这两种写法的效果是完全相同的。

5. for 语句

for 语句也是一种循环语句，并且比 while 语句和 do-while 语句更加灵活。for 语句的结构如下。

```
for( 表达式 1; 表达式 2; 表达式 3){
   语句块
}
```

for 语句的执行步骤如下。

1）执行表达式 1，一般用来定义循环变量。

2）判断表达式 2 是否为真，如果不为真则结束 for 语句块。

3）执行语句块。

4）执行表达式 3，一般用于每次执行后修改循环变量的值。

5）跳转到第 2 步重新判断。

这里要特别注意表达式 3 的执行位置，可以通过下面的例子清晰地看到上述过程。

```
var k;
for(var i=0, j=""; i<=1; i++, j=1, k=1){
    console.log(i);
    console.log(typeof i);
    console.log(typeof j);
    console.log(typeof k);
```

```
    console.log("----------------");
}
```

这里的表达式 1 和表达式 3 都通过使用逗号来并列使用多条语句。表达式 1 为 var i=0, j=""，定义了两个变量 i 和 j，i 是 number 类型，值为 0，j 为 string 类型，值为空字符串；表达式 2 为 i<=1，判断 i 是否小于等于 1；表达式 3 为 i++, j=1, k=1，共三条语句，i 加 1 并将 j 和 k 设置为 1，这里的 j 由原来的 string 类型转换为 number 类型，并且初始化了 k 变量。执行后输出结果如下。

```
0
number
string
undefined
----------------
1
number
number
number
----------------
```

从输出结果可以看出，在第一次执行语句块的时候（i 为 0）表达式 1 已经执行了，因此这时 i 为 number 类型，j 为 string 类型，k 还没有初始化。第一次执行完语句块之后会执行表达式 3，这时将 j 变为 number 类型并将 k 初始化，所以第二次输出的 j 和 k 都是 number 类型了。第二次执行完语句块之后会再次执行表达式 3（每次执行完语句块之后都会执行表达式 3），这时会将 i 变为 2，然后判断表达式 2 的时候就不符合条件了，也就不再循环。

我们再来看一个计算 10 的阶乘的例子。

```
var n=10, result;
for(var i=1, result=1; i<=n; i++){
    result*=i;
}
```

这个例子中，首先定义了两个变量 n 和 result，n 用来指定要计算谁的阶乘，result 用于保存计算的结果，然后使用 for 语句执行具体阶乘计算并将结果保存到 result 中。

for 语句中包含表达式 1、表达式 2、表达式 3，并且都可以为空，但是它们之间的分号不可以省略，如果不需要相应的表达式，可以不写内容但是不可省略分号，例如下面的代码。

```
var n=10, result= 1, i=1;
for(;i<=n;){
    result*=i;
    i++;
}
```

这个例子的执行结果和上一个例子的执行结果完全相同，只是将循环变量 i 的定义放到 for 语句前面并将 i++ 放到语句块中。需要注意的是，虽然这时 for 语句中的表达式 1 和表达式 3 都不需要了，但是分号是不可以省略的。只有表达式 2 的这种情况可以简单地使用 while 循环来完成，例如上面的代码还可以写出如下形式。

```
var n=10, result= 1, i=1;
while(i<=n){
    result*=i;
    i++;
}
```

从这里就可以看出 for 循环的功能是最强大的，而 while 和 do-while 循环在特定条件下的使用方式会比较简单。

6. for-in 语句

for-in 语句可以遍历对象的属性，准确来说是遍历对象中可以遍历的属性（对象的属性是否可遍历会在后面详细讲解）。for-in 语句的结构如下。

```
for(属性名 in 对象){
   语句块
}
```

for-in 语句在遍历过程中直接获取的是属性的名称，可以使用方括号来获取属性的值，例如下面的例子。

```
var obj = {n:1, b:true, s:"hi"};
for(var propName in obj){
    console.log(propName + ":" + obj[propName]);
}
```

执行后输出结果如下。

```
n:1
b:true
s:hi
```

ES2015 中新增了 for-of 语句，它可以直接获取属性的值，后面再详细介绍。

7. continue 语句

continue 用于循环语句块中，作用是跳过本次循环，进行下一次循环语句块的执行（即跳过循环体中未执行的语句），在进入下一次执行之前也会判断条件是否成立，如果条件不成立就会结束循环。另外，如果是 for 语句，那么在执行判断前还会先执行表达式 3。请看下面的例子。

```
var array = ["a", "b"];
array[3] = "c";
for(var i=0; i<array.length; i++){
    console.log("enter block")
    if(!array[i]){
```

```
        continue;
    }
    console.log(i+"->"+array[i]);
}
```

在此例中，首先定义了一个数组 array，并对其进行初始化。需要注意的是，数组的第一个元素的编号是 0，因此 array 数组的 a 元素和 b 元素分别对应编号 0 和 1。然后又给编号为 3 的元素赋值 c，这时 array 数组的编号为 2 的元素是没有内容的。array 数组初始化完之后，使用 for 循环遍历其中的元素并输出，在输出之前判断是否存在，如果不存在，则使用 continue 语句跳过本次执行（输出），进入下一次循环，最后的执行结果如下。

```
enter block
0->a
enter block
1->b
enter block
enter block
3->c
```

当 i 为 2 时进入循环语句块，这时会输出 “ enter block”，但是当判断到 array[2] 不存在时，就会跳过而不执行输出语句，然后接着执行 i++，判断条件并进入 i=3 时语句块的执行，这时又会输出 “enter block”，因此输出的结果中有两次连续的 “enter block”。

8. break 语句

break 语句可以用在循环中，也可以用在 switch 语句中。对于 switch 语句中 break 的用法，我们放到 switch 语句中讲解。在循环语句中，break 的作用是跳出循环，它跟 continue 的区别是 break 会直接结束循环，而 continue 只是跳过本次语句块的执行而不会结束循环。将上一小节中的 continue 改为 break，代码如下。

```
var array = ["a", "b"];
array[3] = "c";
for(var i=0; i<array.length; i++){
    console.log("enter into block")
    if(!array[i]){
        break;
    }
    console.log(i+"->"+array[i]);
}
```

这时控制台输出的结果如下。

```
enter into block
0->a
enter into block
1->b
enter into block
```

当 i=2 时会结束循环，所以编号为 3 的元素就不会被打印。

9. return 语句

return 语句在函数中的作用是结束函数并返回结果。返回的结果跟在 return 语句后面，使用空格分开，例如下面的 add 函数。

```
function add(a,b){
    var c = a+b;
    return c;
}
```

add 函数将两个参数 a、b 的值相加后赋值给内部变量 c 并返回。return 语句除了可以返回变量外，还可以直接返回表达式，即上述代码中的 add 函数可以不定义 c 变量而直接返回 a+b，形式如下。

```
function add(a,b){
    return a+b;
}
```

return 除了返回结果外，还经常用于结束函数的执行，例如下面的代码。

```
function setColor(obj, color){
    if(typeof obj != "object"){
        return;
    }
    if(color!="red" && color!="green" && color!="blue"){
        return;
    }
    obj.color = color;
}
```

这个例子中，setColor 函数的作用是将 obj 的 color 属性设置为指定的值。首先判断 obj 是不是 object 类型，如果不是则不进行操作而直接返回，然后判断 color 是不是 red、green、blue 中的一种，如果不是也不进行操作而直接返回，最后将 obj 的 color 属性设置为传入的 color。这里的 return 语句的主要功能是结束函数执行。

10. with 语句

JS 是一种面向对象的语言，对象主要是通过其属性来使用，如果需要对同一个对象的多个属性多次进行操作，就需要多次写对象的名称，例如下面的操作。

```
$("#cur").css("color", "yellow");
$("#cur").css("backgroundColor", "red");
```

这个例子中重复使用了 $("#cur")，这时就可以使用 with 语句。

```
with ($("#cur")){
    css("color", "yellow");
    css("backgroundColor", "red");
}
```

这两种写法的作用是相同的，只是将所要操作的对象 $("#cur") 统一放到 with 语句的小括号中。with 语句的作用就是指定所操作的对象，但是由于它会影响运行速度且不利于优化，所以不建议使用，并且在 strict model（严格模式）下已经禁用了 with 语句。

11. switch-case-default 语句

switch 语句用于对指定变量进行分类处理，不同的类型使用不同的 case 语句进行区分，例如下面的例子。

```
var grade = "优";
switch (grade){
    case "不及格":
        console.log("低于 60 分");
        break;
    case "及格":
        console.log("60 到 75 分");
        break;
    case "良":
        console.log("75 到 90 分");
        break;
    case "优":
        console.log("90 分（含）以上");
        break;
}
```

上述代码根据不同的等级输出相应分数的范围，等级写在圆括号中，每种类型的值写到 case 后面。需要注意的是，case 和值之间由空格分隔，值后面有冒号，而且每一种情况结束后都要使用 break 语句跳出，否则会接着执行下一种类型的相应语句。

另外，在 switch 语句中经常会用到 default 语句，用于在所有 case 都不符合条件时执行。default 语句应放在所有 case 语句之后，例如下面的例子。

```
var grade = "良好";
switch (grade){
    case "不及格":
        console.log("低于 60 分");
        break;
    case "及格":
        console.log("60 到 75 分");
        break;
    case "良":
        console.log("75 到 90 分");
        break;
    case "优":
        console.log("90 分（含）以上");
        break;
    default :
        console.log("没有这种等级");
}
```

上面的代码中，grade 的值为“良好”，而“良好”在所有的 case 中都没有，这时就会执行 default 并打印“没有这种等级”。

switch 和 if-else 语句的区别是，switch 语句只是对单一的变量进行分类处理，而 if-else 可以在不同的判断条件中对不同的变量进行判断。因此，if-else 语句更加灵活，switch 语句更加简单、清晰。

12. try-catch-finally 语句

try 语句用于处理异常，其结构如下。

```
try{
   正常语句块
} catch (error) {
   异常处理语句块
} finally {
   最后执行语句
}
```

当“正常语句块”在执行过程中发生错误时，就会执行“异常处理语句块”，而无论是否抛出异常都会执行“最后执行语句”。我们来看下面的例子。

```
function getMessage(person){
    try{
        var result = person.name+","+person.isEngineer();
    }catch (error){
        console.log(error.name+":"+error.message);
        result = "处理异常";
    }finally{
        return result;
    }
}
var msg = getMessage({name:"张三"});
console.log(msg);
```

这个例子中，getMessage 方法中将传入 person 的 name 属性和 isEngineer() 方法的返回值连接到一起并返回，连接过程在 try 正常语句块中。如果在处理过程中遇到异常，就会执行 catch 的异常处理语句块。这里的异常处理语句块在控制台打印出异常信息并将“处理异常”赋给返回值，最后在 finally 语句中将结果返回，无论拼接过程是否发生了异常，最终都会返回 result。在最后的调用语句中，传入的对象只有 name 属性而没有 isEngineer 方法，此时，执行就会抛出异常，进而会执行异常处理语句块，打印异常信息并将“处理异常”赋值给返回值。上述代码的执行结果如下。

```
TypeError:person.isEngineer is not a function
处理异常
```

第一行是在异常处理语句块中打印的，第二行是 getMessage 调用完后的返回值，是最后一行的代码打印的。在实际使用中，应该在捕获到异常后，返回事先指定好的一个值，而不是直接返回一个字符串，例如可以为 getMessage 对象定义一个专门用来表示异常的返回值属性。

```
getMessage.errorMsg="处理异常";
```

这样在调用 getMessage 函数之后，就可以使用它来判断是否正确执行。例如，可以按照如下形式使用。

```
var msg = getMessage({name:"张三"});
if(msg === getMessage.errorMsg){
    //getMessage 方法执行异常后的操作
}else{
    console.log(msg);
}
```

另外，如果没有必须执行的语句，那么也可以省略 finally 语句块。

13. throw 语句

throw 用于主动抛出异常。JS 中 throw 抛出的异常可以是任何类型的，而且可以使用 try-catch 语句进行捕获，catch 捕获到的就是 throw 所抛出的，例如下面的例子。

```
function add5(n){
    if(typeof n != "number")
        throw "不是数字怎么加";
    return n+5;
}
try{
    add5("a");
}catch (error){
    console.log(error);
}
```

在这个例子中，add5 方法的作用是将传入的参数加 5 后返回。在运算之前先判断传入的参数是否为数字类型，如果不是则抛出异常，异常信息为“不是数字怎么加”，抛出异常后就不再往下执行了。在调用时因为传入了非数字的“a”，所以会抛出异常，异常信息可以通过 catch 来捕获并输出到控制台，代码执行后控制台会打印“不是数字怎么加”。当然，如果想和其他 JS 异常使用统一的异常处理结构，那么抛出的异常也可以封装为包含 name 和 message 属性的对象，例如上面的例子可以写成如下形式。

```
function add5(n){
    if(typeof n != "number")
        throw {name:"类型错误",message:"不是数字怎么加"};
    return n+5;
}
try{
    add5("a");
}catch (error){
    console.log(error.name+":"+error.message);
}
```

14. typeof 语句

typeof 语句的作用是获取变量的类型，调用语法如下。

```
typeof 变量
```

typeof 在 ES2015 中的返回值一共有 7 种：undefined、function、object、boolean、number、string 和 symbol，请看下面的例子。

```
var a;
console.log(typeof undefined);          //undefined
console.log(typeof a);                  //undefined
console.log(typeof b);                  //undefined
console.log(typeof null);               //object
console.log(typeof function(){});       //function
console.log(typeof {});                 //object
console.log(typeof true);               //boolean
console.log(typeof 123.7);              //number
console.log(typeof "str");              //string
console.log(typeof Symbol("abc"));      //symbol
console.log(typeof [1,2,3]);            //object
```

需要特别注意的是，null 和数组的类型都是 object，因为 null 本身也是一个对象，而数组中可以包含其他任何类型的元素，它并不是底层对象，所以它们没有自己独有的类型。

undefined 是一种特殊的类型，它所代表的是这么一种类型：它们有名字，但是不知道自己是什么类型。即只要有名字但是没有赋值的变量都是 undefined 类型。对于上述例子中的 a 和 b 来说，虽然 a 定义了，b 没有定义，但是它们都属于“有名字没值”的变量，因此它们都是 undefined 类型。如果用之前学习过的内存模型来说，undefined 类型的对象就是只占用一块内存空间（用来保存变量名字）的对象。

另外，symbol 类型是 ES2015 中新增的内容，本书会在后面给大家详细介绍。

15. instanceof 语句

instanceof 语句比 typeof 语句更进了一步，可以判断一个对象是不是某种类型的实例。就好像周围的东西可以分为动物、植物、空气、水、金属等大的类型，而动物、植物以及金属还可以再进行更细的分类。typeof 的作用就是查看一样东西属于什么大的类型，例如是动物还是植物，而 instanceof 可以判断东西的具体类型，例如，如果是动物的话，可以判断是不是人，如果是人还可以判断是黄种人还是白种人、黑种人等。instanceof 语句的结构如下。

```
obj  instanceof  TypeObject
```

instanceof 语句的返回值为布尔类型，表示判断是否正确。例如，下面的例子使用 instanceof 来判断 arr 变量是否为数组类型。

```
var arr = [1,2,3];
console.log(arr instanceof Array);  //true
```

后面将会学到 function 类型的对象，可以使用 new 关键字来创建 object 类型的对象，那时就可以使用 instanceof 来判断一个变量是否为指定类型的 function 对象创建的。

4.3.4　变量作用域

这里所说的变量作用域主要是指使用 var 定义的变量的作用域，这种变量的作用域是 function 级的，这一点我们在前面讲 var 语句的时候已经给大家介绍过了。JS 中的 function 是可以嵌套使用的，嵌套的 function 中的变量的作用域又是怎样的呢？请先看个例子。

```
var v=0;
function f1(){
    var v=1;
    function f2(){
        console.log(v);
    }
    f2();
}
f1();        //1
```

这个例子中，定义了全局变量 v，在函数 f1 中定义了局部变量 v，f2 定义在 f1 函数中，当调用函数 f1 时，会在其内部调用函数 f2，f2 中用到了变量 v，这时 v 会使用 f1 函数中定义的 v。

在调用嵌套函数时，引擎会根据嵌套的层次自动创建一个参数作用域链，然后将各层次函数所定义的变量从外到内依次存放到作用域链中。例如，在上述示例中，执行函数 f2 时，会首先将全局对象（浏览器中指页面本身，也就是 Window 对象）放在最下层，然后放 f1，最后放 f2。可以在 f2 函数中加入断点，然后使用 FireBug 清楚地看到这一点，加入断点后，执行代码时 FireBug 中的结果如图 4-7 所示。

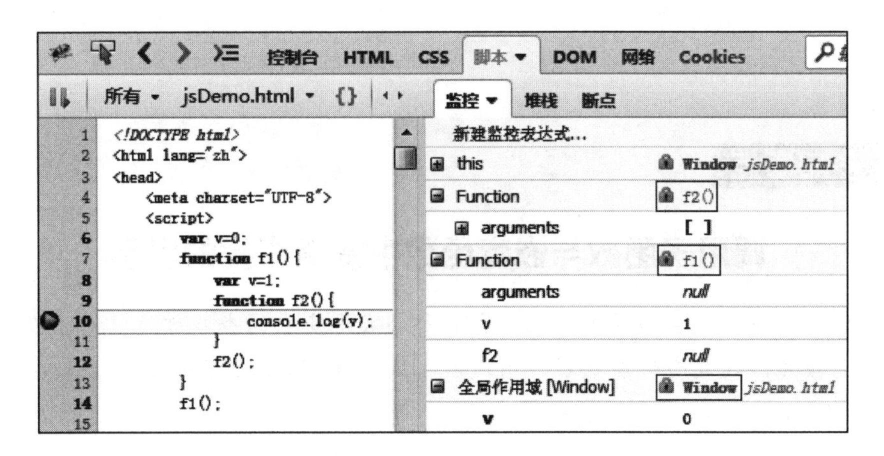

图 4-7　加入断点后，执行代码时 FireBug 中的显示结果

用到变量的时候会在变量作用域链中从上往下查找变量的值。例如，在上述示例中会先在 f2 中查找，如果找不到就会去 f1 查找，如果还查找不到就会到全局变量中查找。从图 4-1 中可以看到 f2 中没有 v 变量，因此会向下查找 f1，在 f1 可以找到变量 v，找到后就会使用 f1 中定义的变量 v，最后会将“1”打印到控制台。

再来看下面的例子。

```
var x= 0, y= 0, z= 0, w=0;
function f1(){
    var y=1, z=1, w=1;
    function f2(){
        var z= 2, w=2;
        function f3(){
            var w=3;
            console.log(x);
            console.log(y);
            console.log(z);
            console.log(w);
        }
        f3();
    }
    f2();
}
f1();
```

这个例子最终会输出什么呢?

这个例子中，每个变量查找的顺序都是 f3 → f2 → f1 →全局变量。对于 x 来说，会一直到全局变量才能找到，y 会在 f1 中找到，z 会在 f2 中找到，w 将直接使用 f3 自己定义的局部变量，所以最后的输出结果如下。

```
0
1
2
3
```

 多知道点

调用子函数与嵌套函数中变量查找的区别

在变量作用域中很容易混淆子函数和嵌套函数中变量的查找过程。对于嵌套函数中的变量，会按照函数嵌套的层次在作用域链中从上往下查找，而调用子函数时并不会使用父函数中的变量，例如下面的例子。

```
var v=0;
function logV(){
```

```
    console.log(v);
}
function f(){
    var v=1;
    logV();
}
f();
```

在上述示例中，在函数 f 中调用了子函数 logV，在 logV 中打印了变量 v，这时 v 会使用全局变量而不会使用 f 中的局部变量，最后会打印出 0，这是因为在调用 logV 函数时又会创建新的作用域链，新建的作用域链只包含 logV 函数嵌套定义的层级而不会包含调用时的 f 函数。也就是说，这个例子中有两套独立的作用域链，调用 f 函数时有一套，在 f 中调用 logV 函数时有另外一套，它们都只有两层，第一层为全局变量，第二层为函数自身，在 logV 函数中会使用全局变量 v 而不会使用 f 函数中的 v（因为 f 函数根本不在 logV 函数调用的作用域链中）。

4.3.5 闭包

闭包是 JS 中非常重要且对于新手来说又不容易理解的一个概念。4.3.4 节介绍了 JS 中变量是 function 级作用域，也就是说，在 function 中定义的变量可以在 function 内部（包括内部定义的嵌套 function 中）使用，而在 function 外部是无法使用的。但是，本书之前介绍过，函数就是一块保存了现有数据的内存，只要找到这块内存就可以对其进行调用。因此，如果想办法获取到内部定义的嵌套函数，那样不就可以在外部使用嵌套函数来调用内部定义的局部变量了吗？这种用法就是闭包，例如下面这个例子。

```
function f1(){
    var v=1;
    function f2(){
        console.log(v);
    }
    return f2;
}
var f = f1();
f();        //1
```

这个例子中，函数 f1 中定义了变量 v，正常情况下在 f1 外面是无法访问 v 的，但是 f1 中嵌套定义的函数 f2 是可以访问 v 的，而且在调用 f1 时会返回函数 f2，这样就可以在 f1 外部访问 f1 的局部变量 v，这就是闭包。当然，如果需要还可以在 f2 中直接返回 v 的值，这样就可以在 f1 外部获取 v 的值。

需要注意的是，在使用闭包时，在保存返回函数的变量失效之前定义闭包的 function 会一直保存在内存中，例如下面的例子。

```
function f1(){
    var v=1;
    function f2(){
        console.log(v++);
    }
    return f2;
}
var f = f1();
f();    //1
f();    //2
f();    //3
```

这个例子中，f2 函数在打印出 v 的值后又将 v 的值加了 1，连续调用 f 函数时会在控制台依次打印出 1 2 3，这说明 f1 函数一直在内存中保存着。这是因为保存 f1 返回嵌套函数 f2 的变量 f 是全局变量，它会一直保存在内存中，而 f 所指向的 f2 函数在执行时需要依赖 f1，所以 f1 就会一直保存在内存中。这里需要注意 f2 本身因为没有被依赖，所以 f2 并不会一直保存在内存中，通过下面的例子可以清楚地看到这一点。

```
function f1(){
    var v=1;
    function f2(){
        var v1 = 1;
        console.log(v+","+v1);
        v++;
        v1++;
    }
    return f2;
}
var f = f1();
f();    //1,1
f();    //2,1
f();    //3,1
```

从上面的例子可以看出，f1 中定义的变量 v 在每次调用时会累加，这说明每次调用时使用的都是原来的数据，而 f2 中定义的变量 v1 则在每次调用时都会创建新的数据。其原理其实非常简单，在函数 f1 执行时会创建一套 f1 的变量数组，在函数 f2 执行时会创建另外一套 f2 的变量数组。按照 JS 中变量作用域链的规则，在 f2 中可以调用执行 f1 时所创建的变量数组，为了 f2 可以正确执行，只要在 f2 还可能被调用的时候执行 f1 时所创建的执行环境（包括变量数组）就不会被释放，因此，f1 中定义的变量 v 会使用同一个，而 f2 每次执行完之后所创建的执行环境就没用了，会被释放，而在下次执行时又会创建新的执行环境。

4.4 创建对象

JS 中的 function 除了前面介绍的两种用法之外，还有一种非常重要的用法，那就是创建 object 实例对象。关于 object 类型对象的具体内容，本书将在下一章详细讲解，本节主要介绍如何使用 function 来创建 object 对象以及创建时的一些细节问题。

4.4.1 创建方式

使用 function 对象创建 object 类型对象的方法非常简单，直接在 function 对象前面使用 new 关键字就可以了，例如下面的例子。

```
function F(){
    this.v = 1;
}
var obj = new F();  //创建 F 类型对象 obj
console.log(obj.v); //1
```

这个例子中，首先定义了一个 function 类型的对象 F，然后使用 F 创建了 object 类型的对象 obj，最后在控制台打印出 obj 对象的 v 属性的值。

使用 function（例如 F）创建 object 类型的对象（例如 obj），只需要在 function 对象（F）前加 new 关键字就可以了。也就是说，对于一个 function 类型的对象，如果调用时前面没有 new 关键字，那么调用方法处理业务，如果前面有 new 关键字，那么用来创建对象。当然，创建对象时函数体也会被执行，对于具体创建的步骤下一节将详细介绍。

其实，经常使用的 Array、Date 等对象也都是 function 类型，可以使用 new 关键字来创建相应的 object 类型的对象实例。

为了区分主要用于处理业务的 function 和主要用于创建对象的 function，一般会将主要用于创建对象的 function 的首字母大写而将主要用于处理业务的 function 的首字母小写。但这只是人为区分，实际使用时并没有什么影响。

4.4.2 创建过程

使用 function 创建 object 类型对象的过程可以简单地分为以下两步（可以这么理解，实际创建过程要复杂一些）。

1）创建 function 对应类型的空 object 类型对象。

2）将 function 的函数体作为新创建的 object 类型对象的方法来执行（主要目的是初始化 object 对象）。

例如下面的例子。

```
function Car(color, displacement){
    this.color = color;
```

```
        this.displacement = displacement;
    }
    var car = new Car("black", "2.4T");
    console.log(car.color+","+car.displacement);    //black, 2.4T
```

这个例子中，首先创建了 function 类型的 Car，然后使用它新建 object 类型的 car 实例对象。在新建 car 对象时首先会新建 Car 类型的空对象 car，然后再将 Car 函数作为新建对象的方法来调用，从而初始化新建的 car 实例对象，相当于下面的过程。

```
function Car(){}
var car = new Car();
car.init = function (color, displacement){
    this.color = color;
    this.displacement = displacement;
};
car.init("black", "2.4T");
console.log(car.color+","+car.displacement);    //black, 2.4T
```

上述示例将原来 Car 对象中的函数体的内容放到新建的 car 的 init 方法中，在使用 Car 创建完 car 实例对象后，再调用 init 方法初始化，这种方式和前面例子中将初始化内容放到 Car 的函数体内的效果是完全相同的。

需要特别注意的是，创建过程的第二步，也就是说，在使用 function 对象新建 object 对象时依然会执行 function 的函数体。通过下面的例子可以更加直观地看到这一点。

```
var name="和珅";
function Sikuquanshu(){
  name="纪晓岚";
}
console.log(name);              //和珅
var skqs = new Sikuquanshu();
console.log(name);              //纪晓岚
```

这个例子中存在一个全局变量 name，原值为“和珅”，在函数 Sikuquanshu 内部将其改为“纪晓岚”，在上述代码中并没有直接执行此函数，但在使用它创建 skqs 对象时其函数体得到了执行，这从创建 skqs 对象前后打印出的内容就能看出来，全局变量 name 被修改了。在使用 function 对象创建实例对象时一定要注意这一点。

理解了对象创建的过程就可以理解为什么在构造函数（例如 Car）中使用 this 可以将属性添加到新创建的对象上。因为这时的函数体就相当于新创建的对象的一个方法，方法中的 this 指的就是新创建的对象自身，给 this 赋值就是给新创建的对象赋值，因此在 function 对象中使用 this 就可以给新创建出来的对象添加属性，就像本书第一个例子中的 Car 方法的“this.color = color；”语句，这条语句会给新创建的 car 对象添加 color 属性并将 color 参数的值赋给它。对于这一点，在后面讲到 object 的属性时还会做进一步介绍。

如果觉得这里不容易理解也没关系，因为还没有学习 object 类型对象和 this 关键字的具体含义，可以先继续往下看，等学习完相关内容之后再返回来理解就容易了。

对象在内存中是怎么保存的

前面主要介绍了对象属性、函数参数以及变量在内存中的保存方法，那么对象自身在内存中怎么保存呢？一般来说主要分为两大类方法。一类方法是直接将名称（或者名称的哈希值）和值（可能是实际内容也可能是地址）全部保存进去，这时可以使用类似JSON的格式。这种方式使用起来会比较灵活，但是在执行效率上会存在些问题，因为查找属性的过程会比较费时间。另一类方法是使用类似C语言中结构体的方式来保存，即只保存值而不保存变量，变量通过偏移量来查找。例如，{width:10,length:15}这个对象可以直接用8个字节来表示，width的偏移量是0，length的偏移量是4。这样在使用时不需要查找，直接按偏移量调用，效率就比第一类方法高，C++中的类就采用这种方法。但是，JS中的对象有些特殊，因为它的对象的属性是不确定的，而且可以随时修改（例如添加新的属性），这对于编程来说会很方便，但是对于按照第二类方法来保存对象数据来说就有点麻烦了。具体使用哪种方法来保存对象数据是由具体引擎的设计者来定的，不同的引擎可能会采用不同的处理方法。早期的JS引擎以第一类方法为主，而新的引擎为了提高效率也有采用第二类方法来保存的。

对于第二类方法来说，用同一个function创建的实例对象具有相同的结构，这时就可以将其看作同一类型（类似于C语言中的同一个结构体）来处理，但所创建的对象自身的属性也是可以修改的，在修改之后就成了新的类型。

在使用function创建对象时需要注意一种特殊情况，当function的函数体返回一个对象类型时，使用new关键字创建的对象就是返回的对象而不是function所对应的对象，例如下面的例子。

```
function F(){}
function Car(color, displacement){
    this.color = color;
    this.displacement = displacement;
    return new F();
}
var car = new Car("black", "2.4T");
console.log(car.color+","+car.displacement);     //undefined,undefined
console.log(car instanceof Car);                  //false
console.log(car instanceof F);                    //true
```

这个例子中存在两个function对象：F和Car。在Car的函数体中返回了新建的F类型实例对象，这时使用Car新建出来的car对象就成了F类型的实例对象，而不是Car类型的实例对象。

4.4.3 prototype 属性与继承

1. 继承方法

继承是Java、C++等基于类的语言中的一个术语。它的含义是子类的对象可以调用父类的属性和方法。基于对象的ES语言根本没有类的概念，当然也就不存在基于类的那种继承方式，但是，它可以通过prototype属性来达到类似于继承的效果。

prototype是ES中function类型对象的一个特殊属性。每个function类型的对象都有prototype属性，prototype属性的值是object类型的对象。在FireBug中可以看到Object（Object本身是function类型）的prototype属性类型如图4-8所示。

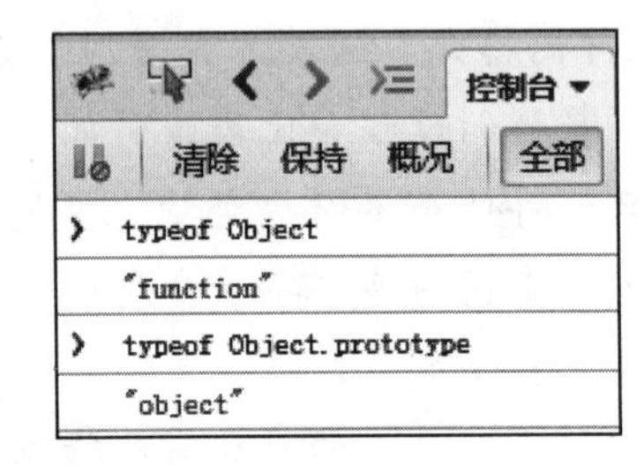

图 4-8　FireBug 中的 prototype 属性类型

function对象中prototype属性对象的作用是这样的：在function对象创建出的object类型对象实例中可以直接调用function对象的prototype属性对象中的属性（包括方法属性），例如下面的例子。

```
function Car(color, displacement){
    this.color = color;
    this.displacement = displacement;
}
Car.prototype.logMessage = function(){
    console.log(this.color+", "+this.displacement);
}
var car = new Car("black", "2.4T");
car.logMessage();                   //black, 2.4T
```

这个例子中，给Car的prototype属性对象添加了logMessage方法，这样使用Car创建的car对象就可以直接调用logMessage方法。虽然这里可以使用car调用logMessage方法，但是car对象本身并不会添加这个方法，只是可以调用而已。

function创建的实例对象在调用属性时会首先在自己的属性中查找，如果找不到就会去function的prototype属性对象中查找。但是，创建的对象只是可以调用prototype中的属性。但是并不会实际拥有那些属性，也不可以对它们进行修改（修改操作会在实例对象中添加一个同名属性）。当创建的实例对象定义了同名的属性后就会覆盖prototype中的属性，但是原来prototype中的属性并不会发生变化，而且当创建出来的对象删除了添加的属性后，原来prototype中的属性还可以继续调用，请看下面的例子。

```
function Car(color, displacement){
    this.color = color;
```

```
    this.displacement = displacement;
}
Car.prototype.logMessage = function(){
    console.log(this.color+","+this.displacement);
}
var car = new Car("black", "2.4T");
car.logMessage();                //black,2.4T
car.logMessage = function() {
    console.log(this.color);
}
car.logMessage();                //black
delete car.logMessage;
car.logMessage();                //black,2.4T
```

在这个例子中，使用 Car 直接创建的 car 对象并没有 logMessage 方法，所以第一次调用 logMessage 方法时会调用 Car 的 prototype 属性对象中的 logMessage 方法，然后给 car 定义了 logMessage 方法，这时再调用 logMessage 方法就会调用 car 自己的 logMessage 方法了，最后又删除了 car 的 logMessage 方法，此时调用 logMessage 方法就会再次调用 Car 的 prototype 属性对象中的 logMessage 方法，而且 Car 的 prototype 属性对象中的 logMessage 方法的内容也没有发生变化。代码执行后的输出结果如下。

```
black,2.4T
black
black,2.4T
```

我们可以通过 FireBug 将整个过程看得更加清楚，在增加断点后可以看到图 4-9 所示的结构。

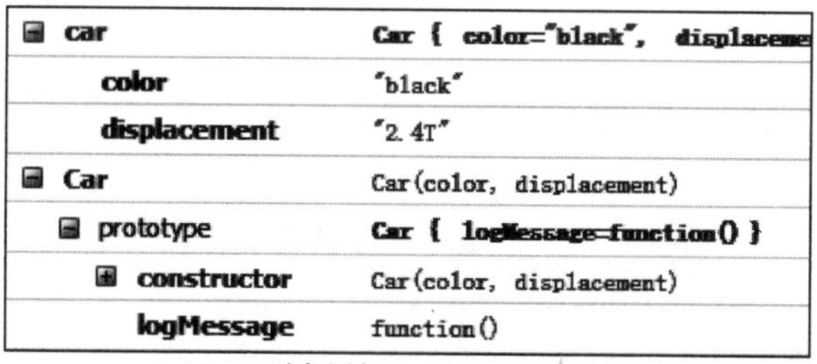

⊟ car	Car { color="black", displaceme
color	"black"
displacement	"2.4T"
⊟ Car	Car(color, displacement)
⊟ prototype	Car { logMessage=function() }
⊞ constructor	Car(color, displacement)
logMessage	function()

(a) car 对象添加 logMessage 方法前

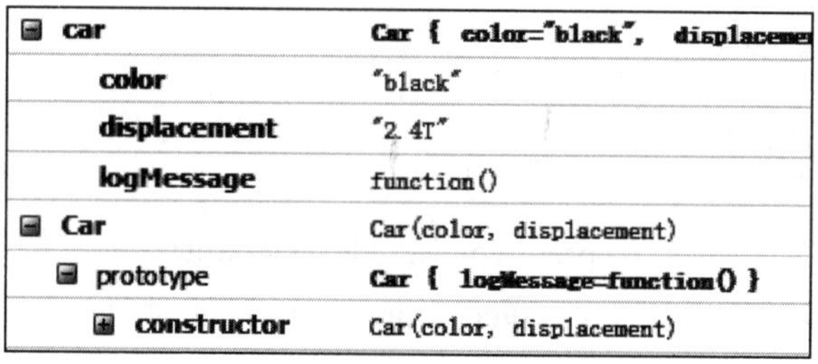

⊟ car	Car { color="black", displaceme
color	"black"
displacement	"2.4T"
logMessage	function()
⊟ Car	Car(color, displacement)
⊟ prototype	Car { logMessage=function() }
⊞ constructor	Car(color, displacement)

(b) car 对象添加 logMessage 方法后

图 4-9　在增加断点后可以看到的结构

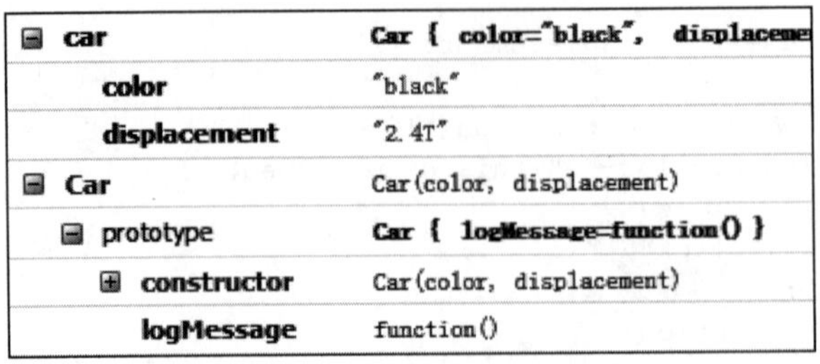

⊟ car	Car { color="black", displaceme
color	"black"
displacement	"2.4T"
⊟ Car	Car(color, displacement)
⊟ prototype	Car { logMessage=function() }
⊞ constructor	Car(color, displacement)
logMessage	function()

(c) car 对象删除 logMessage 方法后

图 4-9 （续）

从图 4-9 中可以看出，Car 的 prototype 属性并没有发生变化，而 car 对象自己的属性中先被添加，然后又被删除了 logMessage 属性方法。

2. 多层继承

function 的 prototype 属性是 object 类型的属性对象，其本身可能也使用 function 创建的对象，通过这种方法就可以实现多层继承，例如下面的例子。

```
function log(msg){
    console.log(msg);
}

function Person(){}
Person.prototype.logPerson = function () {
    log("person");
}

function Teacher(){
    this.logTeacher = function () {
        log("teacher");
    }
}
Teacher.prototype = new Person();
Teacher.prototype.logPrototype = function () {
    log("prototype");
}

var teacher = new Teacher();
teacher.logTeacher();
teacher.logPrototype();
teacher.logPerson();
```

这个例子中，因为 Teacher 的 prototype 属性是 Person 创建的实例对象，而使用 Teacher 创建出来的 teacher 对象可以调用 Teacher 的 prototype 属性对象的属性，所以 teacher 对象可以调用 Person 创建的实例对象的属性。又因为 Person 创建的实例对象可以调用 Person 的 prototype 属性对象中的属性，所以 teacher 对象也可以调用 Person 的 prototype 属性对象中的属性方法 logPerson。另外，因为此程序给 Teacher 的 prototype 属性对象添加了 logPrototype 方法，所以 teacher 也可以调用 logPrototype 方法。最后的输出结果如下。

```
teacher
prototype
person
```

这种调用方法相当于基于类语言中的多层继承，它的结构如图 4-10 所示。

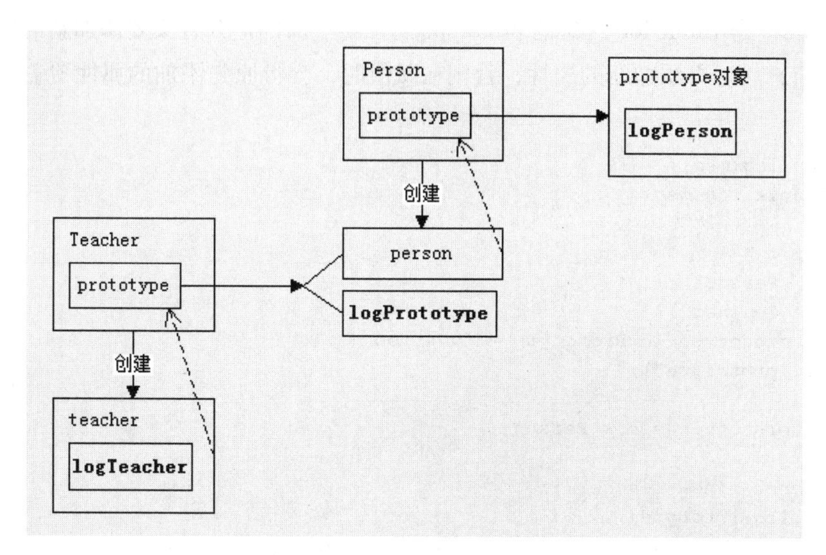

图 4-10 基于类语言中的多层继承

Teacher 创建出来的 teacher 对象在调用属性时会首先在自己的属性中查找，如果找不到就会到 Teacher 的 prototype 属性对象的属性中查找，如果还找不到就会到 Person 的 prototype 属性对象的属性中查找，而 Teacher 的 prototype 又由两部分组成，一部分是用 Person 创建的 person 对象，另一部分是直接定义的 logPrototype 方法。

3. 使用 prototype 时的注意事项

在 function 的 prototype 属性对象中默认存在一个名为 constructor 的属性。这个属性默认指向 function 方法自身，例如上节例子中 Person 的 prototype 属性对象的 constructor 属性就指向了 Person。但是，Teacher 的 prototype 由于被赋予了新的值，因此它的 constructor 属性就不存在（使用 Person 创建的 person 对象自身并没有 constructor 属性）。这时，如果调用 teacher.constructor 就会返回 Person 函数（因为最后会沿着 prototype 找到 person 的 prototype 属性对象的 constructor 属性）。为了可以使用 constructor 属性得到正确的构造函数，可以手动给 Teacher 的 prototype 属性对象的 constructor 属性赋值为 Teacher，代码如下所示。

```
Teacher.prototype =  new Person();
Teacher.prototype.logPrototype = function () {
```

```
    console.log("prototype");
}
Teacher.prototype.constructor = Teacher;
```

使用 prototype 时应注意以下三点。

一是，prototype 是属于 function 类型对象的属性，prototype 自身的属性可以被 function 创建的 object 类型的实例对象使用，但是 object 类型的实例对象自身并没有 prototype 属性。

二是，如果要给 function 对象的 prototype 属性赋予新的值并且又要添加新的属性，则需要先赋予新值，然后再添加新的属性，否则在赋值时，会将原先添加的属性覆盖掉，例如下面的代码。

```
function log(msg){
    console.log(msg);
}

function Person(){}
function Teacher(){}
Teacher.prototype.logPrototype = function () {
    log("prototype");
}
Teacher.prototype = new Person();

var teacher = new Teacher();
teacher.logPrototype();
```

在上述代码中，在执行最后一行代码 teacher.logPrototype() 的时候会报错，这是因为给 Teacher 的 prototype 属性对象添加了 logPrototype 属性方法后，又将 prototype 赋值为 new Person()，而新的 prototype 中并没有 logPrototype 方法，所以调用就会出错，也就是说 logPrototype 被新的对象覆盖。

function 创建的对象在调用属性时是实时按 prototype 链依次查找的，而不是将 prototype 中的属性关联到创建的对象本身，因此创建完对象后，再修改 function 的 prototype 也会影响到创建的对象的调用，例如下面的例子。

```
function Teacher(){}
var teacher = new Teacher();
Teacher.prototype.log = function (msg) {
    console.log(msg);
}
teacher.log("hello");   //hello
```

这里的 log 方法是在 teacher 对象已经创建完成后添加的，但是在 teacher 对象中仍然可以使用，也就是说 prototype 中的属性是动态查询的。

另外，使用 prototype 除了可以实现继承之外，还可以节约内存，因为无论使用 function 创建多少对象，它们所指向的 prototype 对象在内存中都只有一份。但是，使用 prototype 中的属性比直接使用对象中定义的属性在执行效率上理论来说会低一些。

4.5　三种子类型

前面介绍过 ES 中的 function 共有三种用法：作为对象使用、处理业务以及创建 object 类型的实例对象。跟这三种用法相对应的有三种子类型，分别是对象的属性、变量（包括参数）和创建出来的 object 类型实例对象的属性。这三种子类型是相互独立的，而且也很容易区分。但是，很多新手往往会因为不了解它们之间的区别，经常将它们混淆，混淆之后就会带来不必要的错误，因此一定要将它们区分清楚。下面将分别对这三种类型进行介绍。

4.5.1　function 作为对象来使用

这种情况下，function 对象的子类型就是对象自己的属性，这时通过点操作符“.”(或者方括号操作符）使用，例如下面的例子。

```
function book(){}
book.price = 161.0;
book.getPrice = function () {
    return this.price;
}
console.log(book.getPrice());    //161
```

在这种情况下，function 是作为 object 类型的对象来使用的。上面的例子中首先定义了 function 类型的 book 对象，然后给它添加了 price 属性和 getPrice 方法，这时就可以直接使用点操作符来对其进行操作了。

4.5.2　function 用于处理业务

这种情况下，function 的子类型就是自己定义的局部变量（包括参数），这时的变量是在方法被调用时通过变量作用域链来管理的。变量作用域链的相关内容前面已经介绍过，这里就不再重述了。

4.5.3　function 用于创建对象

这种情况下，对应的子类型是使用 function 创建的实例对象的属性，主要包括在 function 中通过 this 添加的属性，以及创建完成之后实例对象自己添加的属性。另外，还可以调用 function 的 prototype 属性对象所包含的属性，例如前面用过的 Car 的例子。

```
function Car(color, displacement){
    this.color = color;
    this.displacement = displacement;
```

```
}
Car.prototype.logMessage = function(){
    console.log(this.color+","+this.displacement);
}
var car = new Car("black", "2.4T");
```

这个例子中创建的 car 对象就包含有 color 和 displacement 两个属性，而且还可以调用 Car.prototype 的 logMessage 方法。当然，创建完之后还可以使用点操作符给创建的 car 对象添加或者修改属性，也可以使用 delete 删除其中的属性，例如下面的例子。

```
function Car(color, displacement){
    this.color = color;
    this.displacement = displacement;
}
Car.prototype.logMessage = function(){
    console.log(this.color+","+this.displacement);
}
var car = new Car("black", "2.4T");
car.logColor = function () {
    console.log(this.color);
}
car.logColor();   //black
car.color = "red";
car.logColor();   //red
delete car.color;
car.logColor();   //undefined
```

这个例子中，在创建完 car 对象后又给它添加了 logColor 方法，可以打印出 car 的 color 属性。添加完 logColor 方法后直接调用就可以打印出 car 原来的 color 属性值（black）。然后，将其修改为 red，再打印就打印出了 red。最后，使用 delete 删除 car 的 color 属性，这时再调用 logColor 方法就会打印出 undefined。

4.5.4 三种子类型的关系

function 的三种子类型是相互独立的，它们只能在自己所对应的环境中使用而不能相互调用，例如下面的例子。

```
function log(msg){
    console.log(msg);
}

function Bird(){
    var name = "kitty";
    this.type = "pigeon";
    this.getName = function () {
        return this.name;
    }
}
```

```
Bird.color="white";
Bird.getType = function () {
    return this.type;
}
Bird.prototype.getColor = function () {
    return this.color;
}
var bird = new Bird();
log(bird.getColor());     //undefined
log(bird.getName());      //undefined
log(Bird.getType());      //undefined
```

这个例子中的最后三条语句都会打印出 undefined，下面分析其中的原因。

Bird 作为对象时包含 color 和 getType 两个属性，作为处理业务的函数时包含一个名为 name 的局部变量，创建的实例对象 bird 具有 type 和 getName 两个属性，而且还可以调用 Bird.prototype 中的 getColor 属性，getColor 也可以看作 bird 的属性，如表 4-2 所示。

表 4-2 Bird 的用法及子类型

用　　法	子 类 型
对象（Bird）	color、getType
处理业务（Bird 方法）	name
创建实例对象（bird）	type、getName、(getColor)

每种用法中所定义的方法只能调用相应用法所对应的属性，而不能交叉调用，从表 4-2 中的对应关系可以看出，getName、getColor 和 getType 三个方法都获取不到对应的值，所以它们都会输出 undefined。

另外，getName 和 getColor 是 bird 的属性方法，getType 是 Bird 的属性方法，如果用 Bird 对象调用 getName 或 getColor 方法或者使用 bird 对象调用 getType 方法都会抛出找不到方法的错误。

除了三种子类型不可以相互调用之外，还有一种情况也非常容易被误解，那就是对象的属性并没有继承的关系，例如下面的例子。

```
function obj(){}
obj.v = 1;
obj.func = {
    logV : function(){
        console.log(this.v);
    }
};
obj.func.logV();
```

这个例子中的 obj 是作为对象使用的，obj 有一个属性 v 和一个对象属性 func，func 对象中又有一个 logV 方法，logV 方法用于打印对象的 v 属性。这里需要特别注意，logV 方法打印的是 func 对象的 v 属性，但是 func 对象并没有 v 属性，所以最后会打印出 undefined。

在这个例子中，虽然 obj 对象中包含 v 属性，但是由于属性不可以继承，所以 obj 的 func 属性对象中的方法不可以使用 obj 中的属性 v。这一点各位读者一定要记住，并且不要和 prototype 的继承以及变量作用域链相混淆。

JS 中的“公有属性”“私有属性”和“静态属性”

在有些资料中，可能会看到类似“公有属性”“私有属性”以及“静态属性”等名称，其实这些是基于类的语言（例如 Java、C++ 等）中的一些概念，由于 JS 并不是基于类的而是基于对象的语言，因此 JS 本身并没有这些概念。所谓的“公有属性”，一般指使用 function 对象创建出来的 object 实例对象所拥有的属性，“私有属性”一般指 function 的内部变量，“静态属性”一般指 function 对象自己的属性。这跟基于类的语言的公有属性、私有属性的含义并不相同，而且这种叫法很容易让人产生误解，其实这是三种不同用法分别对应的三种不同的子类型。

当然，学习 JS 的目的是为了使用它来实现用户需要的功能，而不是为了做理论上的研究，因此，如果大家习惯这种叫法也无所谓，关键是要理解清楚其本质的含义而不要混淆。

4.5.5 关联三种子类型

ES 中的三种子类型本来是相互独立、各有各的使用环境的，但是，在一些情况下需要操作不属于自己所对应环境的子类型，这时就需要使用一些技巧来实现了。

为了描述方便，本书将 function 作为对象使用时记作 O（Object），作为函数使用时记作 F（Function），创建出来的对象实例记作 I（Instance），它们所对应的子类型分别记作 op（object property）、v（variables）和 ip（instance property），它们之间的调用方法如表 4-3 所示。

表 4-3 function 对象的用法及子类型

	op	v	ip
O	直接调用	在函数中关联到 O 的属性	不可调用
F	使用 O 调用	直接调用	不可调用
I	使用 O 调用	在函数中关联到 I 的属性	直接调用

表 4-3 的纵向表头表示 function 对象不同的用法，横向表头表示三种子类型，表格的主体表示在 function 相应用法中调用各种子类型的方法。因为 function 创建的实例对象在创建之前还不存在，所以 function 作为方法（F）和作为对象（O）使用时无法调用 function 创建的实例对象的属性（ip）。调用参数可以在函数中将变量关联到相应属性，调用 function 作为对象（O）时的属性可以直接使用 function 对象来调用，我们来看下面的例子。

```
function log(msg){
    console.log(msg);
}
function Bird(){
    var name = "kitty";
    var type = "pigeon";
    //将局部变量name关联到新创建的对象的getName、setName属性方法
    this.getName = function () {
        return name;
    }
    this.setName = function (n) {
         name = n;
    }
    //将局部变量type关联到Bird对象的getType属性方法
    Bird.getType = function () {
        return type;
    }
    //在业务处理中调用Bird对象的color属性
    log(Bird.color);      //white, F调用op
}
Bird.color="white";
//在创建出的实例对象中调用Bird对象的color属性
Bird.prototype.getColor = function () {
    return Bird.color;
}
var bird = new Bird();
log(bird.getColor());     //white, I调用op
log(bird.getName());      //kitty, I调用v
log(Bird.getType());      //pigeon, O调用v
bird.setName("petter");   //I调用v
log(bird.getName());      //petter, I调用v
```

上述代码中已经添加了详细的注释，我们就不再多加解释了。通过这个例子，你应该清楚三种子类型在不同环境（用法）中交叉调用的方式了。

第 5 章　object 类型对象

ES 中一共有两种对象：function 类型对象和 object 类型对象。function 对象前面已经介绍过了，object 类型对象是 ES 的基础，它主要是通过属性使用。本章将详细介绍 object 类型对象的相关内容。

5.1　创建 object 类型对象的三种方式

ES 中 object 类型的对象大致有三种创建方式：直接使用花括号创建、使用 function 创建以及使用 Object.create 方法创建。

5.1.1　直接使用花括号创建

使用花括号创建对象时直接将属性写到花括号中就可以了，属性名和属性值使用冒号 (:) 分割，不同属性之间使用逗号 (,) 分割（注意，最后一个属性后面没有逗号），属性的值可以是直接量，也可以是 object 类型对象或者 function 类型对象。我们来看下面的例子。

```
var obj = {
    v:6,                            //直接量属性
    innerObj:{                      //object 类型对象属性
        v:7
    },
    logV: function () {             //function 类型对象属性
        console.log(this.v);
    }
}

console.log(obj.v);                 //6
console.log(obj.innerObj.v);        //7
obj.logV ();                        //6
```

这个例子中定义了 object 类型的对象 obj，它包括直接量 v、object 类型对象 innerObj 以及 function 类型对象 logV 三种属性，其中 innerObj 对象也是通过花括号来定义的。使用花

括号定义完对象之后又分别使用 obj 对象调用了它的三个属性。

object 对象调用属性有两种方法：直接使用点操作符调用；使用方括号调用。因为使用方括号没有使用点操作符方便，所以一般使用点操作符调用的比较多，不过当属性名为一个变量时则只能使用方括号来调用，例如下面的例子。

```
var obj = {a:1,b:2,c:3};
var propName = "c";
console.log(obj[propName]);     //3
```

这个例子中，属性名保存在 propName 变量中，这时就只能使用方括号来调用了。

5.1.2 使用 function 创建

关于使用 function 创建 object 实例对象，我们在 4.4 节中已经讲过了，是使用 new 关键字来创建的，而且创建出来的对象还可以使用 function 的 prototype 属性对象中的属性。具体的内容这里就不再重述了。

5.1.3 使用 Object.create 方法创建

还有一种创建 object 类型对象的方式，那就是使用 Object.create 来创建。Object 是 ES 中内置的一个 function 类型的对象，create 是 Object 对象的一个属性方法，其作用是根据传入的参数创建 object 类型的对象。create 方法的调用语法如下。

```
Object.create(prototype, [ propertiesObject ])
```

其中，第一个参数 prototype 是创建的对象所对应的 prototype，相当于使用 function 创建时 function 中的 prototype 属性对象，创建出来的 object 对象实例可以直接调用。

第二个参数 propertiesObject 为属性描述对象，是可选参数，用于描述所创建对象的自身属性。属性描述对象是 object 类型对象，它里面的属性名会成为所创建对象的属性名，属性值为属性的描述对象，其中包含属性的特性（属性的特性我们后面会详细讲解，这里大家只要知道其中的 value 就是属性值就可以了）。我们来看下面的例子。

```
var obj = Object.create(
        //prototype
          {
              type: "by create"
          },
        //propertiesObject
          {
              color: {
                  value: "red",
                  enumerable: true
              },
              size: {
```

```
                value: "37",
                enumerable: true
            }
        }
);

console.log(obj.type);                          //by create
console.log(obj.color);                         //red
console.log(obj.size);                          //37
console.log(Object.getOwnPropertyNames(obj));   //["color", "size"]
```

这个例子中，使用 Object.create 创建了一个 obj 对象，第一个参数 prototype 中有一个属性 type，第二个参数 propertiesObject 有两个属性：color 和 size。对于创建的 obj 对象来说，这三个属性都可以使用，但其自身其实只有两个属性。虽然 obj 可以调用 prototype 中的 type 属性，但是并不属于 obj，使用 Object.getOwnPropertyNames 方法就可以获取 obj 自己所拥有的属性。

另外，需要注意的一点是，使用花括号和 function 创建的对象都可以调用 Object 的 prototype 属性对象中的属性。即这两种方法创建出来的对象首先会拥有公共的 prototype，然后使用 function 创建的对象还可以调用 function 的 prototype 中的属性，而且即使 function 的 prototype 为 null，创建的对象也可以调用 Object 的 prototype 中的属性。但是，使用 Object.create 创建对象时，如果第一个参数为 null，那么它所创建的对象将不可以调用 Object 的 prototype 中的属性。我们来看下面的例子。

```
//使用花括号创建对象 braceObj
var braceObj = {}

//使用 function 创建对象 functionObj
function F(){}
F.prototype = null;
var functionObj = new F();

//使用 create 方法创建对象 createObj
var createObj = Object.create(null);

console.log(braceObj.toString());          //[object Object]
console.log(functionObj.toString());       //[object Object]
console.log(createObj.toString());         //抛出方法没找到异常
```

在这个例子中，toString 方法是 Object 的 prototype 属性中的一个方法，如果创建出来的对象可以调用 toString 方法，就说明可以调用 Object 的 prototype 属性对象中的方法，否则就是不可以调用。从这个例子中可以看出，使用花括号和 function 创建的对象都可以调用 tostring 方法，而且即使将 function 的 prototype 设置为 null，创建出来的对象也可以调用，但使用 Object.create 创建出来的对象，如果其 prototype 参数为 null 就不可以调用了。

多知道点

Object的prototype属性对象里面都有什么

Object的prototype属性对象在ES5.1和ES2015中都规定了constructor、toString( )、toLocaleString( )、valueOf( )、hasOwnProperty(V)、isPrototypeOf(V)和propertyIsEnumerable(V)7个属性，其中，constructor会默认指向创建对象的function，其他6个是方法，分别介绍如下。

- toString：这是6个方法中最常使用的方法。它可以将对象转换为字符串，不同类型的对象可能会重写自己的toString方法。例如，Array的toString方法会将其所包含的元素使用逗号连接起来组成字符串并返回、Date的toString方法会返回Date的时间字符串等，普通object类型对象会返回[object Object]。
- toLocaleString：会使用本地化格式来生成字符串，对于时间日期类型和数字类型的用处较大。
- valueOf：会返回原始值。例如，因为Date类型对象是通过数字来保存的，所以当Date类型对象调用valueOf时就会获得相应的数字。
- hasOwnProperty：判断是否包含指定属性。注意，这里判断的是对象自身是否包含指定的属性，不包括创建对象的function对象的prototype中的属性。
- isPrototypeOf：判断某个对象是否是另一个对象所对应的prototype对象。
- propertyIsEnumerable：判断某个属性是否可以枚举。关于属性的枚举我们到属性的特性一节再详细介绍。

例如下面的例子。

```
function log(msg){
     console.log(msg);
 }

var array = [1,3,5];
var date = new Date();
log(array.toString());          //1,3,5
log(date.toString());           //Tue Jun 09 2015 10:48:10 GMT+0800
log(date.toLocaleString());     //2015/6/9 上午10:48:10
log(date.valueOf());            //1433818090599  从1970年到现在的毫秒数

var Obj = function(){
    this.msg = "hello";
    this.say = function () {
        log(msg);
    }
}
```

```
var proto = {color: "red"};
Obj.prototype = proto;
var obj = new Obj();

log(obj.constructor);                        //Object()
log(obj.hasOwnProperty("msg"));              //true
log(obj.hasOwnProperty("color"));            //false, color 在 Obj 的 prototype 中,
                                             //obj 虽然可以调用但是不拥有
log(obj.propertyIsEnumerable("msg"));        //true
log(obj.isPrototypeOf(proto));               //false
log(proto.isPrototypeOf(obj));               //true
```

通过这个例子，就可以理解 Object 的 prototype 属性对象中 7 个属性的用法了。需要注意的是，因为将 Obj 的 prototype 属性赋值为 proto 对象，所以创建的 obj 对象在调用 constructor 属性时就不会返回 Obj 对象而是返回 Object 对象。可以通过对 proto 对象进行修改来修复这一问题，代码如下。

```
var proto = {color: "red"};
proto.constructor = Obj;
Obj.prototype = proto;
var obj = new Obj();
console.log(obj.constructor);                       //Obj
```

这时就可以正确地输出 constructor 了。

上面所介绍的是标准中所规定的 Object 的 prototype 属性对象中的 7 个属性，但是不同的浏览器还会有一些自己的扩展。例如，在 Firefox 中就扩展到 14 个属性：constructor、toSource、toString、toLocaleString、valueOf、watch、unwatch、hasOwnProperty、isPrototypeOf、propertyIsEnumerable、__defineGetter__、__defineSetter__、__lookupGetter__ 和 __lookupSetter__。但是，新增的属性并不是通用属性，其他浏览器中可能并没有定义，如果使用则很可能造成浏览器不兼容的问题，因此应该尽量少使用。如果非要用，那么最好在使用前先判断浏览器是否支持。

5.2 对象的属性

对象是通过其属性来发挥作用的，因此对象的属性是对象的核心。

5.2.1 三种属性类型

ES 中对象的属性其实有三种类型，前面使用的属性只是其中的一种。属性的三种类型分别为：命名数据属性（named data properties）、命名访问器属性（named accessor properties）和内部属性（internal properties）。下面我们分别学习。

1. 命名数据属性

命名数据属性是我们平时使用最多的属性，由属性名和属性值组成。前面例子中所使用的都是这种属性，这里就不再举例了。

2. 命名访问器属性

命名访问器属性是使用getter、setter或者其中之一来定义的属性。getter和setter是对应的方法，setter方法用于给属性赋值，而getter方法用于获取属性的值。如果只有getter、setter其中之一，就只能进行单一的操作，例如，只有getter方法的属性就是只读属性，只有setter方法的属性就是只可以写入的属性。例如下面的例子。

```
function log(msg){
     console.log(msg);
 }

var colorManager = {
    _colorNum:3,
    _accessColors:["red","green","blue"],
    _color:"red",
    //colorNum为只读属性，只需定义get方法
    get colorNum(){
        return this._colorNum;
    },
    //accessColors为只可写入的属性，只需定义set方法
    set accessColors(colors){
        this._colorNum = colors.length;
        this._accessColors = colors;
        log("accessColors被修改了");
    },
    //color为可读写属性，同时定义了get、set方法
    set color(color){
        if(this._accessColors.indexOf(color)<0){ //判断设置的color是否在允许的范围内
            log("color不在允许范围内");
            return;
        }
        log("color值被修改为" + color);
        this._color = color;
    },
    get color(){
        log("正在获取color值");
        if(this._accessColors.indexOf(this._color)<0){
            return null;
        }
        return this._color;
    }
}

log(colorManager.color);          //正在获取color值 red
colorManager.accessColors = ["white", "black", "red", "yellow", "orange"];
```

```
                                    //accessColors 被修改了
log(colorManager.colorNum);         //5
colorManager.color = "blue";        //color 不在允许范围内
colorManager.color = "orange";      //color 值被修改为 orange
log(colorManager.color);            // 正在获取 color 值 orange
```

在这个例子中，我们定义了一个 colorManager 对象。它有三个访问器属性：colorNum、accessColors 和 color。其中，colorNum 表示可以使用的 color 的数量，只有 getter 方法是只读属性；accessColors 表示可以使用的 color 的数组，只有 setter 方法是只写属性；color 表示当前的 color 值，是可读写属性。当给相应的属性设置值的时候就会调用相应的 setter 方法，调用属性值的时候就会调用相应的 getter 方法。我们在各个访问器方法中除了修改（或读取）属性值之外，还做了一些逻辑判断以及打印日志的相关工作。

从这个例子可以看到 getter 和 setter 方法本身并不可以保存属性的内容。通常另外定义一个以下画线开头的属性来保存访问器属性的值，而且为了方便，一般会将保存访问器属性值的属性的名字设置为访问器属性名前加下画线。例如，在上面例子中使用 _color 来保存 color 访问器属性的值，使用 _colorNum 来保存 colorNum 访问器属性的值。这并不是强制性的，保存值的属性的名称也可以用其他名称。但是，为了方便和代码容易理解最好还是按照这个规则来命名。

这里大家可以会有一个疑问，那就是在定义了保存访问器属性值的属性之后，如果直接操作这个属性，不就可以绕过访问器来操作其值了吗？例如，直接操作 _color 属性不就可以绕过访问器方法了吗？对于这个问题，我们学习后面相应的内容之后就可以解决了，这里暂时可以先不考虑。

3. 内部属性

内部属性是对象的一种特殊属性。它没有自己的名字，当然也就不可以像前两种属性那样直接访问了。正是因为内部属性没有名字所以前面两种属性才叫作命名属性。内部属性使用两对方括号表示。例如，[[Extensible]] 表示 Extensible 内部属性。

内部属性的作用是用来控制对象本身的行为。所有对象共有的内部属性共 12 个：[[Prototype]]、[[Class]]、[[Extensible]]、[[Get]]、[[GetOwnProperty]]、[[GetProperty]]、[[Put]]、[[CanPut]]、[[HasProperty]]、[[Delete]]、[[DefaultValue]] 和 [[DefineOwnProperty]]。除了这 12 个之外，不同的对象可能还会有自己的内部属性，例如，Function 类型对象的 [[HasInstance]]、RegExp 类型对象的 [[Match]] 等。通用的 12 个内部属性中的前 3 个可用来指示对象本身的一些特性，后 9 个属性可对对象进行特定的操作。它们在进行相应的操作时会自动调用，这里就不详细介绍了。下面主要给大家解释一下前 3 个属性。

（1）[[Prototype]]

[[Prototype]] 属性就是前面讲过的使用 function 创建对象时 function 中的 prototype 属性。

在创建完的实例对象中，这个属性并不可以直接调用，但可以使用 Object 的 getPrototypeOf 方法来获取，例如下面的例子。

```
function Car(){}
Car.prototype = {color:"black"};
var car = new Car();
console.log(typeof  car.prototype);         //undefined
console.log(Object.getPrototypeOf(car));    //Object { color="black"}
```

这个例子中，使用 Car 新建了 car 对象，Car 的 prototype 属性对象中有一个 color 属性，这个对象就是 car 实例的 [[Prototype]] 属性，不能使用 car.prototype 获取，可使用 Object.getPrototypeOf(car) 获取。在有些浏览器（例如 Firefox）中还可以使用 _ _proto_ _ 属性来获取，例如，这里使用 car. _ _proto_ _ 同样可以获取 [[Prototype]] 属性。但是，因为 _ _proto_ _ 属性不是通用属性，所以最好还是使用 Object 的 getPrototypeOf 方法来获取。

（2）[[Class]]

[[Class]] 属性可用来区分不同对象的类型，不能直接访问，toString 方法默认会返回这个值。默认 Object.prototype.toString 方法返回的字符串是 [object, [[Class]]]，即方括号里面两个值，第一个是固定的 object，第二个是 [[Class]]，因此使用 toString 方法就可以获取对象的 [[Class]] 属性。但是，因为 ES 中的内置对象在 prototype 中重写了 toString 方法，所以内置对象的返回值可能不是这个形式。浏览器中的宿主对象并没有重写此方法，在浏览器中调用它们的 toString 方法可以获取 [[Class]] 的值，例如下面的例子。

```
function log(msg){
    console.log(msg);
}

log(window.toString());      //[object Window]
log(document.toString());    //[object HTMLDocument]
log(navigator.toString());   //[object Navigator]
```

我们自己创建的 object 类型对象默认都属于 Object 类型，因此，它们的 toString 方法默认都会返回 [object Object]。另外，内置对象因为重写了 toString 方法，所以不会返回这种结构的返回值，例如，字符串对象会返回字符串自身，数组会返回数组元素连接成的字符串等。对于这种情况，我们可以使用 Object.prototype.toString 的 apply 属性方法来调用 Object 原生的 toString 方法，这样就会得到 [object, [[Class]]] 这样的结果，例如下面的例子。

```
var str = "", arr = [];
console.log(Object.prototype.toString.apply(str));  //[object String]
console.log(Object.prototype.toString.apply(arr));  //[object Array]
```

逆向调用的 apply 和 call 方法

apply 和 call 方法都可以理解为 function 对象中的隐藏方法，其实它们是 Function 对象的 prototype 属性对象中的方法，而 function 对象是 Function 的实例对象，因此 function 可以调用 Function 的 prototype 属性对象中的这两个方法。

这两个方法的作用相同，都用于逆向调用。正常的方法调用是通过“对象 . 方法名 (参数)”结构调用的，也就是需要使用对象来调用相应的方法。但是，使用这两个方法正好反过来，它们都可以实现用方法来调用对象，也就是将一个对象传递给方法，然后该方法就可以作为对象的方法来调用，这样就不需要先将方法添加为对象的属性，然后再调用了，例如下面的例子。

```
var obj = {v:237};
function logV(){
    console.log(this.v);
}
logV.apply(obj);      //237
logV.call(obj);       //237
```

这个例子中的 obj 对象并没有 logV 方法，但是通过 logV 方法的 apply 和 call 属性方法调用 obj 对象就可以实现跟将 logV 方法设置为 obj 对象的属性然后再调用相同的效果。

方法在调用时还可能需要传递参数，使用 apply 和 call 来调用也可以传递参数，但这两个方法传递参数的方式不一样，这也是它们唯一的区别。使用 apply 调用时参数需要作为一个数组传递，而使用 call 调用时参数直接按顺序传入即可，调用语法分别如下。

```
fun.apply(thisArg, [argsArray]);
fun.call(thisArg[, arg1[, arg2[, ...]]]);
```

它们的第一参数都是 this 对象，也就是调用方法的对象，后面的参数都是传递给方法的参数。我们来看个例子。

```
function sell(goods,num){
    return this.price.get(goods)*num;
}

var tmall = {price:new Map([
    ["iphone6_Plus_16g",5628],
    ["iphone6_Plus_64g",6448],
    [" 小米 Note_ 顶配版 ",2999]
])}
var jd = {price:new Map([
    ["iphone6_Plus_16g",5688],
    ["iphone6_Plus_64g",6423],
```

```
    [" 小米 Note_ 顶配版 ",2999]
])}

console.log(sell.apply(jd,["iphone6_Plus_64g", 1]));          //6423
console.log(sell.call(jd,"iphone6_Plus_64g", 1));             //6423
console.log(sell.apply(jd,[" 小米 Note_ 顶配版 ", 2]));         //5998
console.log(sell.call(tmall,"iphone6_Plus_16g", 3));          //16884
```

在这个例子中，我们首先定义了一个 sell 方法，用于计算价格，它有两个参数，分别表示商品名和数量，计算时需要先从当前对象的 price 属性中获取单价，再乘以数量。然后，我们定义了两个对象 tamll 和 jd，它们都只包含一个 price 属性，它是 Map 类型用于表示不同商城中商品的单价。最后，我们使用 sell 方法的 apply 和 call 分别调用 tmall 和 jd 对象计算了各自的价格。如果还需要计算其他平台（对象）的价格，只需要创建相应的对象就可以了，而不需要将 sell 方法分别添加到它们的属性中。

（3）[[Extensible]]

[[Extensible]] 属性用来标示对象是否可扩展，即是否可以给对象添加新的命名属性，默认为 true，也就是可以扩展。我们可以使用 Object 的 preventExtensions 方法将一个对象的 [[Extensible]] 值变为 false，这样就不可以扩展了。另外，可以使用 Object 的 isExtensible 方法来获取 [[Extensible]] 的值。我们来看个例子。

```
var person = {nationality: " 中国 "};

console.log(Object.isExtensible(person));         //true
person.name = " 欧阳修 ";                          // 现在可以添加属性

Object.preventExtensions(person);                 // 将 [[Extensible]] 设置为 false
console.log(Object.isExtensible(person));         //false
p.age = "108";                                    // 抛出异常
```

这个例子中，我们定义了 person 对象，它的 [[Extensible]] 属性本来为 true，我们可以给它添加命名属性。当调用 preventExtensions 方法对其操作后 [[Extensible]] 属性就变为了 false，这时就不能给它添加新的命名属性了。

需要注意的是，一旦使用 preventExtensions 方法将 [[Extensible]] 的值设置为 false 后就无法改回 true 了。

5.2.2 5 种创建属性的方式

本节主要指创建命名属性。对象的命名属性一共有 5 种创建方式。

1. 使用花括号创建

这种方式是在使用花括号创建对象时创建属性，例如下面的例子。

```
var obj = {
    v:1.0,
    getV: function () {
        return this.v;
    },
    _name:"object",
    get name(){
        this._name;
    },
    set name(name){
        this._name = name;
    }
}
```

这个例子中，使用花括号创建了 obj 对象，其中包含直接量属性（v）、function 对象属性（getV）以及访问器属性（name）。注意，在定义访问器属性的 getter 和 setter 方法时没有冒号。

2. 使用点操作符创建

当使用点操作符给一个对象的属性赋值时，如果对象存在此属性则会修改属性的值，否则会添加相应的属性并赋予对应的值，例如下面的例子。

```
var person = {name:"张三"};
person.name = "李四";   //修改原有属性的值
person.age = 88;        //添加新属性
```

这个例子中，首先使用花括号定义了 person 对象，其中包含 name 属性，当给它的 name 属性赋予新值时会改变其 name 属性的值，而当给 age 属性赋值时，由于 person 原来没有 age 属性，所以会先添加 age 属性，然后将其值设置为 88。

在 function 中使用 this 创建属性其实也是这种添加属性方式的一种特殊用法。因为在 function 创建 object 类型对象时，其中的 this 就代表创建出来的对象，而且刚创建出来的对象是没有自定义的命名属性的，所以使用 this 和点操作符就可以将属性添加到创建的对象中，例如下面的例子。

```
function Person(){
    this.name = "孙悟空";
}
var person = new Person();
console.log(person.name);    //孙悟空
```

在这个例子中，首先定义了 function 类型的 Person，然后用其创建了 person 对象，创建完成后会自动调用 Person 方法体中的 this.name = "孙悟空"; 语句，这时，由于 this 所代表的 person 对象并没有 name 属性，所以会自动给它添加 name 属性，这也就是创建的 person 对象具有 name 属性的原因了。

3. Object 的 create 方法

我们在前面已经介绍过 Object 的 create 方法，它有两个参数，第一个参数中的属性为创建的对象的 [[Prototype]] 属性，第二个参数为属性描述对象。

4. Object 的 defineProperty、defineProperties 方法

我们可以使用 Object 的 defineProperty 和 defineProperties 方法给对象添加属性。define Property 方法可添加单个属性，defineProperties 方法可以添加多个属性。

Object 的 defineProperty 方法一共有三个参数，第一个是要添加属性的对象，第二个是要添加属性的属性名，第三个是属性的描述。前两个参数都很简单，第三个我们会在后面详细讲解，先来看个例子。

```
var obj = {};
Object.defineProperty(obj, "color", {
    enumerable: true,
    value: "green"
});
console.log(Object.getOwnPropertyNames(obj));   //["color"]
console.log(obj.color);                         //green
```

在这个例子中，我们使用 defineProperty 方法给 obj 对象添加了 color 属性。

Object 的 defineProperties 方法可以创建多个属性，它有两个参数，第一个参数是要添加属性的对象，第二个参数是属性描述对象，和 create 方法中的第二个参数一样，例如下面的例子。

```
var obj = {};
Object.defineProperties(obj,{
    name:{
        enumerable: true,
        writable: false,
        value: "lucy"
    },
    color:{
        enumerable: true,
        value: "green"
    }
});
console.log(Object.getOwnPropertyNames(obj));   //["name", "color"]
obj.name = "peter";
console.log(obj.name);                          //lucy
```

这个例子使用 Object 的 defineProperties 方法给 obj 对象添加了 name 和 color 两个属性。在这个例子中，因为 name 属性的 writable 为 false，所以 obj 的 name 属性是不可以修改的。当我们将其值修改为 peter 后，打印出的还是原来的 lucy，这说明修改并没有作用。而且，使用 defineProperties 方法添加属性时 writable 的默认值就是 false。

5. 通过 prototype 属性创建

使用 function 创建的 object 实例对象可以使用 function 对象的 prototype 属性对象中的属性，这一点我们在前面已经多次证实过。严格来说，function 对象的 prototype 中的属性并不会添加到创建的实例对象中，但创建的对象可以调用，这样就相当于可以将 prototype 中的属性添加到创建的对象中。因此，如果给 function 的 prototype 添加了属性，那么也就相当于给创建的对象添加了属性，而且在对象创建完成之后还可以再添加，例如下面的例子。

```
function Shop(){}
var shop = new Shop();
Shop.prototype.type = "网络销售";
console.log(shop.type);     //网络销售
```

这个例子中，首先使用 Shop 创建了 shop 对象，然后给 Shop 的 prototype 添加了 type 属性，这时调用 shop.type 也可以获取属性值。在调用 shop.type 时，因为 shop 没有 type 属性，shop 就会实时到 Shop 的 prototype 中查找，而不是提前将 Shop 的 prototype 属性对象保存起来，所以创建完 shop 对象后再修改 Shop 的 prototype 属性，已修改的属性也可以被 shop 实例对象调用。这一点在前面已经介绍过。

5.3 属性的描述

属性的描述也可以称为属性的特性，类似于对象的内部属性，其主要作用就是描述属性自己的一些特征。它的表示方法和对象的内部属性一样，也使用两个方括号表示。对象的命名数据属性和命名访问器属性各有 4 个特性（没有内部属性），其中两个特性是命名数据属性和命名访问器属性所共有的。下面我们来分别学习。

5.3.1 命名数据属性的 4 个特性

命名数据属性的4个特性分别为：[[Value]]、[[Writable]]、[[Enumerable]]和 [[Configurable]]。[[Value]] 表示属性的值；[[Writable]] 表示属性值是否可以修改；[[Enumerable]] 表示属性是否可枚举，如果为 false 则不会被 for-in 循环遍历到；[[Configurable]] 表示属性是否可以被删除和属性的特性（除 [[Value]] 外）是否可修改。

属性的特性可以使用 Object 的 getOwnPropertyDescriptor 方法查询。如果想修改，那么可以使用 Object 的 defineProperty 和 defineProperties 方法，这两个方法所操作的属性如果存在就会对其进行修改，否则就会创建。

我们来看下面这个例子。

```
function log(msg){
    console.log(msg);
```

```
}

var person = {name:"peter"};
log(Object.getOwnPropertyDescriptor(person, "name"));
//Object { configurable=true,  enumerable=true,  value="peter",  writable=true}

Object.defineProperty(person,"name",{writable:false});
//将 person 的 name 属性设置为不可修改
person.name = "maker";  //修改无效
log(person.name);        //peter

Object.defineProperty(person,"age",{     //添加 age 属性
    value:18,
    configurable:true
});
log(Object.getOwnPropertyDescriptor(person, "age"));
//Object { configurable=true,  enumerable=false,  value=18,  writable=false}
log(Object.getOwnPropertyNames(person)); //["name", "age"]
for(prop in person){
//name:peter，因为 age 的 enumerable 为 false，所以这里不会打印出 age
    log(prop+":"+person[prop]);
}

Object.defineProperty(person, "age", {writable:true});
//将 person 的 age 属性改为可修改
person.age = 21;
log(person.age);    //21
```

这个例子中，我们定义了 person 对象，然后使用花括号定义了 name 属性，并使用 defineProperty 方法定义了 age 属性。使用 Object.getOwnPropertyDescriptor 可以看出，使用花括号定义的属性默认 [[Writable]]、[[Enumerable]] 和 [[Configurable]] 都为 true，而使用 Object 的 defineProperty 方法定义的属性，如果没有明确声明，那么 [[Writable]]、[[Enumerable]] 和 [[Configurable]] 都默认为 false。[[Writable]] 为 false 时不能修改属性的值；[[Enumerable]] 为 false 时，for-in 循环遍历不到此属性，但是，使用 Object.getOwnPropertyNames 方法仍然可以获取；[[Configurable]] 属性为 false 时不能使用 defineProperty 方法修改属性的特性。

当 [[Writable]] 为 false 而 [[Configurable]] 为 true 时，我们还可以使用 defineProperty 方法修改属性的值，但是 [[Configurable]] 为 false 的时候就不可以修改了，例如下面的例子。

```
var obj = {};
Object.defineProperty(obj, "name", {value:"乔峰", configurable:true});

obj.name = "萧峰";
console.log(obj.name);                                  //乔峰

Object.defineProperty(obj, "name", {value:"萧峰"});
```

```
console.log(obj.name);                                    // 萧峰

Object.defineProperty(obj, "name", {configurable:false});
Object.defineProperty(obj, "name", {value:"乔峰"});      // 抛出异常
```

这个例子中，使用 defineProperty 方法添加的 name 属性因为默认 [[Writable]] 为 false，所以不能直接修改它的值，但是因为 [[Configurable]] 为 true，所以可以使用 defineProperty 方法通过 [[Value]] 特性来修改。当我们使用 defineProperty 方法将 [[Configurable]] 设置为 false 的时候，如果再使用 defineProperty 方法就会抛出异常。另外，当 [[Configurable]] 为 false 的时候，属性也不可以使用 delete 删除。

可以使用 propertyIsEnumerable 方法检查 [[enumerable]] 特性。因为这个方法是 Object.prototype 中的一个，所以一般对象都可以直接调用（create 创建的 prototype 为 null 的对象除外)，例如下面的例子。

```
var 圣人 = {姓名:"孔子"};
圣人.代表作 = "论语";

Object.defineProperty(圣人, "年龄", {value:888, enumerable:true});
Object.defineProperty(圣人, "国籍", {value:"中国", enumerable:false});
Object.defineProperty(圣人, "语言", {value:"汉语"});

console.log(圣人.propertyIsEnumerable("姓名"));       //true
console.log(圣人.propertyIsEnumerable("代表作"));     //true
console.log(圣人.propertyIsEnumerable("年龄"));       //true
console.log(圣人.propertyIsEnumerable("国籍"));       //false
console.log(圣人.propertyIsEnumerable("语言"));       //false
```

从这个例子可以看出，使用花括号和点操作符创建的属性的 [[enumerable]] 特性默认为 true，使用 defineProperty 方法创建的属性，如果没有明确声明，那么 [[enumerable]] 默认为 false。其他两个属性 [[Configurable]] 和 [[Writable]] 的默认值也是这样的。

另外，这个例子中的对象名和属性名都使用了中文，对于现在的浏览器来说一般都是支持的，而且现在很多 C++、Java 编译器也支持中文变量名。但是，因为 JS 是直接将源代码发送到客户端的浏览器中运行的，而我们并不能保证所有客户端的浏览器都可以支持中文变量名，所以在 JS 中最好还是使用英文的变量名。如果是 C++ 或者 Java 等编译型的语言就无所谓了，因为它们是将编译后的结果发给用户使用的。

5.3.2 命名访问器属性的 4 个特性

命名访问器属性因为没有值，所以没有 [[Value]] 特性，同时也就没有 [[Writable]] 特性，但它比命名数据属性多了 [[Get]] 和 [[Set]] 特性，它们分别代表访问器属性的 getter 和 setter 方法。因此，命名访问器属性也有 4 个特性：[[Get]]、[[Set]]、[[Enumerable]] 和

[[Configurable]]。其中，后两个特性和命名数据属性的含义是相同的，本节主要介绍它的前两个特性。下面看个例子。

```
function log(msg){
    console.log(msg);
}

var person = {_name:"peter"};
Object.defineProperty(person, "name", {
    get: function () {
        log("getting name");
        return this._name;
    },
    set: function (newName) {
        log("name is changed to " + newName);
        this._name = newName;
    }
});
log(Object.getOwnPropertyDescriptor(person, "name"));
//Object { configurable=false,  enumerable=false,  get=function(),  set=function() }
person.name = "lucy";    //name is changed to lucy
log(person.name);        //getting name, lucy
```

在这个例子中，使用 Object 的 defineProperty 方法给 person 对象添加了 name 访问器属性，其值保存在 _name 命名数据属性中，当我们获取 name 的值或者给 name 设置新值的时候就会调用相应的 getter、setter 方法。我们可以使用 Object 的 getOwnPropertyDescriptor 方法来获取 name 属性的所有特性。

另外，我们也可以在 function 中使用 Object 的 defineProperty 方法给其创建的对象实例添加属性，这时只要将对象写为 this 即可，而且这种方式还可以使用 function 的内部变量。例如，我们将上个例子中的 person 对象改为由 function 类型的 Person 来创建。

```
function log(msg){
    console.log(msg);
}

function Person(){
    var name="peter";
    Object.defineProperty(this, "name", {
        get: function () {
            log("getting name");
            return name;
        },
        set: function (newName) {
            log("name is changed to " + newName);
            name = newName;
        }
    });
}
```

```
var person = new Person();
log(Object.getOwnPropertyDescriptor(person, "name"));
//Object { configurable=false, enumerable=false, get=function(), set=function() }
person.name = "lucy";           //name is changed to lucy
log(person.name);               //getting name, lucy
```

这个例子就在 function 中使用 defineProperty 方法创建了名为 name 的访问器属性，并在其中定义了 getter 和 setter，即 [[get]] 和 [[set]] 特性。在这个例子中，我们将它的值保存到 Person 的局部变量 name 中，这样就可以屏蔽通过实例对象直接调用访问器属性的值。

第 6 章　直接量及其相关对象

直接量是指不需要创建对象就可以直接使用的变量。ES 中的直接量主要有三种类型：表示字符串的 string 类型、表示数字的 number 类型和表示 true/false 的 boolean 类型。对于直接量，在使用时直接将值赋给变量就可以了，例如下面的代码。

```
var str = "hello word";
console.log(typeof str);        //string
var num = 210;
console.log(typeof num);        //number
var num1 = 325.7;
console.log(typeof num1);       //number
var flag = false;
console.log(typeof flag);       //boolean
flag = 376;
console.log(typeof flag);       //number
```

当我们直接将值赋给变量后，ES 就会自动判断其类型，而且当参数值发生变化后（例如此例中的 flag），其类型也会自动跟着发生变化，即 ES 是一种弱类型的语言。另外，对于数字类型来说，无论是整数还是小数都是 number 类型。

6.1　直接量的保存方式

之前在内存模型中介绍过，直接量直接使用两块内存来保存它们的名值对，而不像对象类型那样需要 3 块内存。明白了这一点我们就可以知道，直接量是各自保存各自的值，它们不会相互影响，例如下面的例子。

```
var m = 5;
var n = m;
m = 7;
console.log(n);   //5
```

这个例子中，虽然将 m 赋值给 n，但只是将 m 的值赋给 n，当 m 发生变化时，n 并没有发生变化，这一点和对象类型是不同的。如果是对象类型，那么赋值的时候是将对象的地址赋给新值，当对象中的属性发生变化时两个对象都会发生变化，例如下面的例子。

```
var obj = {m:5};
var newObj = obj;
obj.m = 7;
console.log(newObj.m);    //7
```

在这个例子中，obj 和 newObj 使用的是同一个对象，当 obj 中的 m 属性发生变化时，newObj 中的 m 属性也会发生变化。

6.2 直接量的封包与解包

直接量是单个值，并不是对象，当然也就没有属性。但是在 ES 中，我们可以使用直接量来调用属性方法，例如下面的例子。

```
function log(msg){
    console.log(msg);
}

var s ="hello";
log(s.toUpperCase());                               //HELLO
log(s.substr(3, s.length));                         //lo

var n = 325.764;
log(n.toPrecision(5));                              //325.76
log(n.toExponential(5));                            //3.25764e+2

n = 7596389;
log(n.toLocaleString());                            //7,596,389
log(n.toLocaleString("zh-Hans-CN-u-nu-hanidec"));   //七,五九六,三八九

var b = true;
log(b === “true” );                                 //false
log(b.toString() === “true” );                      //true
log(b.toString() === true);                         //false
```

这个例子中，string 类型的变量 s 调用了 toUpperCase、substr 和 length 属性，分别用于将 s 的值变为大写、截取 s 的一部分及获取 s 的长度；number 类型的变量 n 调用了 toPrecision、toExponential 和 toLocaleString 方法，分别用于设置 n 的精度、将 n 转换为科学计数法，以及将 n 转换为本地数组表达格式；boolean 类型的 b 属性调用了 toString 方法，用于将 boolean 转换为 string 类型。

既然直接量只是一个值而不是对象，那么它怎么可以调用属性方法呢？原来 ES 有一种叫作自动封包 / 解包的功能。封包 / 解包对于熟悉 Java 的读者来说一定不会陌生（在 Java 中也称装箱 / 拆箱，它们的含义都一样），其作用是在程序执行过程中按照实际需要自动在直接

量和其所对应的对象类型之间进行转化。将直接量转换为对应的对象进行处理叫作封包，反过来，将对象转换为直接量叫作解包。封包和解包都是 JS 引擎自动完成的，而且只是为了完成程序的执行而进行的暂时转换，并不会实际修改变量的类型。有了封包 / 解包我们就不需要考虑什么时候使用直接量什么时候使用对象了，而且也不需要担心变量类型会发生变化。上面的例子就使用了封包功能，下面我们再来看一个使用到解包功能的例子。

```
var m = new Number(5);
var n = m+2;                        //m 会自动解包为直接量后再计算
console.log(n);                     //7
console.log(typeof  m);             //object
console.log(typeof  n);             //number
```

这个例子中，定义了对象类型的 m 变量，当对其进行加法计算时 m 会自动解包为直接量再进行计算，但是计算之后 m 的类型并不会变化，还是 object 类型。

实际使用中我们很少直接使用直接量所对应的包装对象，所以封包功能使用得非常多，但是解包功能相对使用得就比较少了。

6.3　直接量的包装对象

直接量所对应的对象叫作包装对象，string、number、boolean 所对应的包装对象分别是 String 对象、Number 对象和 Boolean 对象，它们都是 function 类型的对象。本节我们就来学习这三个对象。

一个对象最重要的就是它所包含的属性，而 function 对象的属性又分为两大类，一类是它自身的属性，另一类是它创建的 object 类型实例对象的属性，创建的实例对象的属性又分为实例自己的属性和 function 的 prototype 的属性。

学习 function 类型对象最重要的是学习两个方面的内容：function 作为函数的功能和它对应的属性。对于包装类型的对象来说，作为函数使用时的功能都是将传入的参数转换为 function 所对应的直接量，例如，使用 String("abc"); 可以新建值为 abc 的字符串类型的直接量等，其实和不使用函数的效果是一样的，所以学习包装类型对象主要是学习它所对应的属性。包装对象的属性和普通对象的属性没有什么区别，也是一共包括三部分：function 对象自身拥有的属性、创建的实例对象所拥有的属性和 function 的 prototype 属性对象中的属性。下面我们就从这三个方面分别学习这三个包装对象。

本节的内容以 ES5.1 为主，ES2015 中新增的内容会在后面给大家补充。

6.3.1　String 对象

String 对象是 function 类型的对象，对应的是字符串类型，可用来创建字符串类型的

object 对象，例如，new String("abc"); 就可以创建一个值为 abc 的字符串对象。最重要的还是它所对应的三种属性。

1. String 自身的属性

String 类型自身只有两个属性，一个是 prototype，另一个是 fromCharCode。对于 prototype 我们就不再解释了，fromCharCode 方法的作用是创建由 Unicode 值所对应的字符组成的字符串，需要一个或多个参数，例如下面的例子。

```
var s = String.fromCharCode(97, 98, 99);
console.log(s);      //abc
```

在这个例子中，因为 97、98、99 所对应的 Unicode 值分别为 a、b、c，所以创建出来的字符串 s 就是 abc。

2. String.prototype 中的属性

在 ES5.1 标准中，String 的 prototype 有 20 个属性，这 20 个属性在使用 String 创建出来的 object 类型对象和字符串直接量中都可以直接使用，分别介绍如下。

- constructor：默认指向 String 对象本身。
- toString：因为 String 的 prototype 重写了 toString 方法，所以字符串的 toString 不会返回 [object, Object] 或者 [object, String] 而是返回字符串本身的值。
- valueOf：String 的 prototype 也重写了 valueOf 方法，它会返回字符串本身。
- charAt：这个方法用来获取指定位置的字符，序号从 0 开始，例如下面的例子。

```
var s = "hello";
console.log(s.charAt(1));      //e
```

这里获取的是 s 字符串中序号为 1 的字符，也就是第二个字符，因此是 e。

- charCodeAt：这个方法和 charAt 类似，但它获取的是 Unicode 值，例如下面的例子。

```
var s = "hello";
console.log(s.charCodeAt(1));      //101
```

在这个例子中，因为 e 的 Unicode 值为 101，所以这里返回的值为 101。

- concat：这个方法可以将多个字符串连接在一起组成一个新字符串，例如下面的例子。

```
var s = "hello";
var s1 = s.concat(" ECMAScript", "!");
console.log(s1);                  //hello ECMAScript!
```

在这个例子中，concat 方法就将字符串 s、“ ECMAScript”和“!”连接在一起。需要注意的是，连接之后 s 并没有发生变化，只是将连接之后的值返回给新的变量 s1。

- indexOf：这个方法用来查找指定的字符或者字符串，它有两个参数，第一个参数是要查找的字符或字符串；第二个参数可选，代表查找的起始位置，如果省略第二个参数，那么默认会从第一个字符开始查找。如果 indexOf 方法查找到指定的字符（串），就会返回查找到的第一个字符在字符串中的序号（从 0 开始）；如果找不到就会返回 -1。我们来看下面的例子。

```
var s="prototype";
console.log(s.indexOf("o"));            //2
console.log(s.indexOf("ot"));           //2
console.log(s.indexOf("ot", 3));        //4
console.log(s.indexOf("a"));            //-1
```

- lastIndexOf：这个方法和 indexOf 的用法一样，不同之处在于：indexOf 是从前往后找，而 lastIndexOf 是从后往前找，并且 lastIndexOf 的第二个参数 position 的作用是指定要查找的字符串的结束位置（从 0 开始计数），例如下面的例子。

```
var s="prototype";
console.log(s.lastIndexOf("o"));        //4
console.log(s.lastIndexOf("o", 3));     //2，在“prot”字符串中查找
```

- localeCompare：这个方法的作用是使用本地化方式比较字符串，类似于 >、< 的作用，但是，>、< 只能依据 Unicode 编码来比较字符串的大小，而有些地区的字符顺序和 Unicode 编码并不一样，这时就需要使用 localeCompare 方法来比较了。如果当前对象比要比较的字符小，则返回一个小于 0 的数，如果当前对象比要比较的字符大，则返回一个大于 0 的数，如果当前对象与要比较的字符相同，则返回 0，例如下面的例子。

```
console.log("a".localeCompare("b"));            //-1
console.log("b".localeCompare("a"));            //1
console.log("a".localeCompare("a"));            //0
```

- match：这个方法用于匹配指定的内容，如果传入的参数为字符串，则会匹配字符串，如果传入的参数是正则表达式，则会返回与正则表达式相匹配的内容，例如下面的例子。

```
console.log("hello JavaScript".match("Script"));        //["Script"]
console.log("hello JavaScript".match("script"));        //null
console.log("hello JavaScript".match(/script/i));       //["Script"]
console.log("hello JavaScript".match(/a+/g));           //["a", "a"]
console.log("hello ECMAScript5.1 and ECMAScript2015".match(/\d+/g));
                                                        //["5", "1", "2015"]
```

如果直接使用字符串匹配，那么是区分大小写的，如果使用正则表达式，则可以使用 i（ignore case）标示不区分大小写。还可以使用 g（global）标示查找全部符合条件的内容，例如，上述例子中的最后一行代码查找了所有数字。

- replace：这个方法用来将字符串中指定的内容替换为新内容，要替换的内容可以是字符串也可以是正则表达式。默认只会替换第一个符合条件的内容，使用正则表达式可以使用 g 来替换全部符合条件的内容。我们来看个例子。

```
var s = "beneficial";
```

```
console.log(s.replace("e", "E"));                  //bEneficial
console.log(s.replace(/e/, "E"));                  //bEneficial
console.log(s.replace(/e/g, "E"));                 //bEnEficial
console.log(s);                                    //beneficial
console.log("pwd:12345".replace(/\d/g, "*"));      //pwd:*****
```

通过这个例子大家就可以明白 replace 的用法了。需要注意的是，replace 并不会修改原来对象的值，而是返回新的对象，例如，这个例子中调用了 s.replace("e", "E") 之后 s 的值并没有发生变化。如果需要同时修改 s 的值，那么可以将返回值再赋值给 s，即 s = s.replace("e", "E");，这样就可以将替换后的值赋值给 s。

- search：这个方法的功能类似 indexOf 方法，不同之处在于：search 使用的是正则表达式而不是字符串进行查找，且不能指定起始位置，在正则表达式中也不能使用 g 标示，返回值和 indexOf 方法相同，例如下面的例子。

```
console.log("hello ECMAScript5.1 and ECMAScript2015".search(/\d/));    //16
```

- slice：这个方法用于截取字符串的一部分，它有两个参数，分别表示要截取的字符串的起始位置和结束位置，如果大于 0，则从前面计数，如果小于 0，则从后面计数，如果省略第二个参数，则会截取到字符串的末尾，例如下面的例子。

```
var s = "hello ECMAScript5.1 and ECMAScript2015";
console.log(s.slice(6,19));        //ECMAScript5.1
console.log(s.slice(6,-4));        //ECMAScript5.1 and ECMAScript
console.log(s.slice(-14,-4));      //ECMAScript
console.log(s.slice(0, -14));      //hello ECMAScript5.1 and
console.log(s.slice(-14));         //ECMAScript2015
```

需要注意的是，slice 方法也不会改变原来的字符串，同样会返回一个新的字符串。

- substring：这个方法和 slice 类似，也是截取字符串中的一部分，它的两个参数也分别表示字符串的起始位置和结束位置，所不同的是 substring 中如果结束位置在起始位置之前，则会自动将其调换之后再截取，当参数小于 0 时会按 0 处理，例如下面的例子。

```
console.log("www.excelib.com".substring(4, 11));        //excelib
console.log("www.excelib.com".substring(11, 4));        //excelib
console.log("www.excelib.com".substring(3, -4));        //www
console.log("www.excelib.com".substring(3, 0));         //www
console.log("www.excelib.com".substring(4));            //excelib.com
```

从这个例子可以看出，substring(4, 11) 和 substring(11, 4) 是一样的，substring(3, –4) 和 substring(3, 0) 也是一样的，如果省略第二个参数，则会截取到字符串末尾。

与 substring 类似的还有一个 substr 方法，但 substr 并不是标准里的方法。substr 方法也有两个参数，第一个参数也是起始位置，第二个参数表示要截取的长度。如果第一个参数是负数，则会从字符串的后面向前面计数（同 slice 方法），例如下面的例子。

```
console.log("www.excelib.com".substr(4, 7));            //excelib
```

```
console.log("www.excelib.com".substr(-11, 7));          //excelib
console.log("www.excelib.com".substr(-11));             //excelib.com
```

虽然现在的主流浏览器都对 substr 方法提供了支持，但是，因为它不是标准里的方法，随时都有可能被舍弃，所以应该尽量少使用它。

- split：这个方法用于按照指定分隔符将字符串转换为字符串数组。split 方法有两个参数，第一个是分隔符，如果不为空则使用它来分隔字符串，如果为空则按字符分隔字符串；第二个参数可选，表示需要返回数组中元素的个数，如果省略则将分隔后的元素全部返回，例如下面的例子。

```
var s = "hello ECMAScript5.1 and ECMAScript2015";
console.log(s.split(" "));                      //["hello", "ECMAScript5.1", "and",
 "ECMAScript2015"]

s = "是诸法空相不生不灭不垢不净不增不减";
console.log(s.split("不"));                     //["是诸法空相", "生", "灭",
                                                //"垢", "净", "增", "减"]

s = "hello张三丰hello老子hello王阳明";
console.log(s.split("hello"));                  //["", "张三丰", "老子", "王阳明"]

console.log("www.excelib.com".split(".")); //["www", "excelib", "com"]
console.log("excelib".split(""));               //["e", "x", "c", "e", "l", "i", "b"]
console.log("excelib".split("", 5));            //["e", "x", "c", "e", "l"]
```

从这个例子可以看出，split 的分隔符不仅可以是英文字符，还可以是字符串甚至汉字。另外，如果字符串起始位置就是分隔符，那么分隔后数组的第一个元素会是空字符串。

- toLowerCase：这个方法的作用是将字符串转换为小写形式，例如下面的例子。

```
console.log("Hello Mick".toLowerCase());        //hello mick
```

- toLocaleLowerCase：这个方法的作用是使用本地语言将字符串转换为小写。有些地区有自己的大小写字符对应规则，在那种环境下就会用到此方法。一般情况下它与 toLowerCase 的作用一样。
- toUpperCase：这个方法的作用是将字符串转换为大写形式，例如下面的例子。

```
console.log("www.excelib.com".toUpperCase());    //WWW.EXCELIB.COM
```

- toLocaleUpperCase：一般情况下这个方法与 toUpperCase 相同，只有在具有自己的大小写字符对应规则的地区才会被用到。
- trim：这个方法的作用是去掉字符串中头部和尾部的空格，例如下面的例子。

```
console.log(" hello 张三丰 ".trim());             //"hello 张三丰"
```

注意，trim 方法只能去掉头部和尾部的空格，而不能去掉字符串中间的空格，如果想去掉字符串中所有的空格，则可以使用 replace 和正则表达式来操作，例如下面的例子。

```
console.log(" h e     l l o   ".replace(/\s+/g, ""));  //hello
```

3. String 创建的对象实例的属性

String 创建的实例对象一共有两个属性，一个是 length 属性，它代表字符串的长度；另外一个属性类似于数组，属性名为 0 到 length–1，属性值为序号所对应的字符，例如下面的例子。

```
var s = "www.excelib.com";
console.log(s.length);          //15
console.log(s[7]);              //e
```

使用第二个属性我们就可以把字符串当作字符数组来使用了。

6.3.2 Number 对象

Number 对象是 function 类型的对象，对应的是数字类型，可用来创建数字类型的 object 对象，例如，new Number (123) 就可以创建一个值为 123 的数字实例对象。最重要的依然是它所对应的三种属性。

1. Number 自身的属性

Number 共有 6 个属性，如下所示。

- prototype：这个属性我们就不再解释了。
- MAX_VALUE：用来表示最大的数，其值约为 $1.7976931348623157 \times 10^{308}$。
- MIN_VALUE：用来表示最小的数，其值约为 5×10^{-324}。
- NaN：Not a Number 的缩写，表示不是数字。
- NEGATIVE_INFINITY：表示负无穷大，一般使用 –Infinity 来表示。
- POSITIVE_INFINITY：表示正无穷大，一般使用 Infinity 来表示。

下面来看个例子。

```
console.log(Number("abc"));              //NaN
console.log(Number.MAX_VALUE);           //1.7976931348623157e+308
console.log(Number.MIN_VALUE);           //5e-324
console.log(Number.MAX_VALUE*2);         //Infinity
console.log(-Number.MAX_VALUE*2);        //-Infinity
console.log(1/0);                        //Infinity
```

从这个例子可以看出，将字符串“ abc”转换为数字就会产生 NaN，最大数乘以 2 就会产生正无穷大，负最大数乘以 2 就会出现负无穷大，0 做分母也会产生无穷大。

2. Number.prototype 的属性

Number 的 prototype 一共有 7 个属性：constructor、toString、toLocaleString、valueOf、toFixed、toExponential 和 toPrecision，分别介绍如下。

- constructor：这个属性默认指向 Number 对象本身。
- toString：Number 的 prototype 重写了 toString 方法，重写后的 toString 方法会返回数字的字符串形式，还可以指定要转换为数字的基数，即指定几进制，默认为十进制。下面来看个例子。

```
var n = 11;
console.log(n.toString());             //11
console.log(n.toString(2));            //1011
console.log( (255).toString(16));      //ff
console.log( (0xff).toString());       //255
console.log( (5).toString(2));         //101
```

- toLocaleString：这个方法会按照数字的本地表示法来输出，例如下面的例子。

```
var n = 2739297;
console.log(n.toLocaleString());                               //2,739,297
console.log(n.toLocaleString("zh-Hans-CN-u-nu-hanidec"));// 二，七三九，二九七
```

ES5.1 标准中的 toLocaleString 方法并没有参数，但在第 6 版（ES2015）中规定可以使用参数指定区域，并且现在大部分主流浏览器也都支持。

- valueOf：返回数字直接量。下面来看个例子。

```
var n = new Number(34290);
console.log(typeof n);                 //object
console.log(typeof n.valueOf());       //number
```

因为 Number 创建的实例对象有自动解包的功能，所以这个方法很少使用。

- toFixed：这个方法用来指定数字的精度，即保留几位小数。它的参数为要保留小数的位数，如果不指定则按 0 处理，即没有小数，并且它会按需要自动进行四舍五入。下面来看个例子。

```
console.log(837.346.toFixed(2));       //837.35
console.log(837.346.toFixed());        //837
console.log(837.346.toFixed(5));       //837.34600
console.log(-837.346.toFixed(2));      //-837.35
console.log( (3.17e7).toFixed(2));     //31700000.00
```

- toExponential：此方法的作用是将数字转换为科学计数法来表示，有一个可选参数，表示保留小数的位数，如果省略参数，则将输出尽可能多的数字，下面来看个例子。

```
console.log(24803.5.toExponential());          //2.48035e+4
console.log(24803.5.toExponential(2));         //2.48e+4
console.log(24803.5.toExponential(1));         //2.5e+4
```

- toPrecision：这个方法用于将数字格式化为指定位数（包括整数和小数）。如果指定的位数小于数字的整数部分，那么将使用科学计数法来表示。下面来看个例子。

```
console.log(49320.34702.toPrecision(7));       //49320.35
console.log(49320.34702.toPrecision(9));       //49320.3470
```

```
console.log(49320.34702.toPrecision(3));        //4.93e+4
```

3. Number 创建的实例对象的属性

Number 创建的实例对象没有自己的命名属性。

6.3.3 Boolean 对象

Boolean 对象是 function 类型的对象，对应的是布尔类型，可用来创建布尔类型的 object 实例对象。例如，new Boolean (true) 就可以创建一个值为 true 的布尔类型实例对象。Boolean 对象非常简单。

1. Boolean 自身的属性

Boolean 作为对象时自身只有一个 prototype 属性。prototype 我们已经非常熟悉了，这里就不再重述了。

2. Boolean.prototype 的属性

Boolean 的 prototype 一共有三个属性：constructor、toString 和 valueOf。constructor 指向 Boolean 本身，toString 和 valueOf 都返回实例对象的值，但它们的类型不一样，toString 返回 string 类型，而 valueOf 返回 boolean 类型。下面来看个例子。

```
var b = new Boolean(true);
console.log(b.toString());                  //true
console.log(b.valueOf());                   //true
console.log(typeof b.toString());           //string
console.log(typeof b.valueOf());            //boolean
console.log(typeof b);                      //object
```

3. Boolean 创建的对象实例的属性

Boolean 创建的对象实例自身不包含命名属性。

如何在浏览器中查看对象的属性

本节介绍的包装对象中的属性主要是标准中规定的属性，但不同的浏览器除了实现标准中的属性外，还可能会添加自己特有的属性，我们可以使用 Object 的 getOwnPropertyNames 方法来获取当前浏览器中对象自身的所有属性。对于 function 类型的对象，我们需要获取三种类型的属性：function 自身的属性、function.prototype 包含的属性以及使用 function 创建的实例对象自身所包含的属性。这三种属性都可以通过

Object 的 getOwnPropertyNames 方法来获取。例如，可以通过下面的代码来获取 String 对象的三种类型的属性。

```
console.log(Object.getOwnPropertyNames(String));
//获取 String 对象自身的属性
console.log(Object.getOwnPropertyNames(String.prototype));
//获取 String 的 prototype 的属性
console.log(Object.getOwnPropertyNames(new String()));
//获取 String 创建的对象实例的属性
```

通过上述方法可以获取当前浏览器中某个具体 function 对象的相关属性。对于所有 function 类型的对象都可以使用这个方法，包括 Object 对象和浏览器中的 Window 对象。注意 Window 对象不可以用来创建新的实例对象。

第 7 章　点运算符与 this 关键字

7.1　点运算符

点运算符可用来操作对象的属性。这里的操作可以分为获取和赋值两种类型。在赋值的情况下，如果对象原来没有所操作的属性则会添加，如果有则会修改其值，例如下面的例子。

```
var person = {name:"maker"};
person.age = 15;                    //添加 age 属性
console.log(person.name);           //获取 name 属性
person.name = "peter";              //修改 name 属性
```

7.2　this 的含义

很多开发者对 JS 中的 this 理解得不是很清楚，很多时候会因为不正确地使用 this 而造成不必要的错误。下面我们就来给大家介绍 JS 中的 this。

要正确理解 this 首先要将我们前面学习过的三种子类型区分清楚。这三种子类型是不可以相互调用的，只有在区分清楚这三种子类型之后才可能正确理解 this 的含义。区分清楚三种子类型之后再理解 this 就非常简单了，只需要记住一句话就可以了，那就是“谁直接调用方法 this 就指向谁”。也就是说方法的点前面的对象就是 this，只要记住这一原则就不会对 this 的使用产生错误了。我们来看下面的例子。

```
var color = "red";
function Obj(){
    var color = "black";
}
Obj.color = "green";
Obj.prototype.logColor = function(){
    console.log(this.color);
}
var o = new Obj();
```

```
o.color = "blue";
o.logColor();            //blue
```

这个例子中一共有 4 个 color，一个是全局变量，一个是 Obj 的局部变量，一个是 Obj 的属性，还有一个是 Obj 创建的实例对象 o 的属性。logColor 方法是 Obj 的 prototype 中的方法属性，其中打印了 this.color 的值。在调用 o.logColor() 时，按照前面给大家介绍的原则很容易就可以判断出这里会使用实例对象 o 中的 color 属性，也就是 blue，这是因为 logColor 方法是被 o 对象直接调用的。

7.3 关联方法后的 this

我们先来看下面的例子。

```
function logColor(){
    console.log(this.color);
}

function Obj(){}
var o = new Obj();

Obj.color = "red";
o.color = "blue";

Obj.logColor = logColor;
o.logColor = logColor;

Obj.logColor();                 //red
o.logColor();                   //blue
```

这个例子中首先定义了一个独立的函数 logColor，然后定义了 Obj 方法对象并使用 Obj 创建了实例对象 o，接着给 Obj 和 o 分别添加了 color 属性和 logColor 方法属性，logColor 属性被直接关联到了独立的函数 logColor，这时调用 Obj 的 logColor() 就会打印出 Obj 的 color 值 red，调用实例 o 的 logColor 则会打印出 o 的 color 值 blue。即，谁调用方法 this 就指向谁。

7.4 内部函数中的 this

我们先来看一个例子。

```
var v = 1;
function Program(){
    var v = 2;
    this.v = 3;
}
```

```
Program.prototype.logV = function () {
    function innerLog(){
        console.log(this.v);
    }
    innerLog();
}
var pro = new Program();
pro.logV();
```

大家觉得上述代码会打印出什么呢？可能有的读者觉得很简单，既然是 pro 对象调用的，当然会打印出 pro 对象中 v 的值 3。但是，实际上 1 才是正确答案。在这个例子中，需要注意实际的打印操作并不是在 logV 方法中执行的，而是在 logV 中调用它的内部方法 innerLog 来完成的，因此这里的 this 应该指向 innerLog 方法前的对象，而不是 logV 方法前面的对象，而 innerLog 方法是直接调用的，前面并没有对象，这种情况下的 this 就会指向全局对象 window，而 window 的 v 属性就是全局变量 v，所以结果会打印出 1。

这时，如果我们想在内部函数中打印出调用外部函数的对象的属性（例如，在 innerLog 方法中打印出 pro 对象中的 v 属性），那么有三种方法可以实现：第一种，在外部方法中将 this 保存到一个变量然后在内部函数中调用；第二种，在外部方法中将内部方法关联到对象上并使用对象调用内部方法；第三种，将内部方法改为接收参数的方法，并在外部方法中将属性通过变量传入内部方法。例如，上述代码中的 logV 方法可以这么处理。

方法 1：

```
Program.prototype.logV = function () {
    var instance = this;
    function innerLog(){
        console.log(instance.v);
    }
    innerLog();
}
```

方法 2：

```
Program.prototype.logV = function () {
    function innerLog(){
        console.log(this.v);
    }
    this.innerLog = innerLog;
    this.innerLog();
}
```

方法 3：

```
Program.prototype.logV = function () {
    function innerLog(v){
        console.log(v);
    }
```

```
        innerLog(this.v);
    }
```

这三种方法都会打印出 pro 对象的属性 v（3）。这里跟我们的原则“谁直接调用方法 this 就指向谁”并不冲突，只要注意实际处理业务的函数到底是谁调用的就可以了。

7.5 对象的属性不可以继承

属性不可继承指的是，如果对象有多个层次，那么父子对象里的属性不可以相互继承和调用。我们来看下面的例子。

```
function logV(){
    console.log(this.v);
}

var obj = {v:1};
obj.sonObj = {};

obj.logV = logV;
obj.sonObj.logV = logV;

obj.logV();                //1
obj.sonObj.logV();         //undefined
```

这个例子中，首先定义了一个 obj 对象和 obj 的子对象 sonObj，obj 有一个属性 v，sonObj 没有自己的属性，然后将 logV 方法分别关联到两个对象，接着分别调用它们的 logV 方法，最后 obj 可以打印出 v，而 obj.sonObj 找不到 v，结果会打印出 undefined，这就说明 obj.sonObj 不可以调用 obj 中的属性。因此，在使用我们的原则时，一定要记住谁直接调用了方法 this 就指向谁，一定是直接调用而不是在调用链上出现过。

对象和属性的关系就像一台机器中组件和零件的关系，可以装配其他零件的东西叫作组件，而装配到组件上的东西可能还是组件，但父组件上面并不会直接装配子组件上的零件。例如将水杯放到背包里，那么背包就是个组件，然后又将背包放到车里，这时车就成了组件（或者叫父组件，相对于车这个组件来说）背包就成了零件（也可以叫子组件），要从车里直接拿水杯是拿不到的，水杯是子组件背包的零件而不是父组件车的零件，只有先从车里拿到背包，然后才能从背包里拿到水杯，同样要想从背包里拿车上放着的光盘也是拿不到的。

嵌套对象的作用主要是便于维护，就好像将杂七杂八的东西都分类放到各种各样的小盒子里面，然后再将小盒子分类放到大盒子里，最后将所有大盒子都放到箱子里，这样维护和使用起来就都方便了。有的资料会将这种嵌套对象叫作“命名空间”或者“包”，无论叫什么我们只要理解其本质就可以了。当然，在遇到那种叫法的时候我们也要明白别人说的其实就是嵌套对象。

第 8 章　Global 与 Window 对象

8.1　Global 对象

前面说过 JS 是面向对象的语言，或者说它本身就是一个大对象，就像一个大箱子里边装着很多大盒子，每个大盒子里面又装着小盒子，小盒子里面可能还装着小小盒子……

那么最顶层的箱子是什么呢？这个对象在 ES 标准中叫作 Global 对象。ES 标准中规定 Global 对象要在进入执行环境之前就已创建，它是所有对象的根对象，其他对象都是它的属性或者属性的属性。

这里的 Global 是表示功能的词，不代表具体的对象名，事实上并不一定存在 Global 对象，但是每个具体的宿主环境都需要有一个 Global 对象，例如，浏览器中的 window 对象就是 Global 对象，所有其他对象都是 window 对象的属性或其属性的属性，例如，String、Number、Boolean、Array、RegExp 等对象都是 window 的属性，就连 Object 和 Function 也都是 window 的属性对象。大家感兴趣的话可以使用下面的代码来查看 window 的完整属性列表。

```
console.log(Object.getOwnPropertyNames(window));
```

8.2　Window 对象的特殊性

浏览器的 Global 对象 window 是使用 Window 对象创建出来的，Window 对象是 function 类型，window 对象是 object 类型。用于创建 window 对象的 Window 对象跟我们自定义的 function 对象之间存在一些区别。下面就来给大家介绍几点。

8.2.1　不可以创建对象

我们自己创建的 function 对象都可以使用 new 关键字来创建相应的 object 类型实例对

象，但是 Window 对象不可以用于创建对象。这一点很容易理解，如果可以使用 Window 对象创建实例对象，那么创建出来的对象就不是全局对象了，并且也不是在进入执行环境之前创建的，而是在进入执行环境之后才创建的，这就不符合标准了，另外使用上也会造成混乱。因此 Window 对象是不可以直接使用 new 关键字来创建实例对象的。

除了 Window 对象之外，还有一些 function 类型对象也不可以用来创建对象。例如，Math 对象就不可以创建实例对象，因为它主要是使用其中的方法属性来完成各种数学运算的。另外，我们前面介绍过的包装对象的 prototype 中 function 类型的属性对象，例如 Sting 的 prototype 属性对象中的 indexOf、charAt 等，它们的作用是完成具体的功能，因此也不可以使用它们来创建实例对象。

8.2.2 不可以作为方法调用

Window 也不可以作为方法来调用，也就是说，在程序中直接调用 Window() 也是不可以的，并且这种用法也没有实际意义。

8.2.3 变量就是属性

在最外层定义的变量也叫作全局变量，与在 function 中定义的其他变量存在很大区别。在最外层定义的变量会自动成为 window 对象的属性，而在普通 function 中变量和实例对象的属性是完全没关系的两类数据，例如下面的例子。

```
var v = 1;

// 通过修改 this 的属性可以改变全局变量的值
this.v = 2;
console.log(v);            //2

// 通过修改全局变量的值也可以修改 window 对象同名属性的值
v = 3;
console.log(window.v);     //3

// 我们自定义的方法中变量和实例对象的属性是相互独立的
function Obj(){
    var v = 4;
    this.v = 5;
    console.log(v);
}
new Obj();                 //4
```

从这个例子中可以看出，最外层定义的变量和 this 的属性及全局对象 window 的同名属性都是同一个，可以相互操作。但是，在我们自定义的 function 函数体内变量和属性之间存在严格区分，不可以相互调用。

只有在最外层定义的变量和属性可以相互调用，在其他情况下都不可以，这一点一定要记清楚。

另外，window 对象本身也是自己的一个属性。对于这点可以通过下面的方法获取 window 对象的属性来查看。

```
Object.getOwnPropertyNames(window);
```

第二篇

ECMAScript 2015 中的新特性

ES5.1 是 2011 年发布的，时隔 4 年后于 2015 年 6 月份才发布了 ES2015(ES6)。在这 4 年中，Web 技术发生了翻天覆地的变化，而作为 Web 技术三大核心之一的 JS 也有了更多的需求。ES2015 正是在这种环境下发布的，因此 ES2015 和 5.1 版比起来发生了很大的变化。这一点从它们的页数就可以看出来，5.1 版的标准是 258 页，而 2015 版扩展到 566 页，也就是说，2015 版比 5.1 版的两倍还要多！新的标准里面新增了很多新的内容，例如类、模块、箭头函数等，而且新增了 13 个内置对 象：Symbol、Map、Set、WeakMap、WeakSet、ArrayBuffer、TypedArray、DataView、GeneratorFunction、Generator、Promise、Reflect、Proxy。本篇就来给大家介绍 ES2015 中这些新增的内容。虽然 ES2015 新增了很多内容，但是我们前面所学的内容是 ES 内在的东西，是不会随版本的升级而改变的，当然也完全适用于 ES2015，ES2015 只是在原来的基础上做了添加。

虽然 ES2015 标准是在 2015 年 6 月份发布的，但是其中的很多内容已经被现在新版本的浏览器所支持，这就给我们的学习提供了很大的方便。

第9章 类

9.1 新类型 class

ES2015 中最大的改变应该就是启用了 class 关键字，即类的概念。注意，ES 本身是基于对象的语言，虽然启用了类的概念，但是依然不是基于类的语言而是基于对象的语言，这一点在 ES2015 标准中有明确的说明。

```
Even though ECMAScript includes syntax for class definitions, ECMAScript objects
are not fundamentally class-based such as those in C++, Smalltalk, or Java.
```

从这里可以看出 ES 并不是基于类的语言，另外，ES2015 中也明确指出了 ES 是基于对象的语言。

```
ECMAScript is object-based: basic language and host facilities are provided
by objects, and an ECMAScript program is a cluster of communicating objects. In
ECMAScript, an object is a collection of zero or more properties.
```

因此，虽然 ES2015 中启用了 class 的概念，但是 ES 的本质并没有发生变化，依然是基于对象的语言而不是基于类的语言，使用 class 主要是为了方便操作。虽然，对于 class 所做的事情使用原先的闭包和 prototype 等组合也可以完成，但是那样要比直接使用 class 操作麻烦很多，看起来也不够清晰，并且直接使用 class 时采用的是底层语言（例如 c、c++）的开发功能，效率更高，因此在浏览器支持的情况下应该尽量使用内置的 class。

基于对象的语言和基于类的语言存在本质区别，例如在基于对象的语言中创建出来的实例对象可以自己直接添加删除属性，也可以添加、删除或者修改已有的方法属性，这在基于类的语言中是不可以的。

9.2 class 的用法

ES2015 中使用 class 的操作除了定义正常的属性、方法外，最重要的就是 extends、

super 以及 constructor 关键字的使用。其中，extends 用于类的继承，super 用于调用父类的构造函数，constructor 用于定义构造函数。我们来看下面的例子。

```
//定义程序类
class Program{
    constructor(language) {
        this.language = language;
    }
    logLanguage(){
        console.log(this.language);
    }
}
//定义网站类，继承自 Program
class WebSite extends Program{
    constructor(language, domainName) {
        super(language);
        this.domainName = domainName;
    }
    logDomainName (){
        console.log(this.domainName);
    }
}

//定义网站类型对象实例 mySite
var mySite = new WebSite("JavaScript", "www.excelib.com");
//使用 mySite 调用父类方法 logLanguage
mySite.logLanguage();                    //JavaScript
//使用 mySite 调用自身的方法 logDomainName
mySite.logDomainName ();                 //www.excelib.com
```

使用过基于类的语言的读者可以很容易理解上面的代码。代码的内容非常简单，首先定义了一个 Program 类，然后定义了一个 Program 的子类 WebSite，最后创建了 WebSite 类型的对象实例 mySite，并且使用它调用了自身的 logDomainName 方法和父类中的 logLanguage 方法。需要注意的是，ES 中的构造函数是使用 constructor 来定义的，而不像其他基于类的语言（如 Java）中使用与类名同名的函数来定义。

第 10 章　模块

模块也是 ES2015 中新增的一个非常重要的概念。前面内容提到面向对象的语言就相当于将具体的东西装进不同的小盒子里，再将小盒子装进相应的大盒子里，最后将所有大盒子装进一个箱子里，模块就相当于这里箱子。我们可以通过模块将常用的工具放进箱子里，在使用的时候从箱子里面拿出来使用就可以了，并且有了模块之后就可以创建多个箱子。

模块并不是对象，模块的使用分为两部分：定义模块和使用模块。它们一般位于不同的文件中，使用模块的文件可以调用定义模块的文件中导出的内容，这有点像我们平时在一个页面中导入其他 js 文件，但模块调用要比导入 js 文件更加强大。下面我们来具体学习。

10.1　模块的基本用法

模块最基础的用法就是导出和导入，分别使用 export 和 import 关键字来操作，例如下面的例子。

```
//siteInfo.js
export var siteName = "excelib";
export var domainName = "www.excelib.com";

//app.js
import { siteName, domainName } from "./siteInfo";
console.log(siteName);        //excelib
console.log(domainName);      //www.excelib.com
```

这个例子中有两个文件，在 siteInfo.js 中定义了模块，并使用 export 导出了两个变量 siteName 和 domainName，在 app.js 中使用 import 将它们导入，这时在 app.js 中就可以使用这两个变量了。

只有模块中导出的变量（实际可能是变量、函数或者类等，这里统一称作变量）才可以被其他文件导入，并且只有导入相应的变量之后才可以使用，如果上述例子中的 app.js 文件中只导入了 siteName，就无法使用 domainName。导出时使用 export 关键字，将要导出的变量放到 export 后面，可以在定义时直接导出，也可以在定义完成后统一导出。如果统一导出则需要将要导出的变量使用花括号括起来。导入时使用 import 关键字，格式为：import { 变量名 } from "Module"，这里的模块就是定义模块的文件名去除 .js 后缀，文件名是包含路径的，可以是相对路径，也可以是完整路径。我们再来看个例子。

```
//siteInfo.js
var siteName = "excelib";
var domainName = "www.excelib.com";
function getSiteName(){
    return siteName;
}
function getDomainName(){
    return domainName;
}
export {getSiteName, getDomainName};

//app.js
import { getSiteName } from "./siteInfo";
console.log(getSiteName());       //excelib
console.log(domainName);          //出错，因为 domainName 没有导出
console.log(getDomainName());     //出错，因为 getDomainName 没有导入
```

这个例子在定义模块的 siteInfo.js 文件中添加了 getSiteName 和 getDomainName 两个函数，并将导出语句 export 单独放到最后，并且没有直接导出 siteName 和 domainName 属性，而是导出了 getSiteName 和 getDomainName 函数。在 app.js 中只导入了 getSiteName 函数，这时在 app.js 中就只可以调用模块的 getSiteName 方法，而调用 domainName 和 getDomainName 都会出错。这是因为 domainName 没有被导出，而 getDomainName 虽然在模块中导出了，但是 app.js 中没有导入。

10.2 导入后重命名

很多时候模块开发者和模块使用者并不是同一个人，这样就很容易产生命名冲突的问题，即导入的变量跟自己定义的变量是同一个名字。当然，出现这种情况时可以把自己的变量改成其他名字，但是如果要导入多个模块，不同模块之间发生命名冲突怎么办呢？ES2015 提供了简单的解决方案：可将导入的变量重命名为一个跟模块中不同的名字，使用 as 关键字来定义就可以了，例如下面的例子。

```
//siteInfo.js
var siteName = "excelib";
var domainName = "www.excelib.com";
function getSiteName(){
    return siteName;
}
function getDomainName(){
    return domainName;
```

```
}
export {getSiteName, getDomainName};

//app.js
import { getSiteName as getSite, getDomainName as getDomain } from "./siteInfo";
console.log(getDomain());        //www.excelib.com
console.log(getSiteName());      //出错
```

这个例子在app.js中将getSiteName导入为getSite函数，将getDomainName导入为getDomain函数，因此在app.js中调用getSiteName就会出错，而调用getDomain或者getSite函数都可以正常执行。

除了在导入的时候可以重命名外，在导出的时候也可以重命名，例如下面的例子。

```
function getDomainName(){
    return domainName;
}
export {getDomainName as getDomain};
```

这个例子就将getDomainName导出为getDomain函数。

10.3 默认导出

按照前面的方法进行导入时，虽然可以对导入的变量进行重命名，但是需要知道变量在原来模块中导出的名称才可以。既然导入后可以重命名，那么如果可以不用管原来模块中导出的是什么名字，直接在导入时指定一个变量名不就更方便了？ES还真提供了这样的功能！在模块导出的时候可以不指定变量名，只要使用关键字default就可以了，这样在导入的时候就不需要关心导出时的变量名，例如下面的例子。

```
//worker.js
export default function(){
    console.log("working...");
}

//factory.js
import work from "./worker"
work();      //working...
```

这个例子在worker.js中就导出了默认的方法，然后在factory.js中导入为work方法。注意，导入默认变量时不使用花括号，直接写就可以了。如果除了默认变量外还有其他变量，那么可以同时使用花括号将其他变量导入。另外，本例中导出的是匿名函数，实际上命名函数或者变量也可以默认导出，并且默认导出也可以在定义完之后使用单独的语句进行导出，例如下面的例子。

```
//worker.js
function workerWork(){
```

```
    console.log("working...");
}
export var name = " 王进喜 ";
export default workerWork;

//factory.js
import work, {name as workerName} from "./worker"
work();                              //working...
console.log(workerName);             // 王进喜
```

10.4 导入为命名空间

还有一种导入的方法，用星号（*）将模块中导出的所有变量全部导入，这时需要一个命名空间，调用时使用命名空间调用就可以了，例如下面的例子。

```
//car.js
var color = "red";
var displacement = "3.0T";
function getDisplacement(){
    return displacement;
}
export {color, getDisplacement};

//shopping.js
import * as myCar from "./car"
console.log(myCar.color);                          //red
console.log(myCar.getDisplacement());              //3.0T
```

这个例子在 shopping.js 文件中就使用星号将 car 模块中的所有变量导入 myCar 的命名空间中，这时就可以使用 myCar 来调用 car 模块中导出的所有变量。

10.5 打包导出

在模块导出的过程中，除了可以导出自己定义的变量外，还可以导出其他模块中定义的变量。这么做的目的主要是在一个模块对另一个模块有依赖时，可以将另外一个模块中的变量打包导出，例如下面的例子。

```
//mouse.js
function click(){
    console.log("do click");
}
function doubleClick(){
    console.log("do doubleClick");
}
export {click, doubleClick};
```

```
//computer.js
export * from "./mouse"
export function work(){
    console.log("computing...");
}

//worker.js
import * as computer form "./computer"
computer.click();          //do click
computer.doubleClick();    //do doubleClick
computer.work();           //computing...
```

在这个例子中，首先在mouse.js中导出了click和doubleClick方法，然后，由于computer的使用依赖mouse，因此在computer中直接将mouse中的变量也打包导出，这样对于用户worker.js来说只需要导入computer就可以了，而不需要再导入mouse。

这个例子在computer中使用星号将mouse中所有的变量都打包导出，按照ES2015的规定，也可以只导出其中的一部分，并且使用as来重命名，导出方法使用花括号，和导出自身变量的方法一样，只需要在最后加from module语句就可以了，例如下面的例子。

```
//mouse.js
function click(){
    console.log("do click");
}
function doubleClick(){
    console.log("do doubleClick");
}
function repair(){
    console.log("repairing...");
}
export {click, doubleClick, repair};

//computer.js
export {click as mouseClick, doubleClick} from "./mouse"
export function work(){
    console.log("computing...");
}

//worker.js
import * as computer form "./computer"
computer.mouseClick();     //do click
computer.doubleClick();    //do doubleClick
computer.work();           //computing...
computer.click();          //出错，computer中修改了函数名
computer.repair();         //出错，computer中没有导出
```

本例在mouse.js中导出了三个方法，而在computer.js中只导出了其中的两个，而且将click导出为mouseClick函数，这样在worker.js中将computer中的变量全部导入之后就可以调用mouseClick、doubleClick以及自己的work函数了。

第 11 章　新增语法

11.1　let 和 const

在 ES2015 中，除了可以使用 var 定义变量外，还增加了两种定义变量的方式，一种是用 let 定义，另一种是用 const 定义。var 定义的变量是 function 级的作用域，let 定义的变量属于块级作用域，而 const 定义的是常量，也就是定义之后不可修改。我们来看下面的例子。

```
function getWages(workTime){
    const basicWage=12000, standardTime=21*8;

    if(workTime <= standardTime){
        basicWage = 10000;        // 报错，常量不可修改
        let hourPrice = basicWage/standardTime*0.8;
        var floatWage = -(standardTime-workTime)*hourPrice;
    }else if(workTime>standardTime){
        let hourPrice = basicWage/standardTime*1.5;
        var floatWage = (workTime-standardTime)*hourPrice;
    }

    console.log(floatWage);      // 可以输出，var 定义的是 function 级作用域
    console.log(hourPrice);      // 报错，let 定义的变量为块级作用域，外部不可使用
    basicWage = 15000;           // 报错，常量不可修改
    var wages = basicWage+floatWage;
    return wages;
}
```

这个例子中，getWages 是一个简单的计算工资的函数，其中有两个常量 basicWage 和 standardTime，分别表示基本工资和标准工作时长。如果一个月的总工作时长达不到标准工作时长就会扣除相应工资，扣除的工资为标准工作时间减去实际工作时间（也就是比标准工作时间差的小时数）乘以按基本工资计算出来的小时单价的 0.8 倍；如果超过标准工作时间则会增加相应的加班费，加班费的算法为实际工作时间比标准工作时间多出来的时间按基本工资小时单价的 1.5 倍。这两种情况统一叫作浮动工资。

具体处理中是使用 if-else 语句来完成的。语句块中分别定义了各自的小时单价和浮动工资，小时单价（hourPrice）是使用 let 定义的，浮动工资（floatWage）是使用 var 定义的，这样在 if 语句块外面就不可以使用 hourPrice，但可以使用 floatWage。因为基础工资（basicWage）是使用 const 定义的常量，所以，无论是在 if 语句块中还是语句块外都不可以修改。注意，这个例子在测试时需要将报错的三条语句删除或者注释掉才可以。

11.2 字符串模板

在使用字符串的时候经常将多项内容组合到一起，可能是需要将固定的字符串和变量进行组合，也可能是为了换行。之前我们的做法一般是使用加号“+”进行拼接，但是 ES2015 中提供了一种新的方法，那就是字符串模板，它是用反引号“`”（键盘左上角的波浪线按键）将字符串内容包含起来的，内部可以换行，也可以使用 $ 和花括号来插入变量，这和其他语言中 i18n（国际化）的用法相似。我们来看下面的例子。

```
var business = "xxxxxx";
var customer = {name: "张三"};
function getMessage(vCode){
    return  `【excelib】尊敬的${customer.name}您好，
您正在处理的${business}业务的验证码为${vCode}，
若非本人操作请尽快修改密码，验证码请勿告诉他人`;
}
```

这个例子中，getMessage 函数使用了字符串模板而没有使用加号来拼接字符串，其中包括换行和插入变量，插入的变量既有普通变量和对象属性，也有函数的参数。另外，字符串模板中的空白字符（空格、换行等）都会原样输出。

11.3 函数参数默认值

ES2015 中函数的参数可以设置默认值，这在之前的版本中是不可以的。之前如果想给参数设置默认值，那么需要自己在函数体中进行判断后手动设置，而现在只需要在参数上直接设置就可以了，例如下面的例子。

```
function getTotalPrice(num, price=300){
    return num*price;
}
console.log(getTotalPrice(5));          //1500
console.log(getTotalPrice(5, 400));     //2000
```

这个例子中，getTotalPrice 函数给 price 参数设置了默认值，调用时，如果不给 price 传值就会使用默认值 300，如果传值了就会使用传入的值。

如果一个函数同时包含有默认值的参数和没有默认值的参数，那么要将有默认值的参数写到后面。

11.4 参数扩展

ES2015 中新增了参数扩展功能。参数扩展是使用三个点“…”来完成的，主要有两种用法：在定义函数时将传入的多个参数封装到一个数组中；调用函数时将数组中的元素扩展为多个独立的参数。我们来看下面的例子。

```
// 将传入的参数封装到 names 数组中
function mailTo(...names){
    console.log(Object.prototype.toString.apply(names));
    for(var name of names){
        console.log(`send to ${name}`);
    }
};

/* 调用下面的方法会在控制台打印出
    [object Array]
    send to 张三丰
    send to 李思明
    send to 王老五
*/
mailTo("张三丰", "李思明", "王老五");

// 将数组 [1,3,5] 展开成 1,3,5 三个参数后传入 max 方法中
console.log(Math.max(...[1,3,5]));          //5
```

11.5 箭头函数

对于一个函数来说最重要的有三样东西：函数名、参数、函数体。函数的定义通常是使用 function 关键字来完成的，但是 ES2015 中又提供了一种新的定义函数的方法——箭头函数，它类似于 Java 8 中的 Lambda 表达式，其语法结构如下。

```
参数 => 函数体
```

在箭头函数中，如果是一个参数，则可以直接写，如果是多个参数，则需要使用小括号括起来。如果函数体包括多条语句，那么需要使用花括号括起来，如果只有一条语句，则可以不使用花括号而直接写，如果不使用花括号，则会默认返回语句执行的结果。箭头定义的函数可以赋值给变量作为函数名，也可以用作匿名函数。下面我们来看个例子。

```
var greeting = name => `Hello ${name}`;
greeting("乔峰");       //Hello 乔峰
```

这个例子中定义了一个箭头函数，参数为 name，函数体是字符串模板。定义完之后我们将它赋值给 greeting 变量，这样就可以使用 greeting 来调用我们定义的箭头函数。这里的 greeting 函数还可以有下面 5 种定义方式，它们的效果都是相同的。

```
var greeting = (name) => `Hello ${name}`;

var greeting = name => {return `Hello ${name}`;}

var greeting = (name) => {return `Hello ${name}`;}

function greeting(name){
    return `Hello ${name}`;
}

var greeting = function (name){
    return `Hello ${name}`;
}
```

注意，如果函数体使用花括号，那么返回值需要用 return 语句来返回，如果不使用花括号，则默认返回语句的执行结果。

另外，箭头函数还可以使用小括号来定义多个参数，例如下面的例子。

```
var add = (a, b)=>a+b;
add(2,3);                   //5
```

这个例子中 add 函数包含两个参数，如果使用 function 来定义，那么代码如下所示。

```
function add(a,b){
    return a+b;
}
```

对于无参数的函数可以直接使用小括号定义，例如下面的例子。

```
var getPi = () => 3.14;
console.log(getPi());            //3.14
```

11.6 for-of 遍历

前面我们讲过 for-in 遍历，它可以遍历出对象的属性名。ES2015 中又新增了 for-of 遍历，for-of 比 for-in 遍历强大很多，for-of 遍历的结果可以通过 Symbol.iterator 属性进行自定义，并且数组对象 Array 已经提供了默认的实现。使用 for-of 遍历数组可以得到数组中元素的值，例如下面的例子。

```
var arr = ["www", "excelib", "com"];

/* 下面的语句会输出
  0
```

```
  1
  2
*/
for(var v in arr){
    console.log(v);
}

/* 下面的语句会输出
  www
  excelib
  com
*/
for(var v of arr){
    console.log(v);
}
```

从上述例子可以看出，对于数组来说，for-in 遍历的结果是数组序号的集合，而 for-of 遍历的结果是数组值的集合。

跟 for-of 遍历相关的概念有三个：Iterable、Iterator 和 IteratorResult，分别介绍如下。

- Iterable：用于标示是否可以遍历，具体方法是查看对象是否具有 Symbol.iterator 属性，如果有就可以遍历，否则就不可以，Symbol.iterator 属性的值是 Iterator。
- Iterator：遍历器，它是一个方法，其中有一个 next 方法属性，每遍历一次都会调用一次 next 方法，它的返回值为 IteratorResult。
- IteratorResult：遍历器的返回值，它是一个对象类型，其中包含两个属性：value 和 done。value 表示遍历出的值，done 表示是否遍历完毕，如果遍历完毕，则 done 被设为 true，否则设为 false。

我们来看下面的例子。

```
var book = {name:"道德经", author:"老子"};
book[Symbol.iterator] = function(){
    var keys = Object.getOwnPropertyNames(this);
    var obj = this, i = 0;
    return {
        next: function () {
            return {
                value: keys[i]+"->"+obj[keys[i]],
                done: keys[i++]==null
            }
        }
    }
}

/* 下面的语句会输出
  name
  author
*/
```

```
for(var v in book){
    console.log(v);
}

/* 下面的语句会输出
  name->道德经
  author->老子
*/
for(var v of book){
    console.log(v);
}
```

这个例子中的book对象因为具有Symbol.iterator属性，所以是Iterable对象，book的Iterator就是具体的遍历函数，如下所示。

```
function(){
    var keys = Object.getOwnPropertyNames(this);
    var obj = this, i = 0;
    return {
        next: function () {
            return {
                value: keys[i]+"->"+obj[keys[i]],
                done: keys[i++]==null
            }
        }
    }
}
```

book的IteratorResult如下所示。

```
{
       value: keys[i]+"->"+obj[keys[i]],
       done: keys[i++]==null
}
```

IteratorResult中的value表示遍历时输出的结果，在上面的例子中因为定义的value为name->value的结构，所以使用for-of遍历就会输出name->道德经、author->老子。done通过判断是否还包含下一个值来判断遍历是否已经结束。

第 12 章　新增对象

12.1　Symbol

Symbol 是 ES2015 中新增的一种类型，其含义是符号、标志，它的作用是每调用一次都会返回一个独一无二的返回值，我们可以将此返回值作为对象的属性，这样就不会与原有的属性重名了。即使传入相同的参数，Symbol 方法也会返回不同的值，例如下面的例子。

```
var obj = {};
var abc1 = Symbol("abc");
var abc2 = Symbol("abc");

obj[abc1] = "hello";
console.log(obj[abc1]);          //hello
console.log(obj[abc2]);          //undefined
console.log(obj[Symbol("abc")]); //undefined
console.log(abc1==abc2);         //false
```

从这个例子中可以看出，两次使用 Symbol("abc") 定义的值并不相同，这就说明使用相同的参数调用 Symbol 方法时返回值是不同的。

使用 Symbol 做内部属性的封装非常方便，例如下面的例子。

```
function Book(name, price, profit){
    var price_s = Symbol();
    var profit_s = Symbol();

    this.name = name;
    this[price_s] = price;
    this[profit_s] = profit;
    this.getPrice = function () {
        return this[price_s]+this[profit_s];
    }
}

var asqs = new Book("安士全书", 88, 10);
```

```
console.log(asqs.name);                 //安士全书
console.log(asqs.getPrice());           //98
console.log(asqs.price_s);              //undefined
console.log(asqs[Symbol("price")]);     //undefined
```

这个例子中定义了 function 类型的 Book 对象，它有三个参数：name、price 和 profit，分别表示书名、价格和利润。使用它可以创建具体的书目，创建出来的对象可以调用 getPrice 方法来获取售价，但是无法获取原来的价格和利润，这样就可以起到保护内部属性的作用。但是，使用这种方法来保护属性并不安全，通过一些其他方法还是可以获取使用 Symbol 返回值作为属性名的属性的，具体方法我们在后面会给大家讲到。

Symbol 对象只能作为方法来调用，不可以使用 new 关键字来创建实例对象。Symbol 的另外一个非常重要的作用就是使用 Symbol.iterator 作为属性来定义遍历器，这一点我们在 for-of 遍历中已经介绍过。

12.2 容器对象

ES2015 中新增了 4 个容器对象：Set、Map、WeakSet 和 WeakMap。对于 Set 和 Map 相信很多读者都不会陌生，Java 和 C++ 的 STL 库中都有它们的身影，而 WeakSet 和 WeakMap 则比较少见，本节将分别给大家进行介绍。

12.2.1 Set

Set 是一种集合类型，类似于 Array 数组，但与 Array 存在两点不同：Set 中的元素不可以重复；Set 中的元素没有序号。Set 其实就是我们中学数学所学过的集合。

1. Set 对象的创建

Set 在创建时可以没有参数，也可以有一个参数，如果有参数的话，参数应该是一个 Iterable 的对象。Iterable 已经在 for-of 遍历中讲过，指的是具有 Symbol.iterator 属性的对象。当给 Set 传入 Iterable 类型参数后，Set 会使用 Iterator 来遍历对象并将遍历的结果添加到 Set 中，例如下面的例子。

```
var book = {name:"道德经", author:"老子"};
book[Symbol.iterator] = function(){
    var keys = Object.getOwnPropertyNames(this);
    var obj = this, i = 0;
    return {
        next: function () {
            return {
                value: keys[i]+"->"+obj[keys[i]],
                done: keys[i++]==null
```

```
                }
            }
        }
    }

    var set = new Set(book);
    /* 下面语句会输出
      name->道德经
      author->老子
    */
    for(var i of set){
        console.log(i);
    }
```

这个例子中，将之前用过的 book（11.6 节）作为参数传给 Set，这时创建出的 set 就将 book 遍历出的两个结果作为自己的元素。

11.6 节中介绍过 Array 可以提供默认的 Symbol.iterator 属性，即 Array 对象本身就是 Iterable 类型，所以可以直接将 Array 对象作为参数来创建 Set，例如下面的例子。

```
var deviceType = new Set(["普通车","数控车","数控铣","数控车","数控车",
"普通车","摩擦焊","加工中心"]);

/* 下面语句会输出
  普通车
  数控车
  数控铣
  摩擦焊
  加工中心
*/
for(var t of deviceType){
    console.log(t);
}
```

这个例子中，Array 数组被直接作为参数传给 Set，Set 将数组中的元素设置为自己的元素，但是 Set 去掉了 Array 中重复的元素，也就是说可以使用 Set 去除 Array 中的重复项。

2. Set 对象的属性

Set 的 prototype 属性对象有一个 size 属性和 8 个方法：add、clear、delete、has、keys、entries、forEach 和 values。size 属性表示 Set 中元素的个数，是只读属性；add、clear、delete 三个方法用于操作 Set 中的元素；has、keys、values、entries、forEach 这 5 个方法用于检查和遍历 Set 中的元素。

先来学习 add、delete、clear 这三个方法，add 用于添加元素，delete 用于删除指定的元素，clear 用于清空集合，例如下面的例子。

```
var wudu = new Set();
wudu.add("贪").add("嗔").add("痴").add("慢").add("疑");
```

```
/* 下面的语句会输出
  贪
  嗔
  痴
  慢
  疑
*/
for(var d of wudu){
    console.log(d);
}

wudu.delete("贪");
wudu.delete("嗔");
/* 下面语句会输出
  痴
  慢
  疑
*/
for(d of wudu){
    console.log(d);
}

wudu.clear();
for(d of wudu){  //(无内容)
    console.log(d);
}
```

这个例子中，首先定义了一个名为wudu的空Set，然后使用add方法将“贪”“嗔”“痴”“慢”“疑”（五毒）添加到其中，因为add方法会返回Set自身，所以可以连续添加元素，添加完成之后使用for-of将其打印。接着使用delete方法删除其中的“贪”和“嗔”，这时再用for-of打印，就只有“痴”“慢”“疑”了。delete方法执行之后会返回布尔值表示是否删除成功，因此，delete方法不可以像add那样连续使用，而要一个一个删除。最后使用clear方法清空wudu对象，这时再用for-of遍历就没有内容了。

下面学习has、keys、values、entries和forEach这5个方法。has用于检查Set中是否包含指定的元素。keys、values和entries从名字不容易理解，其实，它们是Map中的方法，只是为了统一，Set也定义了这几个方法。在Set中keys和values方法都返回Set的Iterator，entries在Map中会返回名值对对应关系的Iterator，但是Set只有一个值，为了和Map相匹配，Set的entries方法会返回一个名和值都是元素值的名值对。forEach方法比较灵活，可以在内部使用回调函数执行自己想要的操作。例如下面这个例子。

```
var wufu = new Set(["长寿","富贵","康宁","好德","善终"]);
console.log(wufu.has("富贵"));     //true
console.log(wufu.has("聪明"));     //false

//长寿
```

```
// 富贵
// 康宁
// 好德
// 善终
for(var k of wufu.keys()){
    console.log(k);
}

// 长寿
// 富贵
// 康宁
// 好德
// 善终
for(var k of wufu.values()){
    console.log(k);
}

//["长寿", "长寿"]
//["富贵", "富贵"]
//["康宁", "康宁"]
//["好德", "好德"]
//["善终", "善终"]
for(var e of wufu.entries()){
    console.log(e);
}

// 长寿 -> 长寿
// 富贵 -> 富贵
// 康宁 -> 康宁
// 好德 -> 好德
// 善终 -> 善终
for(var e of wufu.entries()){
    console.log(e[0]+"->"+e[1]);
}
```

在这个例子中，首先定义了一个名为 wufu 的集合，就是常说的五福临门的五福，然后使用 has 方法检查是否包含指定的属性，接着使用 keys、values 和 entries 进行遍历。注意，entries 方法遍历的结果是数组类型，所以我们在使用 entries 遍历时还可以在遍历块中使用数组下标 0 和 1 分别获取 key 和 value 来进行更加灵活的操作，不过 entries 方法在 Set 中没有什么实际意义，很少使用。

下面我们再来看一个使用 forEach 方法的例子。

```
var emails = new Set(["zhangsan@abc.com", "lisi@abc.com"]);

//send mail to zhangsan@abc.com
//send mail to lisi@abc.com
emails.forEach(function (email) {
    console.log(`send mail to ${email}`);
})
```

在这个例子中，首先定义了一个 emails 集合，其中可以保存多个邮箱，然后使用它的 forEach 方法逐个发送邮件。forEach 方法有两个参数，第一个是回调函数，第二个可以用来指定回调函数中 this 所指的对象，这里没有使用第二个参数。而回调函数（即 forEach 的第一个参数）一共有三个参数，分别表示 value、key 和集合本身。对于 Set 来说，value 和 key 是一样的，都表示集合中元素的值，这里只使用了一个参数。forEach 方法还可用在 Map 和 Array 中。

12.2.2 Map

Map 对象类似于中学数学所学过的映射，其实就是一种名值对的结构。虽然对象也是保存的名值对，但是它们的作用不同，Map 的功能比较单一，只是保存数据的一种容器，而我们知道对象的功能非常强大。Map 和对象的区别主要有两点：如果 Map 的 value 是 function 类型，那么在 function 的方法体中 Map 不可以作为 this 使用；如果对象的属性名是对象，则会被转换为字符串来使用（Symbol 类型除外），而如果 Map 的 key 是对象，则不需要转换，可以直接使用。例如下面的例子。

```
var obj = new Object();
var map = new Map();

obj.name = "张三"
obj.log = function () {
    console.log(`The name is ${this.name}`);
}

map.set("name", "张三");
map.set("log", function () {
    console.log(`The name is ${this.name}`);
})

obj.log();           //The name is 张三
map.get("log")();    //The name is
```

这个例子中定义了一个 Object 类型的 obj 和一个 Map 类型的 map，并分别给它们添加了 name 和 log 属性（元素）。其中 log 是方法类型，方法体中用到了 this.name，在 obj 中可以正常获取，但是在 map 中无法获取，这说明 Map 不可以作为方法体中的 this 对象来使用。我们再看下面的例子。

```
var key1 = new Set([1,3,5]);
var key2 = new Set([2,4,6]);

var obj = new Object();
var map = new Map();

obj[key1] = "清明上河图";
```

```
console.log(obj[key1]);          //清明上河图
console.log(obj[key2]);          //清明上河图
console.log(obj[new Set()]);     //清明上河图

map.set(key1,"清明上河图");
console.log(map.get(key1));      //清明上河图
console.log(map.get(key2));      //undefined
```

这个例子中首先定义了两个 Set 类型的变量 key1 和 key2，然后定义了 Object 类型的对象 obj 和 Map 类型的对象 map，并将 key1 作为属性名和键名添加为 obj 与 map 的属性和元素，最后分别使用 key1 和 key2 作为属性名和键名来获取值。结果，obj 使用 key1 和 key2 都可以成功获取值，而 map 只能通过 key1 获取，这说明 Object 类型的 obj 无法区分 key1 和 key2，并且即使使用 new Set() 作为属性名来获取也可以成功获取值。这是因为 Object 对象在使用对象作为属性名存储属性时，会先调用对象的 toString 方法将对象转换为字符串，然后再存储。例如，key1 会转换为 [object Set]，而 key2 和 new Set() 调用 toString 方法转换之后也会转换为 [object Set]，因此 obj 使用 key2 和 new Set() 都可以获取 key1 存储的值。而 Map 是直接使用对象作为键值的，因此 Map 使用 key2 就无法获取使用 key1 存储的值。

总的来说，Object 的功能更加强大，而 Map 作为数据存储的容器更加专一。

1. Map 对象的创建

Map 对象的创建和 Set 一样，创建时可以传入一个 Iterable 对象作为参数，只是这个对象在遍历时返回的 IteratorResult 的 value 属性需要是名值对的结构。例如下面的例子。

```
var book = {name:"道德经", author:"老子"};
book[Symbol.iterator] = function(){
    var keys = Object.getOwnPropertyNames(this);
    var obj = this, i = 0;
    return {
        next: function () {
            return {
                value: [keys[i], obj[keys[i]]],
                done: keys[i++]==null
            }
        }
    }
}

var map = new Map(book);
//["name", "道德经"]
//["author", "老子"]
for(var m of map){
    console.log(m);
}
```

这个例子中，将 book 的 IteratorResult 的 value 改为名值对构成的数组结构，这样 Map

就可以将它们作为 key 和 value 添加到 map 中。

2. Map 对象的属性

Map 的 prototype 属性对象有一个 size 属性和 9 个方法：get、set、has、clear、delete、keys、values、entries、forEach。其中，size 属性表示 Map 中元素的个数，是只读属性；get、set、clear、delete 这 4 个方法用于操作 Map 中的元素；has、keys、values、entries、forEach 这 5 个方法和 Set 中的一样，用于检查和遍历 Set 中的元素。Map 与 Set 相比少了 add 方法，但是新增了 get 和 set 方法。

首先学习 get、set、delete、clear 这 4 个方法，get 用于使用 key 获取 value ；set 用于添加元素，其参数为 key、value；delete 的参数为 key，用于删除指定 key 的元素；clear 用于清空 Map 中的所有元素。我们来看下面的例子。

```
var map = new Map();
map.set("孔子","论语").set("老子", "道德经").set("庄子","南华经");

//["孔子", "论语"]
//["老子", "道德经"]
//["庄子", "南华经"]
for(var book of map){
    console.log(book);
}

console.log(map.get("孔子"));    //论语

map.delete("老子");
//["孔子", "论语"]
//["庄子", "南华经"]
for(var book of map){
    console.log(book);
}

map.clear();
//(无内容)
for(var book of map){
    console.log(book);
}
```

这些方法跟 Set 中的非常相似，这里不再解释。接下来看 has、keys、values、entries、forEach 这 5 个方法。这 5 个方法和 Set 中相应方法的用法一样，只不过 Set 中的 key 和 value 是同样的值，而 Map 中将它们具体分开。Map 中的 keys 方法遍历 Map 中所有元素的 key，values 方法遍历所有元素的 value，entries 方法遍历后会将 key 和 value 组成数组返回，因此，forEach 方法回调函数中的前两个参数 value 和 key 就都有用了。我们来看下面这个例子。

```
var map = new Map();
map.set("孔子","论语").set("老子", "道德经").set("庄子","南华经");
```

```
console.log(map.has(" 孔子 ")); //true
console.log(map.has(" 孟子 ")); //false
console.log(map.has(" 论语 ")); //false

// 孔子
// 老子
// 庄子
for(var author of map.keys()){
    console.log(author);
}

// 孔子 -> 论语
// 老子 -> 道德经
// 庄子 -> 南华经
for(var author of map.keys()){
    console.log(author + "->" + map.get(author));
}

// 论语
// 道德经
// 南华经
for(var book of map.values()){
    console.log(book);
}

// 孔子 -> 论语
// 老子 -> 道德经
// 庄子 -> 南华经
for(var e of map.entries()){
    console.log(e[0] + "->" + e[1]);
}

//《论语》的作者是孔子
//《道德经》的作者是老子
//《南华经》的作者是庄子
map.forEach(function (value, key) {
    console.log(`《${value}》的作者是 ${key}`);
})
```

从这个例子中可以看出，除了 values 方法外，其他三个遍历方法都可以获取 Map 中的 key 和 value。当然，forEach 方法的参数还可以使用箭头函数来实现，例如上面例子中的 forEach 方法还可以写成下面的形式。

```
map.forEach((value, key)=> console.log(`《${value}》的作者是 ${key}`));
```

12.2.3 WeakSet 和 WeakMap

Weak 是柔弱的意思，WeakSet 和 WeakMap 是弱化了的 Set 和 Map，具体来说，就是垃圾回收器不会关注元素保存在 WeakSet 或 WeakMap 中所产生的引用。换句话说，在

WeakSet 或者 WeakMap 中保存的对象，如果在其他地方已经没有引用，垃圾回收器就可能回收它们所占用的内存，而不会考虑 WeakSet 和 WeakMap 中的引用，这样做可以有效避免内存泄漏的问题。

什么是内存泄漏

在计算机系统中内存是非常宝贵的资源，程序使用内存的时候需要向操作系统申请，使用完之后及时释放，这样才能提高内存的使用效率。内存使用完之后不被回收就叫作内存泄漏。

在 JS 中，内存的申请和释放是引擎自动完成的。当我们初始化一个变量的时候，运行环境就会自动申请内存，当内存用完之后自动释放。这里内存的自动释放并不是指在使用完之后立即被释放，而是由一个名为垃圾回收器的程序每隔一段时间统一释放一次。释放之前它首先会判断某块内存是否已经没用，判断的方法大致就是检查内存所保存的对象是否还会被用到，如果不会就可以回收（释放）。

如果一个对象 A 关联到全局对象上，或者关联到一个在之后的程序中还会用到的对象上，那么对象 A 就不可以被回收。这就会存在一个问题，例如使用一个 Set 来保存一个页面中所有的节点元素，这时节点元素会一直动态变化，当有些节点被删除之后会因为在 Set 中存在引用，而导致节点虽然被删除，但是节点所对应的内存却无法被释放，这就造成了内存泄漏。如果这种情况非常多，就有可能导致内存不足，而 WeakSet 和 WeakMap 正是针对这种问题而设计的。

WeakSet 和 WeakMap 在使用上跟 Set 和 Map 的区别主要是：WeakSet 中的元素和 WeakMap 中的 key 都只能是对象类型（WeakMap 的 value 可以是任意类型）；WeakSet 和 WeakMap 都没有 size 属性；WeakSet 和 WeakMap 都没有 clear 方法；WeakSet 和 WeakMap 都不可以遍历所包含的元素。我们来看下面的例子。

```
var set = new WeakSet();
var map = new WeakMap();

var obj = {};
var fun = function () {};

set.add(obj).add(fun).add(Object).add(Function).add(Window);
map.set(obj, "object 对象").set(fun, "function 对象").set(window, "window 对象");

console.log(set.size);            //undefined
```

```
console.log(map.size);          //undefined

console.log(set.has(obj));      //true
set.delete(obj);
console.log(set.has(obj));      //false

console.log(map.has(window));   //true
console.log(map.get(window));   //window 对象
map.delete(window);
console.log(map.has(window));   //false

set.add("name");                //TypeError: value is not a non-null object
map.set("name", " 圆珠笔 ");     //TypeError: value is not a non-null object
```

这个例子演示了 WeakSet 和 WeakMap 的用法。WeakSet 的 prototype 一共有三个方法：add、has 和 delete，WeakMap 的 prototype 一共有 4 个方法：set、get、has 和 delete。它们的使用方法与 Set 和 Map 中的类似，只是不可以使用直接量作为 Set 的元素和 Map 的 key。WeakSet 和 WeakMap 都不可以清空和遍历，所以它们都没有 clear、keys、values、entries 和 forEach 这 5 个方法。

12.3 缓存对象

ES2015 中新增了缓存类型，相关的对象一共有三个：ArrayBuffer、TypedArray 和 DataView。使用缓存进行操作的速度更快，缓存主要适用于对大量二进制数据的操作。

ArrayBuffer 指一块作为二进制缓存使用的内存区，我们只要知道它就是一块内存就可以了，它自己并不直接操作数据，而是需要使用 TypedArray 或者 DataView 进行操作。

TypedArray 的作用是按具体的格式（类型）来操作 ArrayBuffer 的缓存数据，它并不是一种实际的类型，而是多种类型的总称，具体包括 9 种类型，如表 12-1 所示。

表 12-1 TypedArray 的 9 种类型

TypedArray 类型	字节数	对应的 C 语言类型
Int8Array	1	signed char
Uint8Array	1	unsigned char
Uint8ClampedArray	1	unsigned char
Int16Array	2	short
Uint16Array	2	unsigned short
Int32Array	4	int
Uint32Array	4	unsigned int
Float32Array	4	float
Float64Array	8	double

DataView 是一种比 TypedArray 更加灵活的使用 ArrayBuffer 缓存操作数据的类型。

ArrayBuffer 就像一个蓄水池，TypedArray 就像水盆、水桶等多种盛水的工具，每种工具的大小都是确定的，而 DataView 则像一种可以随时改变大小的盛水设备，可以更加灵活地使用蓄水池中的水。我们来看下面这个例子。

```
var buffer = new ArrayBuffer(16);

var i8 = Int8Array(buffer),
    u8 = Uint8Array(buffer),
    u8c = Uint8ClampedArray(buffer),
    i16 = Int16Array(buffer),
    u16 = Uint16Array(buffer),
    i32 = Int32Array(buffer),
    u32 = Uint32Array(buffer),
    f32 = Float32Array(buffer),
    f64 = Float64Array(buffer);

var dv = new DataView(buffer, 3, 8);
```

这个例子中首先定义了一个 16 个字节长的缓存 buffer，然后使用 buffer 创建所有的 TypedArray 类型变量和一个 DataView 类型变量，这时它们在内存中的结构如图 12-1 所示。

缓存（内存）

ArrayBuffer	buffer	0	1	2	3	4	5	6	7	8	9	10	11	12	13	14	15
		↑	↑	↑	↑	↑	↑	↑	↑	↑	↑	↑	↑	↑	↑	↑	↑
TypedArray	i8	0	1	2	3	4	5	6	7	8	9	10	11	12	13	14	15
	u8	0	1	2	3	4	5	6	7	8	9	10	11	12	13	14	15
	u8c	0	1	2	3	4	5	6	7	8	9	10	11	12	13	14	15
	i16	0		1		2		3		4		5		6		7	
	u16	0		1		2		3		4		5		6		7	
	i32	0				1				2				3			
	u32	0				1				2				3			
	f32	0				1				2				3			
	f64	0								1							
DataView	dv				new DataView(buffer, 3, 8)												

图 12-1 TypedArray 类型变量和 DataView 类型变量在内存中的结构

图 12-1 中最上面的是 buffer 缓存，一共有 16 个字节（每个字节是 8 位二进制数），它只是用来保存数据，但不可以自己操作数据；中间的是使用 buffer 创建的各种 TypedArray，以及它们跟 buffer 的对应关系；最下面的是 DataView 跟 buffer 的对应关系。TypedArray 和 DataView 只是操作缓存数据的工具，它们本身并不存储数据，上述例子中所创建的所有 TypedArray 和 DataView 类型对象的数据都保存在相同的缓存区域，因此它们的操作会相互影响。

理解了这三者的对应关系就抓住了缓存的本质，下面我们来看具体怎么使用。

12.3.1　ArrayBuffer

ArrayBuffer 缓存对象在创建时只有一个 length 参数，代表缓存的字节数，新创建出来的 ArrayBuffer 缓存所包含的字节全部为 0。例如，下面的代码创建了一个名为 buffer 的包含 16 个字节的缓存。

```
var buffer = new ArrayBuffer(16);
```

缓存对象有一个 byteLength 属性和一个 slice 方法。byteLength 表示缓存包含的字节数，slice 方法可以提取出自己的一部分来创建一个新的缓存。slice 方法有两个参数：start 和 end，start 表示从哪个字节开始提取，end 表示提取到第几个字节，即提取的起始字节和结束字节，如果省略，则 start 默认为 0，end 默认为原始缓存所包含的字节数，例如下面的例子。

```
var buffer = new ArrayBuffer(16);
var buffer1 = buffer.slice();
var buffer2 = buffer.slice(5);
var buffer3 = buffer.slice(5,10);

console.log(buffer.byteLength);      //16
console.log(buffer1.byteLength);     //16
console.log(buffer2.byteLength);     //11
console.log(buffer3.byteLength);     //5
```

这个例子中所创建的缓存对象在内存中的结构如图 12-2 所示。

buffer	0	1	2	3	4	5	6	7	8	9	10	11	12	13	14	15
buffer1	0	1	2	3	4	5	6	7	8	9	10	11	12	13	14	15
buffer2						0	1	2	3	4	5	6	7	8	9	10
buffer3						0	1	2	3	4						

图 12-2　缓存对象在内存中的结构

在这个例子中，slice 方法所创建的缓存是新的缓存，即新的内存区域，而不是指向原来的内存地址，因此这里创建的 4 个缓存都是相互独立的，操作它们时不会相互影响。

12.3.2　TypedArray

1. 创建 TypedArray 实例对象

TypedArray 的创建需要使用具体的类型来完成，一共有 4 个创建方法，如下所示。

- %TypedArray% (length);
- %TypedArray% (typedArray);
- %TypedArray% (object);
- %TypedArray% (buffer [, byteOffset [, length]]);

这里的 %TypedArray% 代表具体的类型数组对象，也就是前面介绍的 9 种类型。第一个方法是创建一个指定长度（元素个数）的 TypedArray 实例对象，第二个方法是使用另外一个 TypedArray 实例对象来创建，第三个方法是使用一个 object 类型对象来创建，第四个方法是使用 ArrayBuffer 来创建。前三个创建方法在创建时都会自动新建一个 ArrayBuffer，然后使用，而最后一个需要通过参数提供已有的 ArrayBuffer，也就是说，如果要使用已有的缓存来创建 TypedArray 对象，就使用最后一个方法，如果只是想使用 TypedArray，而不关注缓存，则可以使用前面三个方法直接创建。

2. TypedArray 对象的属性

TypedArray 作为对象的时候自身有两个方法：from 和 of，这两个方法都可以返回相应的 TypedArray 对象。from 方法的参数是可以遍历的对象类型，而 of 方法的参数直接用每个元素自身，例如下面的例子。

```
var u8 = Uint8Array.from(new Set([1, 3, 5, 7, 9]));
var i8_1 = Int8Array.from([1, 3, 5, 7, 9]);
var i8_2 = Int8Array.of("1", "3", "5", "7", "9");

console.log(u8[3]);        //7
console.log(i8_1[3]);      //7
console.log(i8_2[3]);      //7
```

3. TypedArray 的 prototype 中的属性

TypedArray 创建出来的对象实例是操作缓存数据最重要的对象，它主要使用 TypedArray 的 prototype 属性对象中的属性进行实际操作。

TypedArray 的 prototype 属性对象一共有 5 个对象属性（包含直接量）和 24 个方法。5 个对象属性分别是：constructor、buffer、byteOffset、byteLength 和 length。对于 constructor 这里不再解释，buffer 指向 TypedArray 所使用的缓存，byteOffset 的值为在缓存中偏移的字节数，byteLength 表示 TypedArray 使用的缓存所占用的字节数，length 表示 TypedArray 中包含元素的个数。大家通过下面的例子就可以明白。

```
var buffer = new ArrayBuffer(16);

var i8_0 = new Int8Array(buffer);
var i8_3 = new Int8Array(buffer, 3);
console.log(i8_0.byteOffset);     //0
console.log(i8_3.byteOffset);     //3
```

```
console.log(i8_0.length);        //16
console.log(i8_0.byteLength);    //16

var u16 = new Uint16Array(buffer);
console.log(u16.length);         //8
console.log(u16.byteLength);     //16
```

从这个例子中可以看到，byteOffset 就是创建 TypedArray 时的偏移量，length 和 byteLength 的关系为：如果是 8 位二进制（也就是 1 个字节）的 TypedArray，那么 length 和 byteLength 相同，如果不是，length 会按数组实际的元素个数计算，而 byteLength 会按字节计算。另外，要注意这 5 个属性都是只读属性，在 TypedArray 对象创建时就自动设置好了，我们不可以也不应该对其进行修改。

TypedArray.prototype 的 24 个方法大部分在 Array 中都有，并且和在 Array 中的用法类似，我们这里就不再详细介绍了。只是其中有两个方法是 Array 中所没有的，它们分别是 set 和 subarray 方法。set 方法用于给数组设置值，subarray 方法用于在数组中截取一部分作为新的数组，例如下面的例子。

```
var buffer = new ArrayBuffer(16);
var i8 = Int8Array(buffer);
i8.set([0,1,2,3,4,5,6,7,8,9,10,11,12,13,14,15]);

var i8_1 = i8.subarray(8,16);
console.log(i8_1.length);        //8
console.log(i8_1[3]);            //11

i8_1.set([50,51,52,53,54,55,56,57]);
console.log(i8_1[2]);            //52
console.log(i8[10]);             //52
```

这个例子中，首先新建一个 16 个字节的缓存 buffer，其次使用它创建 Int8Array 类型的 i8 数组，并使用 set 对其进行初始化，接着通过 subarray 方法截取 i8 的后 8 位用于创建 i8_1 数组，最后使用 set 方法对 i8_1 数组进行设置。注意，subarray 方法截取后所创建的数组和原数组使用的是同一块缓存，因此，对 i8_1 的元素进行修改后，i8 中相应位置元素的值也会跟着被修改。例如，i8_1 中序号为 2 的元素和 i8 中序号为 10 的元素是同一个元素，它们的值都为 52。

12.3.3 DataView

DataView 可以截取 ArrayBuffer 中的一块内存来使用，DataView 跟 TypedArray 的区别在于 DataView 并没有固定的格式，操作比 TypedArray 更加方便。DataView 构造函数的结构如下。

```
DataView (buffer [ , byteOffset [ , byteLength ] ] )
```

第一个参数 buffer 表示使用的缓存，byteOffset 表示偏移量，byteLength 表示字节长度。

DataView 对象的数据主要是通过 DataView 的 prototype 对象属性的 16 个方法属性来进行操作的，它们分别如下。

```
getInt8 ( byteOffset )
getInt16 ( byteOffset [ , littleEndian ] )
getInt32 ( byteOffset [ , littleEndian ] )
getUint8 ( byteOffset )
getUint16 ( byteOffset [ , littleEndian ] )
getUint32 ( byteOffset [ , littleEndian ] )
getFloat32 ( byteOffset [ , littleEndian ] )
getFloat64 ( byteOffset [ , littleEndian ] )
setInt8 ( byteOffset, value )
setInt16 ( byteOffset, value [ , littleEndian ] )
setInt32 ( byteOffset, value [ , littleEndian ] )
setUint8 ( byteOffset, value )
setUint16 ( byteOffset, value [ , littleEndian ] )
setUint32 ( byteOffset, value [ , littleEndian ] )
setFloat32 ( byteOffset, value [ , littleEndian ] )
setFloat64 ( byteOffset, value [ , littleEndian ] )
```

16 个方法中有 8 个 get××× 方法和 8 个 set××× 方法。get××× 方法的作用是按指定的格式获取值，例如，getInt8 方法表示在指定位置获取一个字节有符号的数据，getUint16 方法表示在指定位置获取两个字节无符号的数据；set××× 方法的作用是按指定的格式设置值。参数中 byteOffset 表示在缓存中的偏移量，littleEndian 表示是否使用小字节序，默认为大字节序，value 为要设置的值。我们来看下面的例子。

```
var buffer = new ArrayBuffer(16);
var i8 = Int8Array(buffer);
i8.set([0,1,2,3,4,5,6,7,8,9,10,11,12,13,14,15]);

var dv = new DataView(buffer, 4, 8);
console.log(dv.getInt8(3));          //7
dv.setUint8 (5, 255);
dv.setUint8 (6, 255);
console.log(dv.getUint8(5));         //255
console.log(dv.getUint16(5));        //65535
```

这个例子中创建了包含 16 个字节的缓存 buffer，并使用 Int8Array 对其进行初始化，然后截取其从序号为 4 的字节开始的 8 个字节创建 DataView 类型的对象 dv。这时就可以使用 dv 来操作 buffer 缓存。首先获取序号为 3 的字节的值，然后使用 setUInt8 分别将序号为 5 和 6 的字节都设置为 255，最后使用 getUint16 将序号为 5 和 6 的字节获取为双字节的无符号值。整个过程中内存的变化如图 12-3 所示。

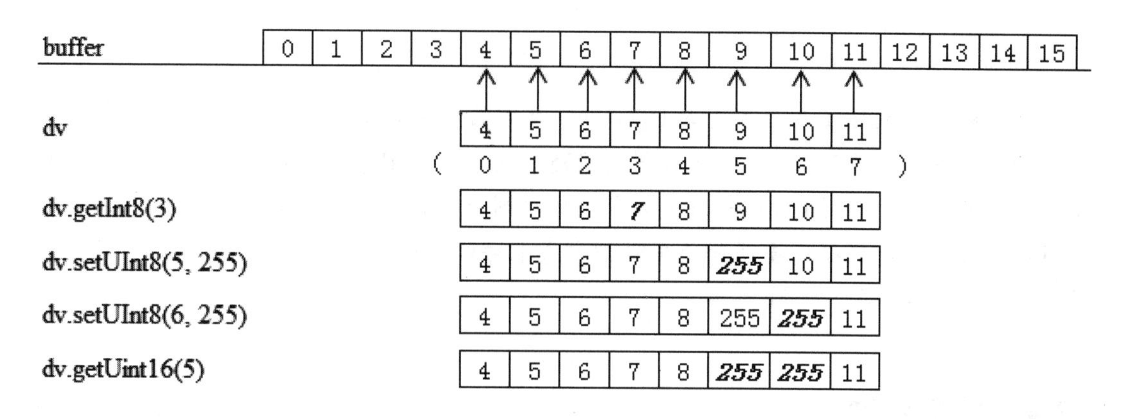

图 12-3 操作过程中内存的变化

什么是字节序

在计算机中数据处理的最小单位是字节，一个字节包含 8 位二进制数。但是 8 位二进制只能表示 256 个不同的值，这在很多时候是不够用的。例如，汉字就远远不止 256 个，这时需要将多个字节组合起来表示一个内容，这就是经常说的双字节以及多字节。使用多个字节来表示一个内容就需要解决字节顺序的问题，也就是左边的字节在前面还是右边的字节在前面的问题。说得专业点，就是多字节中的低位字节存放在内存的低地址端还是高地址端，这两种处理方式的学名分别是 Little-Endian（小字节序）和 Big-Endian（大字节序），例如，0x00FF 在内存中的存储格式如图 12-4 所示。

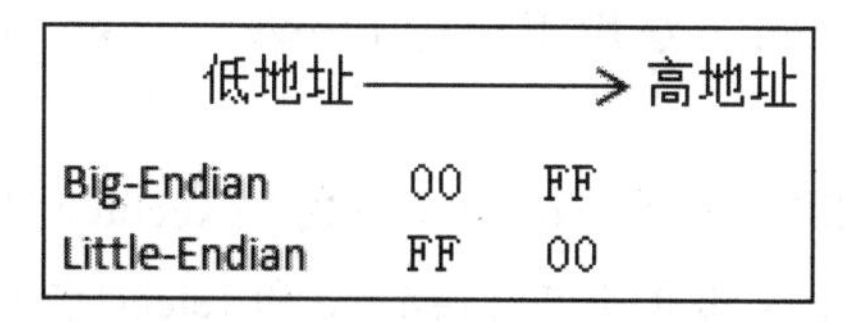

图 12-4 0x00FF 在内存中的存储格式

数据 0x00FF 需要使用两个字节来保存，高字节是 00，低字节是 FF。如果使用 Big-Endian 方式保存，那么内存中的数据就是 00FF，而使用 Little-Endian 方式保存在内存中就是 FF00。大家通过下面的例子可以更好地理解。

```
var dv = new DataView(new ArrayBuffer(2));
dv.setUint8(0, 0);
dv.setUint8(1, 255);
```

```
console.log(dv.getUint16(0));          //255
console.log(dv.getUint16(0, true));    //65280
```

这个例子中创建了两个字节的 DataView 类型的对象 dv，并将第一个字节（低地址）设置为 0，第二个字节（高地址）设置为 255。这时使用 Big-Endian 方式来读取会得到 255（0x00FF），而使用 Little-Endian 方式来读取则会得到 65280（0xFF00）。同样，在设置多字节缓存的时候也需要区分使用哪种方式来存储，当然，一般情况下只需要读和写的方式相同就可以了。

12.4 异步处理

异步处理是现在程序开发中非常热门的一个话题。本节首先给大家介绍异步处理的概念，然后再介绍 ES2015 中异步处理的方法。

异步处理是和同步处理相对应的一个概念。同步处理就是按照预先设置好的步骤一步一步向下执行，就像我们每天早晨起床、洗漱、做饭、吃饭、上班一样按照顺序做完一件做下一件。但是有些事情却不适合这么做，例如，在工作中可能经常需要走一些流程，一个流程可能会有很多节点，每个节点又都需要有相关负责人来签字，如果这时还按照原来的方法——提交流程后依次等着签字，全部签完字之后再做其他事情——这样就会浪费很多时间，因为在等签字的时候我们其实可以去做其他事情，等流程全部签完字之后再接着处理。这种在签字的时候去做其他事情，等签完字之后再返回来接着处理流程相关业务的模式就是异步处理。

ES2015 中新增的 Promise 对象专门用于异步处理。

使用 Promise 来做异步处理非常简单而且条理清晰。Promise 对象是使用 then 和 catch 两个方法来操作的，then 方法用于执行下一步，catch 方法用于执行失败（或拒绝）后的处理。

Promise 实例对象的创建需要一个 executor 参数。executor 是一个函数，要处理的业务就放在这个函数里。在 executor 内部可以使用 resolve 和 reject 方法来设置业务处理完成和拒绝（失败），resolve 和 reject 是作为 executor 的参数自动传入的。整个创建过程如下。

```
var executor = function (resolve, reject) {
    //……
    resolve();      //处理完成
    reject();       //拒绝
}
var promise = new Promise(executor(resolve, reject));
```

Promise 实例对象创建完成之后就可以调用 then 和 catch 方法来处理了。当异步处理完成之后还需要进行下一个异步处理时，可以在 then 方法中再新建 Promise 实例对象并返回。我们来看一个流程审批的例子。

```
// 通用的流程审批方法，approver 表示审批人
// 处理方法使用等待 1s 来模拟
// 具体审批逻辑为：如果当时的毫秒数为奇数则同意，否则退回，退回原因随机
function approve(approver, resolve, reject){
    window.setTimeout(
            function() {
                if(new Date().getMilliseconds()%2 == 1){
                    resolve(`${approver}: 同意`);
                }else{
                    var r = ["内容不准确", "材料不全", "其他"];
                    reject(`${approver}: 流程退回，原因:
                    ${r[Math.trunc(Math.random()* r.length)]}`);
                }
            }, 1000);
}

console.log("准备提交流程");

// 新建 Promise，启动流程并提交处长审批
new Promise(function(resolve, reject) {
    console.log("开始流程");
    approve("处长",resolve, reject);
})
// 处理处长的审批结果
.then(function (opinion) {
    console.log(opinion);
})
// 提交部长审批
.then(function () {
   return new Promise(function(resolve, reject) {
        approve("部长",resolve, reject);
    })
})
// 处理部长的审批结果
.then(function (opinion) {
    console.log(opinion);
    console.log("执行流程相应操作");
})
// 流程退回处理
.catch(function (error){
    console.log(error);
    console.log("重新修改资料");
});

console.log("提交完流程后去做其他事情……");
```

这个例子中首先定义了一个处理流程的 approve 方法，这个方法的第一个参数 approver

表示审批人，后两个参数resolve和reject是executor传入的两个参数，在executor中可以调用它们来执行流程的审批。在Promise流程中首先提交处长审批，审批完成之后会调用then，这时打印出相关信息，接着调用then提交部长审批，部长审批完成之后流程就完成了，我们就可以在接下来的then中执行相应的操作了。另外，如果处理过程中有人（处长或部长）调用reject拒绝了流程，就会调用最后的catch方法来终止流程。

这个例子中的审批逻辑是等待1s后判断当时的毫秒数是奇数还是偶数，如果是奇数，则同意，否则拒绝。拒绝的理由有三个，随机选一个返回。无论同意还是拒绝，返回的内容都是通过resolve和reject方法的参数来传递的，我们这里使用了字符串模板。运行的结果可能存在三种情况：处长拒绝；处长同意，部长拒绝；处长部长都同意。这三种情况在控制台打印的结果分别如下所示。

```
//第一种情况，处长拒绝
准备提交流程
开始流程
提交完流程后去做其他事情……
处长：流程退回，原因：×××
重新修改资料

//第二种情况，处长同意，部长拒绝
准备提交流程
开始流程
提交完流程后去做其他事情……
处长：同意
部长：流程退回，原因：×××
重新修改资料

//第三种情况，处长部长都同意
准备提交流程
开始流程
提交完流程后去做其他事情……
处长：同意
部长：同意
执行流程相应操作
```

这三种情况有一个共同点，那就是流程开始之后程序就去执行Promise后面的内容了（例如，在控制台打印“提交完流程后去做其他事情……”），而不会等待流程的处理，这就是异步处理。

在Promise的处理中需要注意catch的位置，catch是用来执行拒绝之后的处理。当Promise的executor中调用reject拒绝之后，会依次在then和catch方法中查找处理拒绝的函数（术语叫作onRejected回调函数，then中的第一个参数是处理调用成功的函数，叫作onFulfilled回调函数），查到最近的一个并使用它来处理，处理完成之后还会接着向下处理，例如下面的代码。

```
1  new Promise(开始流程并提交处长审批)
2                .then(处理处长审批结果)
3                .catch(处理处长拒绝)
4                .then(提交部长审批)
5                .then(审批通过，执行流程)
6                .catch(处理部长拒绝);
```

上面的代码只是为了说明问题，而不能实际执行。在这个流程中，如果处长拒绝，就会执行第 3 行的 catch 来处理，处理完之后还会接着执行第 4 行的 then，即提交部长审批，这样显然是不合适的，所以第 3 行的 catch 应该去掉，这样在处长拒绝之后会依次向下查找直到找到第 6 行的 catch 来处理，而第 6 行处理完之后就结束，这样就符合我们的要求了。另外，在 then 方法中其实可以有两个函数类型的参数，第一个是执行同意的处理，第二个是执行拒绝的处理。例如，前面流程执行的代码还可以写成下面的形式。

```
//省略了 approve 函数
console.log("准备提交流程");

//新建 Promise，启动流程并提交处长审批
new Promise(function(resolve, reject) {
    console.log("开始流程");
    approve("处长",resolve, reject);
})
//处理处长的审批结果
.then(function (opinion) {
    console.log(opinion);
})
//提交部长审批
.then(function () {
    return new Promise(function(resolve, reject) {
        approve("部长",resolve, reject);
    })
})
//处理部长的审批结果，包括流程退回的处理
.then(function (opinion) {
    console.log(opinion);
    console.log("执行流程相应操作");
}, function (error){
    console.log(error);
    console.log("重新修改资料");
});

console.log("提交完流程后去做其他事情……");
```

这个例子中，拒绝处理被放到最后一个 then 方法中，因为它还是在最后，所以无论处长还是部长拒绝都会调用这个函数来处理。只需要记住 Promise 中如果拒绝之后会向下查找最近的一个处理拒绝的函数并执行即可。

12.5 GeneratorFunction 和 Generator

GeneratorFunction 和 Generator 的关系就像 function 和 object 的关系一样。Generator 是使用 GeneratorFunction 创建出来的对象，而 GeneratorFunction 的创建类似于 function 的创建，只是在 function 关键字后面多了个星号，而且星号的前后都可以有空格，例如下面的例子。

```
function*GF(){}
var GF1 = function*(){}
var g = GF();
```

这里的 GF 和 GF1 都是 GeneratorFunction，g 是一个 Generator。GeneratorFunction 函数还可以使用 GeneratorFunction 对象直接创建，然而就像使用 Function 创建 function 一样，虽然可以，但是很少那么用。

Generator 的作用是可以分段来执行一个 GeneratorFunction 函数，在 GeneratorFunction 中使用 yield 关键字来分段，Generator 调用 next 方法来执行。我们先来看下面的例子。

```
function* Schedule() {
    console.log("Start");
    var msg = "起床";
    yield console.log(msg);
    var msg = "洗漱";
    yield console.log(msg);
    var msg = "做饭";
    yield console.log(msg);
    var msg = "吃饭";
    yield console.log(msg);
    var msg = "上班";
    yield console.log(msg);
};

var schedule = Schedule();
schedule.next();     //Start  起床
schedule.next();     //洗漱
schedule.next();     //做饭
schedule.next();     //吃饭
schedule.next();     //上班
```

这个例子中，定义了一个名为 Schedule 的 GeneratorFunction，然后使用它创建了一个名为 schedule 的 Generator，这样就可以调用 schedule 的 next 方法来分步执行了，每调用一次 next 方法，都会在执行到 Schedule 中 yield 所在的语句时暂停执行。这里需要注意，因为在创建 schedule 的时候并不会执行 Schedule 里的具体语句，在第一次调用 next 方法的时候才会从第一条语句开始执行，所以第一条语句中的“Start”是在第一次调用 next 方法之后才打印出的。

Generator 的 next 方法除了分段执行之外自己本身也有参数和返回值，它的参数会作为前一次 yield 语句的返回值，而它的返回值是前面说过的 IteratorResult，即包含 value 和 done

两个属性的对象。value 表示 yield 语句的返回值。done 表示 GeneratorFunction 函数是否已经执行完毕，true 表示执行完毕，false 表示没有执行完毕。我们来看下面的例子。

```
1  function* Add(arg){
2      var a = yield arg;
3      console.log(a);
4      var b = yield a+arg;
5      console.log(b);
6      var c = yield b+arg;
7      console.log(c);
8  }
9
10  var g = Add(50);
11  var result = g.next();                    // 执行到第 2 行
12  console.log(JSON.stringify(result));//{"value":50,"done":false}
13  result = g.next(1);                       // 执行到第 4 行，第 3 行 console.log(a) 打印出 1
14  console.log(JSON.stringify(result));//{"value":51,"done":false}
15  result = g.next(2);                       // 执行到第 6 行，第 5 行 console.log(b) 打印出 2
16  console.log(JSON.stringify(result));   //{"value":52,"done":false}
17  result = g.next(3);                       // 执行到结束，第 7 行 console.log(c) 打印出 3
18  console.log(JSON.stringify(result));//{"done":true}
```

这个例子中定义了一个名为 Add 的 GeneratorFunction，并使用它创建了名为 g 的 Generator。g 每次调用 next 时都会执行到相应的 yield 语句，并返回当前 yield 语句所对应的 IteratorResult，例如，第 11 行返回的 value 为 50，第 13 行返回的 value 为 51，第 15 行返回的 value 为 52。而 next 的参数会覆盖前次 yield 语句的返回值，例如，第 13 行的参数 1 会覆盖第 2 行返回给 a 的值，第 15 行的参数 2 会覆盖第 4 行返回给 b 的值，第 17 行的参数 3 会覆盖第 6 行返回给 c 的值。这说明 Generator 除了可以分段执行之外，还可以在执行过程中修改前一次 yield 语句的执行结果。

除了 next 方法外，Generator 还有两个方法：return 和 throw 方法。return 方法用于结束分段执行，并返回以 return 方法的参数为 value 的 IteratorResult。throw 方法用于在 GeneratorFunction 外部给内部抛出一个异常。我们看下面的例子。

```
function* Add(arg){
    try {
        var a = yield arg;
        console.log(a);
        var b = yield a+arg;
        console.log(b);
        var c = yield b+arg;
        console.log(c);
    } catch(e) {
        console.log(`出错了，错误原因：${e}`);
    }
}

var add1 = Add(30);
```

```
var result = add1.next();
console.log(JSON.stringify(result));      //1     执行 console.log(a)
console.log(JSON.stringify(result));      //{"value":31,"done":false}
result = add1.throw("over");              // 出错了，错误原因: over
console.log(JSON.stringify(result));      //{"done":true}

var add2 = Add(30);
result = add2.next();
console.log(JSON.stringify(result));      //{"value":30,"done":false}
result = add2.next(1);                    //1     执行 console.log(a)
console.log(JSON.stringify(result));      //{"value":31,"done":false}
result = add1.return("result");           //return 后就不会再向下执行，也就不会执行
console.log(b)
console.log(JSON.stringify(result));      //{"value":"result","done":true}
```

这个例子中的 Add 在前一个例子中的 Add 基础上添加了异常处理功能，然后使用 Add 定义了两个 Generator：add1 和 add2。add1 在执行了两个 next 之后调用 throw 时抛出异常，add2 在执行两个 next 之后调用 return 进行返回。调用 throw 和 return 方法的共同点是它们都会终止逐步执行，不同点是调用 throw 之后会执行异常处理的代码，返回的 IteratorResult 中 value 为空，调用 return 返回后不会执行任何代码，而且返回的 IteratorResult 中的 value 为传给 return 方法的参数。

12.6 反射与代理

ES2015 中新增了用于反射和代理的对象，它们分别对应 Reflect 和 Proxy 对象。

12.6.1 Reflect

Reflect 是反射对象，使用它可以不调用对象自身的方法来操作对象。Reflect 不可以使用 new 关键字创建实例对象，只可以使用 Reflect 对象自身的方法来执行。Reflect 对象自身共有 14 个方法。

1. apply 方法

apply 方法的作用类似于前面讲过的 function 中的 apply 方法，不同之处在于这里的 function 是通过参数传入的，其调用语法如下。

```
Reflect.apply ( target, thisArgument, argumentsList )
```

参数中的 target 为要执行的方法，thisArgument 为 this 对象，argumentsList 为方法的参数数组，例如下面的例子。

```
function add(a){
    return this.val+a;
```

```
}
var obj = {val:8};
console.log(Reflect.apply(add, obj, [7]));  //15
```

这个例子中的 add 方法中使用了 this.val，在使用 Reflect.apply 方法调用的时候将其中的 this 设置为 obj 对象，因此最后会打印出 15。如果不使用反射，那么需要将 add 方法设置为 obj 的一个属性方法后调用才可以，即上面的例子也可以采用下面的方式。

```
function add(a){
    return this.val+a;
}
var obj = {val:8};
obj.add = add;
console.log(obj.add(7));     //15
```

2. construct 方法

construct 方法的作用是使用指定 function 对象创建 object 对象，相当于使用 new 关键字创建，调用语法如下。

```
Reflect.construct ( target, argumentsList)
```

参数中的 target 为 function 类型的对象，argumentsList 为创建对象时的参数，例如下面的例子。

```
function Car(color){
    this.color = color;
}
var car = Reflect.construct(Car, "black");
console.log(car.color);          //black
```

3. ownKeys 方法

ownKeys 方法的作用是获取对象所有自身属性的属性名，调用语法如下。

```
Reflect.ownKeys ( target )
```

例如下面的例子。

```
var obj = {a:1,b:2,c:3};
console.log(Reflect.ownKeys(obj));  //[a, b, c]
```

4. defineProperty 方法

defineProperty 方法的作用是给指定对象定义一个属性，调用语法如下。

```
Reflect.defineProperty ( target, propertyKey, attributes )
```

例如下面的例子。

```
var obj = {name:"peter"};
obj.job = "engineer";
Reflect.defineProperty(obj, "age", {value:21, enumerable:true});
```

```
console.log(obj.age);    //21
```

5. deleteProperty 方法

deleteProperty 方法的作用是删除指定对象的某个属性，调用语法如下。

```
Reflect.deleteProperty ( target, propertyKey )
```

例如下面的例子。

```
var obj = {a:1,b:2,c:3};
Reflect.deleteProperty(obj, "a");
console.log(obj.a);     //undefined
```

6. getOwnPropertyDescriptor 方法

getOwnPropertyDescriptor 方法的作用是获取指定对象某个属性的描述，调用语法如下。

```
Reflect.getOwnPropertyDescriptor ( target, propertyKey )
```

例如下面的例子。

```
var obj = {v:1};
console.log(Reflect.getOwnPropertyDescriptor(obj, "v"));
//Object { configurable=true,  enumerable=true,  value=1,  writable=true}
```

7. getPrototypeOf 方法

getPrototypeOf 方法的作用是获取指定对象的 [[prototype]]，调用语法如下。

```
Reflect.getPrototypeOf ( target )
```

例如下面的例子。

```
function Obj(){}
var obj = new Obj();
console.log(Reflect.getPrototypeOf(obj));
```

8. setPrototypeOf 方法

setPrototypeOf 方法的作用是给某个对象设置 [[prototype]]，调用语法如下。

```
Reflect.setPrototypeOf ( target, proto )
```

例如下面的例子。

```
var obj = {v:315};
var test = {};
Reflect.setPrototypeOf(test, obj);
console.log(test.v);    //315
```

9. enumerate 方法

enumerate 方法的作用是返回指定对象用于 for-in 的 Iterator，调用语法如下。

```
Reflect.enumerate ( target )
```

例如下面的例子。

```
var obj= {"a":1,"b":2,"c":3};
var it = Reflect.enumerate(obj);
console.log(it.next());          //a
console.log(it.next());          //b
console.log(it.next());          //c
```

10. has 方法

has 方法的作用是检查指定对象是否包含某个属性，调用语法如下。

```
Reflect.has ( target, propertyKey )
```

例如下面的例子。

```
var obj = {v:512};
console.log(Reflect.has(obj, "v"));              //true
console.log(Reflect.has(obj, "a"));              //false
```

11. get 方法

get 方法的作用是获取指定对象的某个属性，调用语法如下。

```
Reflect.get ( target, propertyKey [ , receiver ])
```

例如下面的例子。

```
var obj = {v:512};
console.log(Reflect.get(obj, "v"));              //512
```

12. set 方法

set 方法的作用是给指定对象的某个属性赋值，调用语法如下。

```
Reflect.set ( target, propertyKey, V [ , receiver ] )
```

例如下面的例子。

```
var obj = {v:512};
Reflect.set(obj, "v", 518);
console.log(obj.v);              //518
```

13. preventExtensions 方法

preventExtensions 方法的作用是将指定对象设置为不可扩展，调用语法如下。

```
Reflect.preventExtensions ( target )
```

例如下面的例子。

```
var obj = {v:512};
obj.a = 1;               //可以添加 a 属性
Reflect.preventExtensions(obj);
obj.b = 2;               //报错
```

14. isExtensible 方法

isExtensible 方法的作用是检查指定对象是否可扩展，调用语法如下。

```
Reflect.isExtensible (target)
```

例如下面的例子。

```
var obj = {v:512};
Reflect.isExtensible(obj);        //true
Reflect.preventExtensions(obj);
Reflect.isExtensible(obj);        //false
```

12.6.2 Proxy

Proxy 是代理对象，代理的意思就是自己不直接执行，而让另外一个对象代替自己去做，有点像生活中的中介。使用代理时，代理对象在执行处理的过程中可能还会额外做一些事情，甚至有可能只做其他事情而不执行原来的业务。

Proxy 只可以作为构造器使用 new 关键字来创建代理对象，而不可以作为方法来执行，创建 Proxy 对象的语法如下。

```
new Proxy(target, handler);
```

参数中的 target 为原始对象，handler 为处理器。

处理器 handler 是对象的类型，代理实际执行的逻辑都是通过设置到 handler 的属性方法中完成的，handler 可以有 14 个属性，分别对应 14 种操作，这 14 个属性跟 Reflect 的 14 个属性完全相同，不过在使用代理的时候我们并不需要在 handler 中将 14 个属性全部定义出来，而只需要将我们要代理的操作的属性定义出来就可以了。如果我们给 handler 定义了某个属性（例如 set），那么代理对象在执行相应操作（例如修改对象属性）时就会调用我们设置的方法来处理，例如下面的例子。

```
function Box(length, width, height){
    this.length = length;
    this.width = width;
    this.height = height;
}
var box = new Box(800, 600, 300);

var handler = {set: function (obj, key, val) {
    console.log(`change ${key} to ${val}`);
    obj[key] = val;
}};
var proxy = new Proxy(box, handler);

proxy.length = 820;              //change length to 820
console.log(proxy.length);       //820
console.log(box.length);         //820
```

在这个例子中，我们给 box 对象定义了代理 proxy，其中，handler 处理器对象中定义了 set 方法属性，因此在使用 proxy 修改 box 的 length 属性时，就会自动调用 handler 的 set 方法来执行。我们在这个例子中打印了日志，然后将值设置到 box 对象上。上述例子中的 set 还可以做很多我们想做的事情，例如判断设置的属性值是否合法、修改某个属性时关联修改其他属性等，甚至还可以不对属性进行修改，例如下面的例子。

```
var square = {length:1, area:1};
var proxy = new Proxy(square, {
    set:function (obj,key,val) {
        console.log(`change ${key} to ${val} `);
        if(val<0){
            console.log("value can't be less than 0");
            return;
        }

        if(key == "length"){
            obj.length = val;
            obj.area = Math.pow(val, 2);         // 同时按边长设置面积
        }else if(key == "area"){
            obj.area = val;
            obj.length = Math.sqrt(val);         // 同时按面积设置边长
        }else{
            console.log(`invalid key: ${key}`);
        }
    }
});

proxy.length = 5;                                //change length to 5
console.log(JSON.stringify(square));             //{"length":5,"area":25}

proxy.area = 9;                                  //change area to 9
console.log(JSON.stringify(square));             //{"length":3,"area":9}

proxy.length = -1;                               //change length to -1
                                                 //value can't be less than 0
console.log(JSON.stringify(square));             //{"length":3,"area":9}

proxy.name = "swimming pool";                    //change name to swimming pool
                                                 //invalid key: name
console.log(JSON.stringify(square));             //{"length":3,"area":9}
```

在这个例子中，首先定义了一个表示正方形的 square 对象，其中有两个属性，length 代表边长，area 代表面积。然后给 square 对象定义代理 proxy，其中 handler 使用的是匿名对象，它的 set 属性方法首先会打印出要修改的信息，然后判断值是否小于 0，如果小于 0，则返回。接着判断修改的是边长还是面积，如果修改的是边长，则同时修改面积，如果修改的是面积，则也会同时修改边长，如果修改的既不是边长也不是面积的话，就不对对象进行操作。

处理器 handler 的其他属性的用法大同小异，这里就不一一举例了。

第 13 章　原有对象的新增属性

ES5.1 中一共有 11 个内置对象（不包含 Global），分别是 Function、JSON、Error、Date、Boolean、Object、String、Number、Math、RegExp、Array。在 ES2015 中，前 5 个对象没有发生变化，后 6 个发生了变化，本章将分别给大家进行介绍。

13.1　Object

Object 对象新增了 4 个方法属性：assign、getOwnPropertySymbols、is 和 setPrototypeOf。

13.1.1　assign 方法

这里的 assign 方法类似于 jQuery 中的 extend 方法，它可以将一个对象中的属性复制到另一个对象中。assign 方法的语法如下。

```
Object.assign ( target, ...,sources );
```

参数中的 target 表示目标对象。sources 表示源对象，源对象可以有多个，assign 方法可以将所有源对象的属性全部复制到目标对象中，例如下面的例子。

```
var iphone = {name:"iPhone 6S"};
var screenItem = {size:4.7, resolution:"1920x1080"};
var others = {os:"ios9", RAM:"2G", ROM:"32G"};

Object.assign(iphone, screenItem, others);
console.log(JSON.stringify(iphone));     //{"name":"iPhone 6S", "size":4.7,
"resolution":"1920x1080",  "os":"ios9", "RAM":"2G", "ROM":"32G"}
```

这个例子中，使用 assign 方法将 screenItem（因为 screen 是 window 对象自带的属性，所以这里使用了 screenItem 作为对象名）和 others 对象中的属性都合并到 iPhone 中。如果合并的对象中有重名的属性，则会使用后一个对象中属性的值。

在 jQuery 中很多地方都使用了它自定义的 extend 方法来实现合并对象属性的功能。有了 assign 方法后，就可以使用 assign 方法来实现同样的功能了，例如下面的例子。

```
function show(param){
    var defaultParam = {speed:3, type:1};
    var p = Object.assign({},defaultParam, param);
    console.log(JSON.stringify(p));
}

show();                      //{"speed":3,"type":1}
show({speed:1});             //{"speed":1,"type":1}
show({speed:1,type:3});      //{"speed":1,"type":3}
```

在这个例子中，show 方法的作用是将一个隐藏的节点显示出来（当然，这里并没有具体实现），它需要两个参数：speed 和 type，分别表示显示的速度和显示的方式。show 方法中定义了 defaultParam 对象参数来保存处理过程中需要使用到的默认参数，在调用 show 方法时可以传入保存有我们自定义参数的对象，show 方法会调用 assign 方法用我们传入的参数覆盖默认的参数。

注意，在上面的例子中，调用 assign 方法时的第一个参数为一个空对象，这样做的目的是既可以将 defaultParam 和 param 的属性合并到一起，又不会修改 defaultParam 对象本身的属性，这样在后面的处理中还可以使用 defaultParam 对象来查看默认的参数值，而且这时的 defaultParam 还可被定义为全局对象或者全局对象的属性来直接调用。

13.1.2 getOwnPropertySymbols 方法

12.1 节中讲过，可以使用 Symbol 创建的符号变量作为属性名来保存属性，而 Object 的 getOwnPropertySymbols 方法可以获取一个对象中所有 Symbol 类型的属性名，例如下面的例子。

```
function Person(name, job){
    var _name = Symbol("name");
    var _job = Symbol("job");
    this[_name] = name;
    this[_job] = job;
}
var person = new Person("霍元甲", "武术大师");

var symbols = Object.getOwnPropertySymbols(person);
console.log(symbols);                    //[Symbol {}, Symbol {}]
console.log(person[symbols[0]]);         //霍元甲
```

这个例子中，首先定义了 Person 方法对象，然后使用它创建了 person 对象，person 对象的属性名都是 Symbol 类型，因此使用正常方式无法获取，但是通过 Object 的 getOwnPropertySymbols 方法可以获取其中的 Symbol，进而获取相应的属性值。

13.1.3 is 方法

Object 的 is 方法的作用是判断两个值是否相同。判断的规则是首先判断类型，如果类型不同，则返回 false，如果类型相同，则会根据是直接量还是对象分两种方式来判断，如果是直接量，则比较值，如果是对象，则判断是否为同一个对象。

如果大家还记得 3.3 节中讲过的内存模型的话就容易理解了。其实，is 方法就是判断属性名直接指向的值，直接量使用两块内存，属性名直接指向属性值，而对象会使用三块内存，属性名直接指向的是对象所在的地址，因此对于对象类型来说，只有两个变量指向同一个对象的时候，这里的 is 方法才会返回 true。另外，is 方法还可以比较 null 和 undefined。我们来看下面的例子。

```
1   var a;
2   var str = "abc", b = true, obj = {};
3   var obj1 = obj;
4
5   console.log(Object.is(null, a));                                    //false
6   console.log(Object.is(undefined, a));                               //true
7   console.log(Object.is(null,document.getElementById("a")));          //true
8   console.log(Object.is(undefined, document.getElementById("a"))); //false
9   console.log(Object.is(str, "abc"));                                 //true
10  console.log(Object.is("234", 234));                                 //false
11  console.log(Object.is(1>0, "true"));                                //false
12  console.log(Object.is(1>0, b));                                     //true
13  console.log(Object.is(3+4, 9-2));                                   //true
14  console.log(Object.is({}, {}));                                     //false
15  console.log(Object.is(obj, obj1));                                  //true
```

这个例子中的第 10 行和第 11 行因为类型不同，所以返回 false。第 14 行中的两个对象虽然都是空对象，但是它们在内存中有两个地址，所以返回 false。第 15 行中的两个对象因为指向同一个对象的地址，所以会返回 true。

JS 中 null 和 undefined 的区别

在 JS 中 null 和 undefined 都表示空，但它们还是存在一定区别的，null 表示不存在、没有，而 undefined 表示未定义。

底层实现时，null 一般会指向一个全 0 的地址，当然，这个地址是无法访问的，当遇到这种情况时就会当作不存在来处理；undefined 则表示根本不存在，或者还没有初始化，所以一个变量可以赋值为 null，但不可赋值为 undefined。

13.1.4 setPrototypeOf 方法

Object 的 setPrototypeOf 方法用来修改一个对象的 [[prototype]] 属性，例如下面的例子。

```
var arr = [1,3,5];
console.log(arr.toString());              //1,3,5
Object.setPrototypeOf(arr, Object.prototype);
console.log(arr.toString());              //[object Array]
```

这个例子中，定义了一个 arr 数组对象，调用它的 toString 方法会将其中的元素组成字符串返回，其实，这时调用的是 Array.prototype 的 toString 方法。当将 arr 的 [[prototype]] 属性设置为 Object.prototype 的时候，就会调用 Object.prototype 的 toString 方法，这时输出 [object Array]。Object 的 setPrototypeOf 还可以将一个对象的 [[prototype]] 属性设置为 null，例如下面的例子。

```
var obj = {}
Object.setPrototypeOf(obj, null);
console.log(obj.toSting());        //TypeError: obj.toSting is not a function
```

这个例子中，obj 对象的 [[prototype]] 属性设置为 null，这时 obj 只能调用自己的属性。因为其自身没有 toSting 方法，所以调用 obj.toSting() 会抛出异常。

13.2 String

String 对象自身新增两个方法属性：fromCodePoint 和 raw。String.prototype 新增 6 个方法属性：codePointAt、startsWith、endsWith、includes、normalize 和 repeat。

13.2.1 fromCodePoint 方法

String 的 fromCodePoint 方法和 6.3.1 节中介绍的 fromCharCode 方法类似，不同之处在于 fromCharCode 方法只能接受 16 位的 Unicode 值，而 fromCodePoint 可以接受扩展后的 21 位的 Unicode。虽然大部分常用字都在 16 位之内，但是一些不常用的字可能会在 16 位之外，例如“❑”的 Unicode 码为 0x20BC4，“❑”的 Unicode 码为 0x20BDC，这些都超出了 16 位，所以使用 fromCharCode 方法就不能创建了，而需要使用 fromCodePoint 方法来创建，例如下面的例子。

```
console.log(String.fromCharCode(0x4e2d, 0x56fd));      // 中国
console.log(String.fromCodePoint(0x4e2d, 0x56fd));     // 中国
console.log(String.fromCodePoint(0x20BDC));            //❑
console.log(String.fromCharCode(0x20BDC));             //(找不到)
```

从这个例子中可以看出，对于 16 位之内的 Unicode 码（例如“中”“国”）来说，这两个方法是相同的，但是超出 16 位之后，就只能使用 fromCodePoint 方法，这说明 fromCodePoint 方法的通用性更强。

多知道点

字符编码是怎么回事

在计算机中所有的数据都是由0和1组成的二进制数据，但是需要表达的信息却远远比0和1复杂得多，这时就需要一种将数字对应到字符的规则。最开始的规则叫作ASCII编码，但是这套编码主要适用于英文，其他语言（例如汉语）还是无法表达。为了在计算机中使用汉语，我们的前辈就设计了GB 2312编码来表示简体中文和BIG5编码来表示繁体中文。由于GB 2312包含的汉字比较少，后来又扩展为GBK，再后来又在GBK的基础上扩展出GB 18030，GB 18030不仅扩展了汉字的个数，而且包含少数民族的语言。GB 18030、GBK、GB 2312，以及ASCII都是在之前的基础上进行扩展的，也就是说它们是相互兼容的，同一个代码在4种编码中（如果存在）都表示相同的内容。

与GB系列不同的还有一套Unicode编码，Unicode编码的目标是要兼容所有的语言，不仅包括英语、汉语，还包括其他所有国家的语言。Unicode编码原来是16位的，可以包含2^{16}=65536个字符，后来发现不够用了，又扩展到21位，所对应的范围是0x0 ~ 0x1FFFFF。常用的字符一般都在原来的16位之内，即0x0 ~ 0xFFFF。Unicode跟ASCII编码兼容但是跟GB系列编码不兼容。

Unicode编码的作用是将字符和数字对应起来，建立一个一一对应关系的映射关系，但是它并没有对具体怎么使用（例如怎么保存、怎么传输等）做规定。例如，Unicode规定了汉字“中”的编码为0x4e2d，但是对于具体怎么使用编码0x4e2d，Unicode没做规定。

使用的关键是字符编码以什么形式保存，以及读取的时候如何正确地分割每个字符。我们可以想到的最简单的方式应该就是数组，因为Unicode编码扩展后为21位，所以每个数组元素最少就需要21位。又因为计算机的最小操作单位是字节，所以每个元素最少应该有3个字节，并且需要内存对齐（例如按2字节对齐，那么数据的地址就需要为偶数，内存对齐的相关内容大家可以参考其他资料，当然，这里不对齐也是可以的，但对齐可以使处理更加简单），所以每个数组元素就需要使用4个字节来保存，即使用4个字节（32位）来保存一个字符，这样在读取的时候非常方便。这种方式就是UTF-32编码，但是这种编码太浪费空间，因为Unicode编码中的字符最多只有21位，并且常用字符都在16位之内，所以使用32位来保存一个字符很浪费空间。既然常用字符都在16位之内，那就使用16位（2个字节）来保存一个字符吧，这就是UTF-16。但是，如果用这种编码方式保存扩展后，16位之外的字符就需要比较复杂的转换了，这还不是主要问题，对于以英文为主的用户来说，这种方式还是有些浪费空间，因为每个英文字符（包括标点）只需要一个字节（严格来说 7 位）就足够了，而且制定编码规则的人又正好使用的是英文，所以这种编码方式也不够完美，最后就制定出 UTF-8 编码。这也是现在使用最广的编码方式，它采取了一种弹性的处理方法，将 Unicode 的字符按占用的空间大小分为 4 种存储方式，如表 13-1 所示。

表 13-1　Unicode 编码与 UTF-8 编码的对应关系

Unicode 编码	UTF-8 编码	最多位数
0x000000 ~ 0x00007F	0×××××××	7
0x000080 ~ 0x0007FF	110××××× 10××××××	11
0x000800 ~ 0x00FFFF	1110×××× 10×××××× 10××××××	16
0x010000 ~ 0x1FFFFF	11110××× 10×××××× 10××××××10××××××	21

在 UTF-8 编码中，如果字符的 Unicode 编码在 0x000000 ~ 0x00007F，就会直接使用以 0 开头的一个字节来存储，如果在 0x0007F 以上就需要使用多个字节来存储。在使用多个字节存储时，除了第一个字节外都是以 10 开头的字节，而第一个字节是以字节数量个 1 开头（例如使用 3 个字节就是 3 个 1，4 个字节就是 4 个 1），并以 0 结束作为标示，0 后面存储具体的数值内容。也就是说，如果碰到一个字节的第一位是 0，那么它就代表一个单字节的字符，如果碰到一个字节的前两位是 10，那么它就是多字节字符中不是首字节的字节，如果碰到一个字节的前两位为 11，那么它就是多字节字符中的首字节，而且第一个 0 前面的 1 的个数就是字符包含的字节数。UTF-8 编码中的 4 个字节正好可以有 21 位来保存内容，因此 Unicode 扩展到 21 位可能和 UTF-8 编码方式有关系。

例如，汉字“中”的 Unicode 编码为 0x4e2d，它所对应的二进制数据为：

1001_1100_0101_101

一共有 15 位。如果使用 UTF-8 来编码的话就需要三个字节，编码后的结果如下：

11100100 10111000 10101101

当然，UTF-8 自身也存在缺陷，例如，在统计字数时不如 UTF-32 方便，UTF-8 的主要优点就是节省空间。

字符编码是非常重要的一件事情，相信日后还会出现更好的编码方式，现在的编码都是以英语的思维方式来编制的，更好的编码应该会以汉语的思维方式编制。

13.2.2 raw 方法

String 的 raw 方法有两种用法，一种用在字符串模板上，另一种用在数组转换为字符串时。

用在字符串模板上时不需要使用括号，返回值为没有转义的字符串（如果直接使用字符串模板则会将相应的转义字符转换为对应的内容）。

用在数组转换为字符串时，第一个参数是一个只包含一个属性的对象，其属性名为 raw，属性值为一个数组（也可以使用字符串，这时每个字符都相当于数组的一个元素），后面的参数为 raw 数组转换为字符串时中间的分隔符，例如下面的例子。

```
// 不使用 raw
var str = `a\tb\tc`;
console.log(str);   //a  b      c

// 使用 raw 后字符串模板中的转义符失效，此时不需要使用括号
str = String.raw`a\tb\tc`;
console.log(str);   //a\tb\tc

// 使用 raw 连接数组
str = String.raw({raw:[1,2,3]}, "、",  "\\");
console.log(str);   //1、2\3, "\\" 表示捺斜线“\”，其中第一个“\”为转义符

// 使用 raw 连接字符串
str = String.raw({raw:"赵钱孙李"}, 1, 2, 3);
console.log(str);   // 赵 1 钱 2 孙 3 李
```

这个例子中，如果直接使用字符串模板的话，就会将其中的“\t”转换为制表符，如果使用 String.raw，则会原样输出“\t”。在将数组转换为字符串时，会将后面的参数分别作为各个元素之间的分隔符，如果 raw 属性值为字符串，则相当于每个字符为一个元素的数组。

13.2.3 codePointAt 方法

codePointAt 方法是 String 的 prototype 中的属性方法，因此是 string 类型对象可以直接调用的方法。codePointAt 方法的作用是获取指定位置字符的 Unicode 值，包含扩展之后（也就是 16 位之外）的字符，例如下面的例子。

```
console.log("中国".codePointAt(0));                    //20013
console.log("中国".codePointAt(1));                    //22269

console.log("中国".codePointAt(0).toString(16));       //4e2d
console.log("中国".codePointAt(1).toString(16));       //56fd
```

从这个例子可以看出，codePointAt 方法直接返回的是十进制的数字，可以使用 number 的 toString 方法将结果转换为十六进制。

13.2.4 startsWith 和 endsWith 方法

startsWith 和 endsWith 方法是 String 的 prototype 中的属性方法，用于判断字符串是否以指定的字符（串）开头和结尾，而且都可以使用第二个参数来指定检查的位置。它们的调用语法如下。

```
str.startsWith(searchString[, position]);

str.endsWith (searchString [ , endPosition]);
```

我们来看下面的例子。

```
var str = "知止而后有定，定而后能静，静而后能安，安而后能虑，虑而后能得";

console.log(str.startsWith("知止而后有定"));                          //true
console.log(str.startsWith("定而后能静", 7));                         //true
console.log(str.endsWith("虑而后能得"));                              //true
console.log(str.endsWith("安而后能虑", 24));                          //true
console.log(str.endsWith("静而后能安", str.indexOf("，安而后能虑")));  //true
```

13.2.5 includes 方法

String 的 prototype 属性新增了 includes 方法，它和 6.3.1 节中的 indexOf 方法类似，不同之处在于，includes 方法只返回 true 和 false，如果包含就会返回 true，否则返回 false。includes 方法的第一个参数为要查找的字符串，第二个参数为起始位置，例如下面的例子。

```
var str = "I stopped in front of the shop and looked at the picture.";

console.log(str.includes("shop"));          //true
console.log(str.includes("Shop"));          //false
console.log(str.includes("I", 1));          //false
```

从这个例子中可以看出，includes 方法是区分大小写的，所以找不到“Shop”，最后一条语句因为是从序号为 1（也就是第 2 个）的字符开始查找，所以就查不到“I”。

13.2.6 normalize 方法

要理解 normalize 方法还需要进一步了解 Unicode 的编码方式。前面介绍过 Unicode 编码的目的是统一所有语言的编码，但是由于不同语言各有自己独有的特点，所以 Unicode 并没有做到字符与编码的完全一一对应。例如，汉语拼音中带音调的字母就有两种表示方法，一种是把它作为一个独立的字符，另一种是将字母和音调分开作为两个字符来看待，就像 ā 可以看作一个独立的字符，这时它的 Unicode 编码为 \u0101，即 0x0101，但是 ā 也可以看成是由 a 和 - 两个字符组成的，其中，a 的 Unicode 编码为 \u0061，也就是十进制的 97（a 的 ASCII 码），声调 - 的 Unicode 编码为 \u0304，所以 ā 也可以看成是由 \u0061\u0304 两个 Unicode 编码组成的。

这种一个字符有两种编码方式的情况给我们带来的最直接的麻烦就是在比较字符是否相同的时候，如果相同的字符使用了不同的编码，那么判断时容易发生误判，而新增的 normalize 方法正是来解决这个问题的。normalize 方法的作用是将字符统一转换为指定的编码格式。normalize 方法有一个参数，用来指定转换的方式，参数有 4 个可以使用的值，它们

分别是 “NFC”“NFD”“NFKC” 和 “NFKD”，具体含义如下。

- NFC：Normalization Form Canonical Composition 的缩写，表示统一为标准的合成格式，例如 ā 会规范为 \u0101，这也是默认的格式。
- NFD：Normalization Form Canonical Decomposition 的缩写，表示统一为标准的分解格式，例如 ā 会规范为 \u0061\u0304。
- NFKC：Normalization Form Compatibility Composition 的缩写，表示统一为兼容的合成格式，例如 ā 会规范为 \u0101。
- NFKD：Normalization Form Compatibility Decomposition 的缩写，表示统一为兼容的分解格式，例如 ā 会规范为 \u0061\u0304。

我们来看下面的例子。

```
function logNormalizeCharCodes(str, type){
    var s = "";
    for(var c of str.normalize(type)){
        s += `0x${c.charCodeAt(0).toString(16)}  `;
    }
    console.log(s);
}

var str = "ā";
console.log(str.normalize("NFC").length);        //1
logNormalizeCharCodes(str, "NFC");               //0x101

console.log(str.normalize("NFD").length);        //2
logNormalizeCharCodes(str, "NFD");               //0x61 0x304

console.log(str.normalize("NFKC").length);       //1
logNormalizeCharCodes(str, "NFKC");              //0x101

console.log(str.normalize("NFKD").length);       //2
logNormalizeCharCodes(str, "NFKD");              //0x61 0x304
```

这个例子中的 logNormalizeCharCodes 方法用于将规范后的编码按十六进制打印出来，在这一过程中使用了字符串模板。对于 ā 来说，NFC 和 NFKC，NFD 和 NFKD 的值是相同的，但是，并不是所有情况下它们的值都相同，例如下面的例子。

```
function logNormalizeCharCodes(str, type){
    var s = "";
    for(var c of str.normalize(type)){
        s += `0x${c.charCodeAt(0).toString(16)}  `;
    }
    console.log(s);
}

var str = "ẛ̣";
```

```
console.log(str.normalize("NFC").length);       //2
logNormalizeCharCodes(str, "NFC");              //0x1e9b  0x323

console.log(str.normalize("NFD").length);              //3
logNormalizeCharCodes(str, "NFD");              //0x17f  0x323  0x307

console.log(str.normalize("NFKC").length);      //1
logNormalizeCharCodes(str, "NFKC");             //0x1e69

console.log(str.normalize("NFKD").length);      //3
logNormalizeCharCodes(str, "NFKD");             //0x73  0x323  0x307
```

这个例子跟上一个例子使用的代码完全相同，只是将要规范的字符 ā 改成了ṩ，该符号由上中下三部分组成，而且 4 种格式的结果各不相同。如果是为了比较字符串是否相同，那么只需要将其规范为同一种格式就可以了。

另外，还可以使用 normalize 方法将多个 Unicode 编码拼接成我们想要的内容，例如下面的例子。

```
console.log("\u0061\u0304".normalize("NFC"));          //ā
console.log("\u0061\u0301".normalize("NFC"));          //á
console.log("\u0061\u0306".normalize("NFC"));          //ă
console.log("\u0061\u0300".normalize("NFC"));          //à
console.log("\u0061\u0308".normalize("NFC"));          //ä

console.log("\u006f\u0304".normalize("NFC"));          //ō
console.log("\u0065\u0304".normalize("NFC"));          //ē
console.log("\u0069\u0304".normalize("NFC"));          //ī
console.log("\u0075\u0304".normalize("NFC"));          //ū
console.log("\u0075\u0308".normalize("NFC"));          //ü
console.log("\u0075\u0308\u0304".normalize("NFC"));    //ǖ
console.log("\u0075\u0304\u0308".normalize("NFC"));    //ṻ
```

从这个例子中可以看出，直接使用字母和声调的 Unicode 编码就可以组合出带声调的拼音字母，还可以组合出英文字母中所没有的 ü 字母，看着带声调的 a、o、e、i、u、ü 是不是非常亲切呢？要想将它们作为整体来获取 Unicode 编码，使用 codePointAt 或者 charCodeAt 就可以了。当然，在需要一个组合成的特殊字符，但是通过现有输入法又找不到的时候也可以使用这种方法拼接并打印出来，然后复制一下即可。

13.2.7 repeat 方法

repeat 方法非常简单，它的作用就是将字符串的内容重复多次，它只有一个参数，代表重复的次数，例如下面的例子。

```
console.log("hello".repeat(3));       //hellohellohello
```

13.3 Number

Number 对象的 prototype 属性没有新增内容，而 Number 对象自身新增 9 个属性：EPSILON、MAX_SAFE_INTEGER、MIN_SAFE_INTEGER、isSafeInteger、isInteger、isNaN、isFinite、parseFloat 和 parseInt。

Number.EPSILON 表示一个可以分辨的最小的数，其值约为 2^{-52}，可以使用它来表示一个无限趋近的值，例如，0+Number.EPSILON 可以表示无限趋近于 0 的数。

Number.MAX_SAFE_INTEGER 和 Number.MIN_SAFE_INTEGER 分别表示最大安全数和最小安全数，其值分别为 $2^{53}-1$ 和 $-(2^{53}-1)$，与之对应的 isSafeInteger 方法可用来判断一个数是否在安全范围内，即 $-(2^{53}-1)$ 到 $2^{53}-1$ 之间，例如下面的例子。

```
console.log(Math.pow(2,53)-1 == Number.MAX_SAFE_INTEGER);      //true
console.log(-(Math.pow(2,53)-1) == Number.MIN_SAFE_INTEGER);   //true
console.log(Number.isSafeInteger(Math.pow(2,53)-1));           //true
console.log(Number.isSafeInteger(Math.pow(2,53)));             //false
console.log(Number.isSafeInteger(-Math.pow(2,53)));            //false
console.log(Number.isSafeInteger(-(Math.pow(2,53)-1)));        //true
```

isInteger、isNaN 和 isFinite 三个方法分别用于判断是否为整数、是否非数字，以及是否为有限（非无穷大、无穷小）的数。

parseFloat 和 parseInt 方法分别用于将字符串转换为浮点数和整数，它们原来是全局方法，现在添加到了 Number 对象的属性中。我们来看下面的例子。

```
console.log(Number.parseInt("215.76"));         //215
console.log(Number.parseInt("21.5.76"));        //21
console.log(Number.parseInt("21b.76"));         //21
console.log(Number.parseInt("a215.76"));        //NaN

console.log(Number.parseFloat("215.76"));       //215.76
console.log(Number.parseFloat("21.5.76"));      //21.5
console.log(Number.parseFloat("21b.76"));       //21
```

从这个例子中可以看出，parseInt 方法是从左到右提取数字，直到遇到第一个非数字字符（包括小数点）后停止，提取到的数被转换为整数返回，这里不涉及四舍五入，如果第一个字符就不是数字，那么就会返回 NaN。parseFloat 方法提取数字的过程和 parseInt 方法类似，不同之处在于，parseFloat 方法提取的数字可以有一个小数点，过了第一个小数点之后也是只要遇到非数字的字符就终止。

13.4 Array

Array 对象新增了两个方法属性：of 和 from。Array.prototype 新增了 7 个方法属性：fill、 copyWithin、find、findIndex、entries、keys、values。

13.4.1　of 方法

Array 对象新增的 of 方法用于创建 Array 数组，它将传入的参数作为数组的元素，例如下面的例子。

```
console.log(Array.of(5));                    //[5]
console.log(Array.of("大学", "中庸", "论语", "孟子"));
                                             //["大学", "中庸", "论语", "孟子"]
console.log(Array.of(1, 3, 5, 7, 9));   //[1, 3, 5, 7, 9]
```

13.4.2　from 方法

Array 对象新增的 from 方法的功能和 of 方法相同，也用于创建 Array 数组，其调用语法如下。

```
Array.from ( items [ , mapfn [ , thisArg ] ] )
```

其中，第一个参数 items 为一个类似数组或者 iterable（可遍历）的对象，遍历后的值作为创建的数组的元素；第二个参数 mapfn 为一个方法，可以在遍历第一个参数时修改其中的属性值；第三个参数用作第二个参数的方法中的 this 对象，例如下面的例子。

```
console.log(Array.from(new Set(["梅","竹","兰","菊"])));
//["梅", "竹", "兰", "菊"]

var book = {name:"道德经", author:"老子"};
book[Symbol.iterator] = function(){
    var keys = Object.getOwnPropertyNames(this);
    var obj = this, i = 0;
    return {
        next: function () {
            return {
                value: keys[i]+"->"+obj[keys[i]],
                done: keys[i++]==null
            }
        }
    }
}
console.log(Array.from(book));            //["name->道德经", "author->老子"]

console.log(Array.from("excelib.com"));
//["e", "x", "c", "e", "l", "i", "b", ".", "c", "o", "m"]

console.log(Array.from(new Set(["赵","钱","孙","李"]), v=>v+"老师"));
//["赵老师", "钱老师", "孙老师", "李老师"]
console.log(Array.from(new Set(["赵","钱","孙","李"]), v=>v+"先生"));
//["赵先生", "钱先生", "孙先生", "李先生"]
console.log(Array.from([1,3,5], x=>x+1));     //[2, 4, 6]
```

```
var obj = {name:"excelib"};
var suffix = [".com", ".cn", ".com.cn"];
var domain = Array.from(suffix, function (s) {
    return this.name+s;
}, obj);
console.log(domain);      //["excelib.com", "excelib.cn", "excelib.com.cn"]
```

这个例子分别使用 Set、iterable 对象（book）、字符串以及数组作为参数创建了数组，最后一个创建示例中使用了函数和 this 对象。注意，使用 from 方法时，如果使用 this 对象的话就不可以使用箭头函数。

13.4.3 fill 方法

Array .prototype 中的 fill 方法可用来填充数组，其调用语法如下。

```
array.fill (value [ , start [ , end ] ] )
```

其中，第一个参数 value 为要填充的值，后两个参数为可选参数，分别表示要填充元素的起始位置和结束位置，例如下面的例子。

```
var array = ["梅","竹","兰","菊"];

array.fill("花");
console.log(array);                    //["花", "花", "花", "花"]

array.fill("牡丹花", 2);
console.log(array);                    //["花", "花", "牡丹花", "牡丹花"]

array.fill("莲花", 1, 3);
console.log(array);                    //["花", "莲花", "莲花", "牡丹花"]

array.fill("荷花", 0, 1);
console.log(array);                    //["荷花", "莲花", "莲花", "牡丹花"]
```

参数中 start 的默认值为 0，end 的默认值为数组的长度，因此，如果省略 start 就会从第一个元素开始填充，如果传入 start 而省略了 end，则会一直填充到最后一个元素。

13.4.4 copyWithin 方法

Array.prototype 中的 copyWithin 方法和 fill 方法类似，不同之处在于 ,fill 方法填充的是指定内容，而 copyWithin 方法是将数组自己的一部分填充到其他位置，调用语法如下。

```
array.copyWithin (target, start [ , end ] );
```

此方法的三个参数都为数字类型，第一个参数 target 表示要填充的起始位置，后两个参数表示从什么位置复制元素。第二个参数 start 不可省略，表示复制元素的起始位置。第三个参数可省略，表示复制元素的结束位置，默认值为数组的长度，例如下面的例子。

```
console.log( [1, 2, 3, 4, 5].copyWithin(2, 3));        //[1, 2, 4, 5, 5]
console.log( [1, 2, 3, 4, 5].copyWithin(1, 3, 4));     //[1, 4, 3, 4, 5]
console.log( [1, 2, 3, 4, 5].copyWithin(1, 2, 5));     //[1, 3, 4, 5, 5]
```

这个例子中，第一条语句的含义是将从序号为 3（第 4 个）的元素到最后一个元素复制到从序号为 2 的元素开始的元素中。第二条语句的含义是将从序号为 3 的元素到第 4 个元素复制到从序号为 1 的元素开始的元素中。第三条语句的函数是将从序号为 2 的元素到第 5 个元素复制到从序号为 1 的元素开始的元素中。end 和 start 两个参数之差就是要复制的元素的个数。

13.4.5　find 和 findIndex 方法

Array.prototype 中新增的 find 和 findIndex 方法是功能非常强大的两个方法，它们都可以按照指定的方式来查找元素，不同之处在于 ,find 方法返回的是元素值，而 findIndex 方法返回的是元素的序号，它们的调用语法如下。

```
array.find ( predicate [ , thisArg ] );
array.findIndex ( predicate [ , thisArg ] );
```

其中，第一个参数 predicate 是一个方法，它会依次遍历数组中的每个元素，当它返回 true 或可转换为 true 的值时，当前所遍历的元素就是所要查找的元素；第二个参数为 this 对象。我们来看下面的例子。

```
var set = new Set(["眼","耳","鼻","舌","身","意"]);
var array = ["鼻","眼","舌","意","鼻","喉","耳","身"];

// 查找在 array 中但不在 set 中的元素
console.log(array.find(v=>!set.has(v)));                // 喉
// 查找在 array 中但不在 set 中的元素的序号
console.log(array.findIndex (v=>!set.has(v)));          //5
console.log(array.find(function (v) {                   // 喉
    return !this.has(v);
}, set));
```

这个例子中，首先定义了一个集合类型的 set 和一个数组类型的 array，然后分别使用数组 array 的 find 和 findIndex 方法查找 set 中没有的元素，结果是找出第 6 个元素（序号为 5，值为“喉”）不在 set 中。这个例子的前两条查找语句使用的是箭头函数，第三条语句使用的是普通的匿名函数，同时将 set 传给了第二个参数，这样在匿名函数中就可以将 this 作为 set 来使用。如果要使用第二个参数 thisArg 就不能使用箭头函数。

这两个方法非常灵活，只要在第一个参数的方法中写清楚要查找的逻辑就可以了。

13.4.6　entries、keys 和 values 方法

entries、keys 和 values 方法跟 Map 中相应方法的用法完全相同，Array 中元素的序号相

当于 Map 中的 key，元素的值相当于 Map 中的 value。我们来看下面的例子。

```
var wz = ["肝","心","脾","肺","肾"];

//依次输出0,1,2,3,4
for(var key of wz.keys()){
    console.log(key);
}

//依次输出肝，心，脾，肺，肾
for(var val of wz.values()){
    console.log(val);
}

//依次输出0->肝，1->心，2->脾，3->肺，4->肾
for(var e of wz.entries()){
    console.log(e[0] + "->" + e[1]);
}
```

13.5 Math

Math 对象新增了 17 个方法属性：sinh、cosh、tanh、asinh、acosh、atanh、cbrt、clz32、expm1、fround、hypot、imul、log1p、log10、log2、sign 和 trunc。它们的作用如表 13-2 所示。

表 13-2 Math 对象新增的 17 个方法属性及作用

函 数	作 用	计算公式
Math.sinh(x)	计算 x 的双曲正弦	$\frac{e^x - e^{-x}}{2}$
Math.cosh(x)	计算 x 的双曲余弦	$\frac{e^x + e^{-x}}{2}$
Math.tanh(x)	计算 x 的双曲正切	$\frac{e^x - e^{-x}}{e^x + e^{-x}} = \frac{e^{2x} - 1}{e^{2x} + 1}$
Math.asinh(x)	计算 x 的反双曲正弦	$\ln(x + \sqrt{x^2 + 1})$
Math.acosh(x)	计算 x 的反双曲余弦	$\ln(x + \sqrt{x^2 - 1})$
Math.atanh(x)	计算 x 的反双曲正切	$\frac{1}{2}\ln(\frac{1 + x}{1 - x})$
Math.cbrt(x)	计算 x 的立方根	$\sqrt[3]{x}$
Math.clz32(x)	获取 x 表示为 32 位二进制时前导 0 的个数	

（续）

函 数	作 用	计算公式
Math.expm1(x)	计算 x 的矩阵指数减 1	e^x-1
Math.fround(x)	获取最接近 x 的单精度浮点值	
Math.hypot(...values)	计算所有参数平方和的平方根	$\sqrt{\sum_{i=1}^{n} v_i^2}$
Math.imul(x, y)	计算两个参数以 32 位形式相乘的结果	
Math.log1p(x)	计算 1 + x 的自然对数	$\ln(1+x)$
Math.log10(x)	计算以 10 为底的 x 的对数	$\lg(x)$
Math.log2(x)	计算以 2 为底的 x 的对数	$\log_2(x)$
Math.sign(x)	获取 x 的符号	$x=0$ 时：0 $x \neq 0$ 时：$\frac{\|x\|}{x}$
Math.trunc (x)	获取 x 的整数部分	

Math 中增加的函数都用于进行特定的运算，处理方法非常明确，这里就不举例了。

13.6 RegExp

RegExp 对象的 prototype 属性对象新增了三个属性：flags、sticky 和 unicode。另外还有 4 个属性从原来的 RegExp 创建出的实例对象移到 RegExp.prototype 中：global、ignoreCase、multiline 和 source。

sticky、unicode、global、ignoreCase 和 multiline 为 5 种标志，flags 属性可以获取正则表达式实例所使用的所有标志，source 用于获取正则表达式实例的文本内容（不包含两边的斜线以及标志符），这说明一个正则表达式可以分为 source 和 flags 两部分。

5 种标志的含义分别如下。

- sticky：用 y 做标示，表示黏性匹配。
- unicode：用 u 做标示，表示是否使用 Unicode 相关的属性。
- global：用 g 做标示，表示全局匹配。
- ignoreCase：用 i 做标示，表示匹配时不区分大小写。
- multiline：用 m 做标示，表示多行匹配。

我们来看下面的例子。

```
var text = "I wish to wish the wish \nyou wish to wish";
var yRegex = /(\S+) wish ?/y;
var gRegex = /(\S+) wish ?/g;
var iRegex = /(\S+) Wish ?/i;
```

```
    var mRegex = /(\S+) wish ?/m;
    var uRegex = /\u{65}/u;

    log (yRegex.sticky);             //true
    console.log(gRegex.global);      //true
    console.log(iRegex.ignoreCase); //true
    console.log(mRegex.multiline);   //true
    console.log(uRegex.unicode);     //true

    var yimRegex = /(\S+) Wish ?/yim;
    console.log(yimRegex.flags);     //imy
    console.log(yimRegex.source);    //(\S+) Wish ?

    //sticky 标志
    var matchs = [], lastIndexs = [];
    var i = 0;
    do{
        matchs[i++] = yRegex.exec(text);
        lastIndexs[i-1] = yRegex.lastIndex;
    }while(matchs[i-1]!=null);
    console.log(matchs);         //[["I wish ", "I"], ["to wish ", "to"],
    ["the wish ", "the"], null]
    console.log(lastIndexs);     //[7, 15, 24, 0]

    //global 标志
    matchs = [], lastIndexs = [];
    i = 0;
    do{
        matchs[i++] = gRegex.exec(text);
        lastIndexs[i-1] = gRegex.lastIndex;
    }while(matchs[i-1]!=null);
    console.log(matchs);    //[["I wish ", "I"], ["to wish ", "to"], ["the wish ",
"the"], ["you wish ", "you"], ["to wish", "to"], null]
    console.log(lastIndexs);     //[7, 15, 24, 34, 41, 0]

    //sticky、ignoreCase 和 multiline 组合标志
    matchs = [], lastIndexs = [];
    i = 0;
    do{
        matchs[i++] = yimRegex.exec(text);
        lastIndexs[i-1] = yimRegex.lastIndex;
    }while(matchs[i-1]!=null);
    console.log(matchs);    //[["I wish ", "I"], ["to wish ", "to"], ["the wish ",
"the"], ["you wish ", "you"], ["to wish", "to"], null]
    console.log(lastIndexs);     //[7, 15, 24, 34, 41, 0]
```

这个例子中，首先给每个标志定义了正则表达式的实例，并调用其属性进行了检查。然后定义了一个包含 y、i、m 三个标志的实例，并使用 flags 和 source 属性分别获取了它的标志和文本内容。最后分别使用包含 sticky 标志的 yRegex 实例，包含 global 标志的 gRegex 实例以及包含 sticky、ignoreCase 和 multiline 组合标志的 yimRegex 实例匹配字符串 text，并打印出匹配的结果和每次匹配之后 lastIndex 的值。

多知道点

正则表达式

我们经常使用查找字符串的功能，例如在一篇文章中查找某个字符串。该功能实现起来非常简单，例如，要查找“正则表达式”这个字符串，只需要拿文章中的文字与其挨个比较就可以了，如果匹配就找到了，如果不匹配就没找到。

当然，这里也可以使用些技巧，还是查找“正则表达式”字符串，当被查找的字符串为“什么是正则表示法和正则表达式”的时候，就会在遇到第一个“正”的时候逐个匹配到目标字符串“正则表达式”的“达”字，然后发现不匹配，如图 13-1 所示。如果按通常的思路，就需要从被查找字符串的“则”字重新查起，不过既然前面的“正则表”三个字已经被查找过且匹配，而且“则”和“表”都不是“正”，那么说明其中已经匹配过的“正”后面的内容不会再包含“正”字，这样就不需要返回继续匹配，只需要接着匹配“表示法”的“示”和目标字符串的第一个字“正”即可，这种方法叫 KMP 算法。

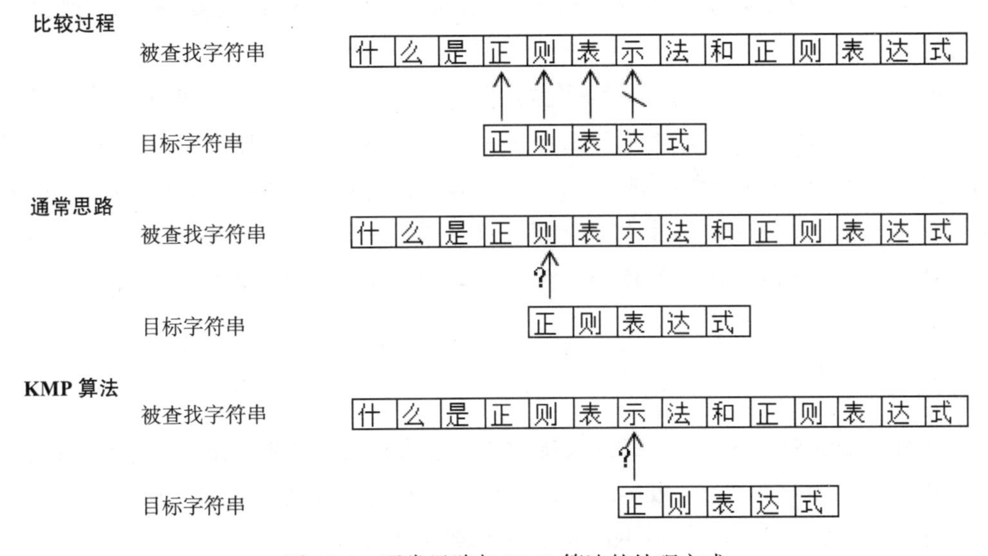

图 13-1　通常思路与 KMP 算法的处理方式

当然，上面例子中的目标字符串是没有重复文字的，如果有重复文字就可能不是退回到目标字符串的第一个字符，例如查找的目标字符串是“我爱我家”，当查找到“家”不匹配的时候，就需要退回到第二个字“爱”，实际使用时需要先对目标字符串中的每个字进行处理，找到每个字所对应的回退位置。

另外，也可以先处理被查找的字符串，例如可以先对其中每个不同的字建立索引，查找时直接按照目标字符串的每个字在索引中查找即可。例如被查找的字符串是“年年岁岁花相似，岁岁年年人不同”，目标字符串是“年岁”，可以先对被查找字符串中不同的字“年、岁、花、相、似、人、不、同”按一定顺序排列（当然，这里也可以使用哈希表），记录每个字在目标字符串中的位置，在查找“年岁”的时候只需要用二分法查找所有“年”出现的位置，然后判断紧接着的是不是“岁”即可。虽然这种方法查找速度非常快，但是预处理的时间较长，因此更适合于被查找的字符串被多次查找的情况。这跟搜索引擎的倒排索引有点相似，不过倒排索引只对其中的“关键字”建立索引，而不是所有字，而且倒排索引只指向文章而不是文章中关键字的位置。

有时候并不是查找连续的字符串，例如，要查找“每分多少转”这样的内容，其中多少为具体的数字。如果用普通的方法则可以用通配符来查找，例如，常用的“?”可以代表一个任意字符，“*”可以代表多个字符。但是，使用通配符查找出来的结果并不一定准确，例如，按“每分*转”查找，结果可能找出了“每分记录一次，当发现XX时转动XX”这样的句子，这显然不是想要的结果，我们想要的是“每分{数字}转”这样的句子。当然，对于底层来说，查找的方式还是逐个文字去比较，只是其中的数字只需要判断类型而不需要判断具体的值，也就是说只要其ASCII码在48（0）到57（9）之间即可。

正则表达式就是用来描述这种有复杂要求的查询结构的。它有两种创建方式，一种是使用直接量的方式，也就是用两个左斜线来创建，另一种是用new关键字创建RegExp的实例对象。两种方式都需要指定匹配的模式和匹配方式（也就是标志）两部分内容。使用直接量创建时，需要把匹配模式放到两个左斜线之间，把匹配方式放到第二个左斜线后面；使用RegExp创建时，需要将匹配模式和匹配方式分别作为第一个和第二个参数，例如下面的例子。

```
var p = /每分\d+转/mg;
var p = new RegExp("每分\d+转","mg");
```

定义好之后就可以使用了。正则表达式自身主要有三个方法：compile、test和exec，分别用于编译、测试和查找。test的返回值为布尔类型，如果查找到匹配的所要的结果则返回true，否则返回false，而exec会将匹配到的结果返回。

正则表达式的底层是一个字一个字来比较的，处理的核心是“位置”和“可能值”。“位置”就是每个字的前面或后面的位置，“可能值”就是位置后面可以匹配的文字。如“/每分\d+转/”表达式就有5个位置：[位置1]每[位置2]分[位置3]\d[位置4]+转[位置5]。其中，位置1为起始位置，位置5为结束位置，只要字符串可以从起始位置匹配到结束位置就与正则表达式匹配。在起始位置（位置1）的时候只有一种可能，如果接下来是“每”字，就到位置2，否则不匹配，这样一直到位置4，在位置4的地方有一个“+”，这表示前面的内容可以重复多次。如果接下来的还是数字，那么还会处于位置 4 原地不动，如果是“转”字则会走到位置 5，也就是结束位置，这样就匹配完了。也就是说在位置 4 的时候有两种选择，一种是数字，另一种是“转”字，如果接下来的文字是其中之一，则步入相应位置，否则匹配失败。这里的“位置”的术语叫“状态”，而这种匹配的规则就叫“有限状态机”，也就是用有限个状态（位置）描述的规则。

第三篇 DOM

DOM 是 Document Object Model 的缩写，表示文档对象模型。大家现在应该已经对 JS 基于对象这一点有了深刻的体会，其核心就是对象。在网页中，JS 最重要的作用就是对文档进行操作，而要想对文档进行操作，首先就要将文档转换成对象，DOM 正是来完成这个使命的。

DOM 的作用是规范文档跟对象的转换方式，例如，文档跟对象之间怎么转换，文档的相关对象都有哪些类型，每种对象都有哪些属性，都可以进行那些操作，以及不同对象之间是什么关系等内容。

然而，DOM 并不是 ES 的一部分，而是一套独立的体系，有自己的标准，并且 DOM 仅用于网页的 HTML 文件中，同时还用于很多其他类型的文件中，例如 XML、MXML、SVG 等。

第 14 章　DOM 概述

14.1　DOM 标准的结构

DOM 标准和其他标准不一样，一般标准只有一个，但是 DOM 标准从第 2 版开始分为多个子标准，每个子标准都是 DOM 标准的一部分，多个子标准合在一起才是一个完整的 DOM 标准。这么做的原因主要是不同的子标准是由不同的作者编制的，而且这么做还有一个好处，那就是新版本的标准可以只更新其中的一部分而不需要全部更新，例如，第 3 版中如果不需要对 Style 做修改，就可以不编制新的 Style 子标准。

DOM 标准到现在为止一共发布了三个正式版本，第 4 版还在完善中，并没有正式发布。DOM1 发布于 1998 年 10 月，只有一份标准，但其内部分为 Core 和 HTML 两部分。DOM2 发布于 2000 年 11 月（其中，HTML 发布于 2003 年 1 月），共包含 6 个子标准：Core、Views、Events、Style、Traversal and Range 和 HTML。DOM3 包含 3 个子标准，其中，Validation 发布于 2003 年 12 月，Core 和 Load and Save 发布于 2004 年 4 月，如表 14-1 所示。

表 14-1　DOM 标准及其子标准

版　本	子　标　准	发布日期
DOM1	DOM1	1998 年 10 月
DOM2	Core	2000 年 11 月
	Events	2000 年 11 月
	Views	2000 年 11 月
	Style	2000 年 11 月
	Traversal and Range	2000 年 11 月
	HTML	2003 年 1 月
DOM3	Validation	2003 年 12 月
	Core	2004 年 4 月
	Load and Save	2004 年 4 月
DOM4	DOM4	未发布

DOM3 中还有几个子标准，但是因为它们没有被 W3C 的 DOM 工作组通过，所以没有正式发布。

14.2　DOM 标准的特点

所有 DOM 标准都有一个共同的特点，除了异常之外的所有对象都是以接口的形式来定义的。这说明具体某种语言在实现 DOM 标准的时候，不一定要使用和标准中接口一样的对象名，只要标准中所定义的对象都已实现就可以了。例如，ES 标准中规定的 String、Number、Array 等内置对象是所有实现 ES 标准的语言都必须定义的，但是 DOM 中规定的 Node、Element、Entity 等却不是这样的，具体语言在实现时可以使用不同的名字，只要每个对象有相应的实现即可。

另外，对象的属性也可以根据具体的语言来使用不同的实现方式，只要实现相应的功能就可以了。例如，获取 Node 类型的 NodeType，在 Java 中使用的是 getNodeType 方法，但在 JS 中却是使用 nodeType 属性来获取的。

每个子标准的具体内容将分不同的章节具体介绍。另外，DOM3 中的 Validation 和 Load and Save 子标准主要用于 XML，本书就不做介绍了。

第 15 章　DOM 核心

Core 标准是 DOM 中最核心的标准，它规定了通用的文档与对象的转换方式。

在 DOM1 中，Core 标准一共有 18 个对象，其中包括 1 个异常对象，14 个用于表示文档的对象和 3 个辅助对象。DOM2 中对象的个数并没有发生变化，只是其中有些对象增加了新的属性。DOM3 扩展为 28 个对象，除了原来的 18 个对象外又增加了 10 个辅助对象，但是浏览器支持度并不好，而且除 DOMError 外的 9 个新增的辅助对象在 DOM4 的草案中已经被删除。

15.1　文档对象

在 DOM 中文档的结构是以节点来表示的，所有的元素（对象）都叫作节点。节点有很多类型，总的节点对象叫作 Node，Node 下面具体分为 10 个子类型，子类型中的 CharacterData 对象又进行细分，整体结构如图 15-1 所示。

Node 的不同类型节点是通过 NodeType 来区分的。NodeType 是 Node 接口对象的属性，共有 12 个值，分别如下所示。

- ❑ Node.ELEMENT_NODE = 1;
- ❑ Node.ATTRIBUTE_NODE = 2;
- ❑ Node.TEXT_NODE = 3;
- ❑ Node.CDATA_SECTION_NODE = 4;
- ❑ Node.ENTITY_REFERENCE_NODE = 5;
- ❑ Node.ENTITY_NODE = 6;
- ❑ Node.PROCESSING_INSTRUCTION_NODE = 7;
- ❑ Node.COMMENT_NODE = 8;
- ❑ Node.DOCUMENT_NODE = 9;
- ❑ Node.DOCUMENT_TYPE_NODE = 10;

- Node.DOCUMENT_FRAGMENT_NODE = 11;
- Node.NOTATION_NODE = 12;

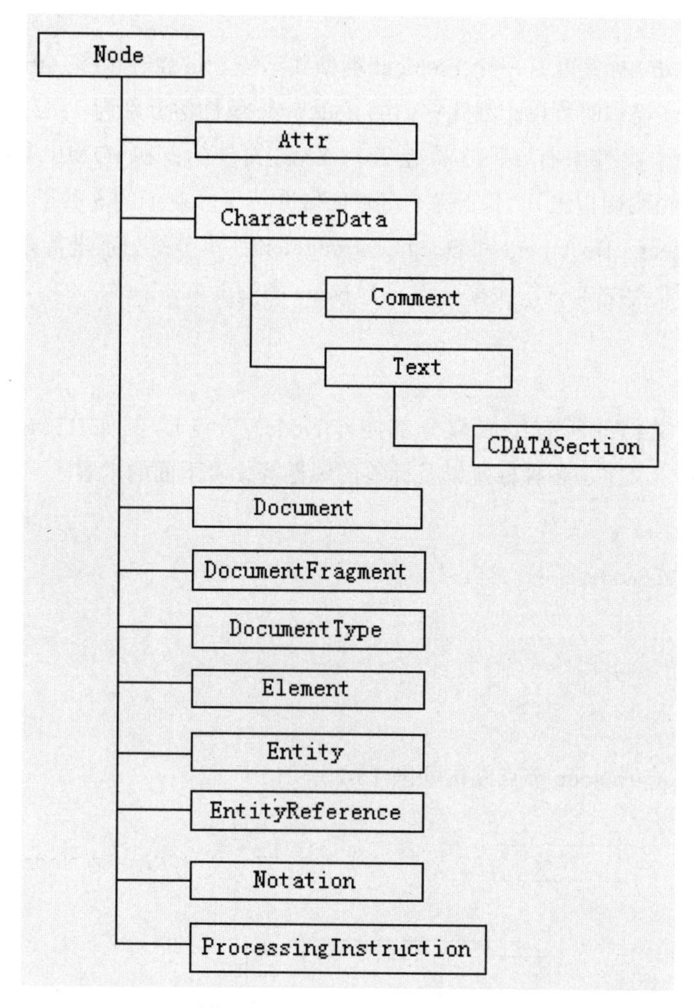

图 15-1　DOM 中文档的结构

NodeType 的属性值和节点类型一一对应，除了 Node 本身和不直接使用的 CharacterData 类型外，每个子节点类型都有一个 NodeType 和它相对应，具体对应关系从名字中就可以看出来。在实际使用中可以通过调用节点对象的 nodeType 属性来获取，例如下面的例子。

```
<div id="a">excelib</div>

<script>
    var div = document.getElementById("a");
    var attr = div.getAttributeNode("id");
    var text = div.firstChild;
```

```
    console.log(div.nodeType);   //1      表示为 Element 节点
    console.log(attr.nodeType);  //2      表示为 Attr 节点
    console.log(text.nodeType);  //3      表示为 Text 节点
</script>
```

这个例子中，div 标签就是一个 Element 类型的节点，id 属性就是 Attr 类型的节点，而 div 中的内容是 Text 类型的节点，因此它们的 nodeType 属性值分别为 1，2，3。

Node 的 12 种子类型中有 6 种主要是针对 XML 文件的，在 HTML 中用不到（这一点在 DOM 标准中已经明确指出），本节就不对它们做介绍了。剩下的 6 种子类型为：Element、Attr、Text、Comment、Document 和 DocumentFragment。本节将分别进行介绍。

在介绍 6 种子类型之前先给大家介绍一下 Node 类型。

15.1.1 Node

在 DOM 中，文档的所有组成部分都叫作 Node（节点），例如 HTML 文件中的 html、head、body、图片、文字、各种标签以及标签的属性等，看下面的内容。

```
<html>
    <head>
        <title>nodeDemo</title>
    </head>
    <body>
        <div>text</div>
    </body>
</html>
```

以上内容所对应的 Node 节点结构如图 15-2 所示。

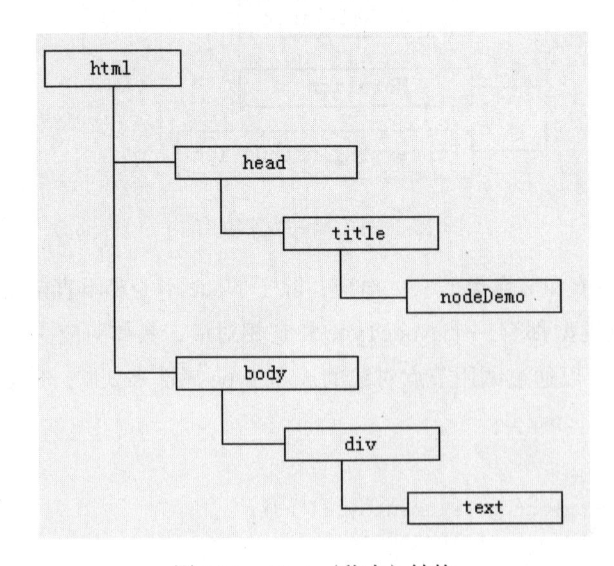

图 15-2 Node（节点）结构

Node 接口是所有节点类型的父接口，其中定义了所有节点通用的属性（包括方法属性），这些属性主要可以分为三大类：属性类、判断类和操作类。另外，本书省略了主要用于 XML 的属性，例如与命名空间相关的属性方法等。

在浏览器中打开一个页面时，浏览器会根据加载的 HTML 文件自动生成相应的 DOM 对象，这样就可以在 JS 中对其进行操作，而 Node 就是所有这些生成的 DOM 对象的总接口，换句话说，浏览器生成的所有 DOM 对象都将包含 Node 中的所有属性。

1. 属性类属性

Node 的属性类属性又可以分为两种类型，一种是可读写的，另一种是只读的。

可读写属性主要有三个：nodeValue、textContent 和 userData。其中，nodeValue 表示节点的值，例如，Text 节点的 nodeValue 就是节点本身的值。textContent 表示节点所包含的文本内容，例如，div 节点中所有子节点的文本内容就是 div 的 textContent。userData 是我们可以自己在节点上设置的值，使用 userData 就相当于将节点看成一个普通的对象，然后对其属性进行操作。对 userData 的操作是使用 setUserData 和 getUserData 两个方法来进行的，但是，这两个方法大部分浏览器现在还不支持。我们来看下面的例子。

```
<div id="a">excelib</div>
<script>
    var div_a = document.getElementById("a");

    console.log(div_a.firstChild.nodeValue);    //excelib

    console.log(div_a.textContent);     //excelib

    div_a.setUserData("customData", {name:"张三", age:19});
    console.log(JSON.stringify(div_a.getUserData("customData")));
                                         //Object { name="张三",  age=19}
</script>
```

Node 的只读属性主要包括以下几个。

- nodeType：节点类型。
- nodeName：节点名称，不同类型的节点有不同的名称，例如 Document 的 nodeName 为 #document，Element 的 nodeName 为元素的标签名等。
- attributes：节点包含的属性节点的集合。
- parentNode：节点的父节点。
- childNodes：节点的所有子节点集合。
- firstChild：节点的第一个子节点。
- lastChild：节点的最后一个子节点。
- previousSibling：节点的前一个节点。

- ❑ nextSibling：节点的后一个节点。
- ❑ ownerDocument：节点所在的文档。

nodeType 的返回值前面已经介绍过，ownerDocument 属性会返回节点所在文档的 document，其他属性都非常容易理解，这里不再解释。

2. 判断类属性

Node 的判断类属性主要包括6个方法属性（省略了主要用于XML的 isDefaultNamespace 方法），分别如下所示。

- ❑ node.isEqualNode (arg)：判断两个节点是否相等，参数为 Node 类型。
- ❑ node.isSameNode (other)：判断是否为同一个节点，参数为 Node 类型。
- ❑ node.isSupported (feature, version)：判断是否支持某个特性。
- ❑ node.hasChildNodes ()：判断是否包含子节点。
- ❑ node.hasAttributes ()：判断是否包含属性。
- ❑ node.compareDocumentPosition (otherNode)：判断两个节点的相互位置关系，参数为另外一个节点。

其中，isEqualNode 方法和 isSameNode 方法的区别是：isEqualNode 方法只判断两个节点是否相同，而 isSameNode 方法只有对同一个节点才会返回 true。我们来看下面的例子。

```
<div id="a"><span>excelib</span><span>excelib</span></div>
<div id="b"><span>excelib</span><span>excelib</span></div>
<script>
    var div_a = document.getElementById("a");
    var div_b = document.getElementById("b");
    var div_clone = div_a.cloneNode(true);

    console.log(div_a.isEqualNode(div_clone));                //true
    console.log(div_a.isSameNode(div_clone));                 //false

    console.log(div_a.isEqualNode(div_b));                    //false
    console.log(div_a.isSameNode(div_b));                     //false

    console.log(div_a.firstChild.isEqualNode(div_a.lastChild));       //true
    console.log(div_a.firstChild.isSameNode(div_a.lastChild));//false

    console.log(div_a.nextSibling.isSameNode(div_b));         //true
</script>
```

这个例子中，div_a 和 div_b 是两个 div 类型的 Node 节点，它们包含的内容相同，div_clone 是 div_a 节点的克隆。这时，div_a 和 div_clone 两个节点虽然相同，但并不是同一个节点；div_a 和 div_b 因为 id 号不同，所以不相同；div_a 的两个子节点因为都是 <span>excelib</span>，所以虽然它们相同，但是不是同一个节点。最后判断 div_a 的下一个节点和 div_b 是否为同一个节点，因为它们是同一个节点，所以返回 true。有的浏览器会将两个 div 之间的空白也算作一个节点，这时候需要使用 div_a.nextSibling.nextSibling 跟 div_b 做比较。

compareDocumentPosition 方法用于判断两个节点的相互位置关系，它的返回值 documentPosition 为 Node 中定义的常量属性，分别如下所示。

- Node.DOCUMENT_POSITION_DISCONNECTED = 0x01：表示连接断开，即不在同一个文档中。
- Node.DOCUMENT_POSITION_PRECEDING = 0x02：表示参数的节点在前面。
- Node.DOCUMENT_POSITION_FOLLOWING = 0x04：表示参数的节点在后面。
- Node.DOCUMENT_POSITION_CONTAINS = 0x08：表示参数的节点包含引用节点。
- Node.DOCUMENT_POSITION_CONTAINED_BY = 0x10：表示参数的节点被包含在引用节点内部。
- Node.DOCUMENT_POSITION_IMPLEMENTATION_SPECIFIC = 0x20：表示位置不确定（依赖具体的实现），例如同一个标签的两个属性。

多知道点

Node 中的 documentPosition 属性值为什么用十六进制表示

Node 中的 documentPosition 属性值为什么要选择这些十六进制的值，而没用像 1、2、3 这些简单的数字呢？为了让大家理解其中的原因，首先将这些十六进制的数转换为二进制形式，转换后的二进制值分别为 1、10、100、1000、10000 和 100000，从这里就可以看出其中的规律，它们都是在前一个的基础上添加一个 0，如果要在程序中创建这种数据，可以使用 1 的左移运算来创建，例如二进制的 100 可以用 1<<2 来创建。这么设置的好处是，可以将多种结果通过按位或的操作整合到一个结果中返回。例如，如果 compareDocumentPosition 方法中参数的节点既在内部又在后面，则可以将 100 和 10000 通过按位或计算出 10100（0x14），然后返回。

这种操作在硬件开发中经常会用到，如果我们只关心返回值中的某一项内容，那么可以使用按位与操作来提取。例如，如果只关心参数节点是否在引用节点内部，那么可以使用返回值跟 10000（0x10）进行按位与操作来判断，也就是判断返回值的二进制形式的第 5 位是否为 1。因为 0x10 只有第 5 位为 1，其他位都是 0，所以跟 0x10 进行按位与操作就会将第 5 位原样保留，而其他位都清零，例如下面的例子。

```
var result = node.compareDocumentPosition(argNode);
if(result & Node.DOCUMENT_POSITION_CONTAINED_BY){
```

```
    //newNode 在 node 内部
}else{
    //newNode 不在 node 内部
}
```

在这个例子中，直接将判断的结果和 Node.DOCUMENT_POSITION_CONTAINED_BY 进行按位与操作，就可以判断出 argNode 是否在 node 内部。

针对 compareDocumentPosition 方法的使用，我们来看下面的例子。

```
<div id="a" class="red">excelib</div>
<div id="b">excelib</div>
<script>
    function log16(num){
        console.log(`0x${num.toString(16)}`);
    }

    var div_a = document.getElementById("a");
    var div_b = document.getElementById("b");

    log16(div_b.compareDocumentPosition(div_a));        //0x2
    log16(div_a.compareDocumentPosition(div_b));        //0x4

    log16(div_a.compareDocumentPosition(div_a.firstChild));        //0x14,  0x10 | 0x04
    log16(div_a.firstChild.compareDocumentPosition(div_a));        //0xa,   0x08 | 0x02

    var div_a_id = div_a.getAttributeNode("id");
    var div_a_class = div_a.getAttributeNode("class");
    log16(div_a_id.compareDocumentPosition(div_a_class));  //0x22,   0x20 | 0x02
    log16(div_a_class.compareDocumentPosition(div_a_id));  //0x24,   0x20 | 0x04
</script>
```

这个例子中，首先定义了一个 log16 方法，用于打印出一个数的十六进制形式，这样便于查看，具体每次判断的结果以及结果的构成在代码中都进行了注释，这里不再详细解释。

3. 操作类属性

Node 的操作类属性主要包括 6 个方法属性：appendChild、cloneNode、insertBefore、removeChild、replaceChild 和 normalize。它们的功能分别是添加子节点、克隆节点、在指定子节点前插入子节点、删除子节点、替换子节点和规范化文档（主要是合并相邻 Text 节点），它们的调用语法分别如下。

- ❑ node.appendChild(newchild);
- ❑ node.cloneNode (deep);
- ❑ node.insertBefore (newchild, refChild);
- ❑ node.removeChild (oldChild);

❑ node.replaceChild (newchild, oldChild);

❑ node.normalize ();

appendChild 方法用于在节点内部的最后添加子节点。cloneNode 用于克隆节点，克隆之后的节点是一个新的、独立的节点，因此，它没有父节点 parentNode。另外 cloneNode 方法还有一个 Boolean 类型的参数表示是否深度克隆，如果为 true，则会连同子节点一起克隆，如果为 false，则只会克隆节点自身。如果 appendChild、insertBefore 和 replaceChild 方法中的 newchild 是从其他地方获取的节点，那么操作之后会移动那个节点，即操作之后原来的节点就没有了（已被移走）。我们来看下面的例子。

```
<div id="a">a</div>
<div id="b">b</div>
<div id="c">c</div>

<script>
    var div_a = document.getElementById("a");
    var div_b = document.getElementById("b");
    var div_c = document.getElementById("c");

    //克隆之后的节点没有父节点
    console.log(div_a.cloneNode(true).parentNode);      //null
    console.log(div_a.parentNode);                       //body

    //将 div_b 节点添加到 div_a 的子节点 a 后面，这样 div_b 节点就移动到 div_a 内部
    //这时文档的结构为
    //   <div id="a">a<div id="b">b</div></div>
    //   <div id="c">c</div>
    div_a.appendChild(div_b);
    console.log(div_a.textContent);               //ab

    //将 div_c 节点插入 div_a 的第二个节点前
    //操作后文档结构为
    //<div id="a">a<div id="c">c</div><div id="b">b</div></div>
    div_a.insertBefore(div_c, div_a.childNodes[1]);
    console.log(div_a.textContent);               //acb

    //使用节点 div_c 替换 div_b，因为这里 div_c 使用的是克隆，所以执行此操作之后，原来的 div_c 还存在，
    //而且因为使用了 false 参数，所以只会克隆 div 标签本身而不会克隆其中的“c”，操作后文档结构为
    //<div id="a">a<div id="c">c</div><div id="c"></div></div>
    div_a.replaceChild(div_c.cloneNode(false),div_b);
    console.log(div_a.textContent);                      //ac

    //删除 div_a 的第三个子节点（序号为 2），操作后文档结构为
    //<div id="a">a<div id="c">c</div></div>
    div_a.removeChild(div_a.childNodes[2]);
    console.log(div_a.textContent);                      //ac
</script>
```

normalize 方法的作用是使文档规范化，主要是将通过脚本动态添加的多个相邻的 Text 节点合并为一个，例如下面的例子。

```
<div id="a">excelib</div>
<script>
    var div_a = document.getElementById("a");

    //div_a 原来包含一个子节点
    console.log(div_a.childNodes.length);                //1

    // 给 div_a 添加两个 Text 子节点
    div_a.appendChild(new Text(".com"));
    div_a.appendChild(new Text(".cn"));

    //div_a 包含三个子节点
    console.log(div_a.childNodes.length);                //3
    console.log(div_a.firstChild.nodeValue);                 //excelib

    //div_a 规范化后，三个子节点会合并为一个子节点
    div_a.normalize();
    console.log(div_a.childNodes.length);                //1
    console.log(div_a.firstChild.nodeValue);                 //excelib.com.cn
</script>
```

15.1.2 Element

Element 节点就是在文档中使用的标签，例如 html、body、div 等标签都是 Element 类型的节点。Element 节点主要包含 tagName、attribute、attributeNode 属性和 getElementsByTagName 方法，本书省略了主要用于操作 XML 文档的命名空间的相关方法。

Element 中的 tagName 用于获取标签的名称，例如 DIV、SPAN 等；getElementsByTagName 方法的作用是按标签名获取子节点；attribute 和 attributeNode 都表示节点的属性，其中，attribute 表示节点的属性值，而 attributeNode 表示属性节点本身，它们都有相应的查询、获取、设置和删除的方法，分别如下所示。

- hasAttribute(name)：判断是否包含指定名称的节点属性。
- getAttribute(name)：获取节点属性的值。
- setAttribute(name, value)：设置节点属性的值。
- removeAttribute(name)：删除指定名称的节点属性。
- getAttributeNode(name)：按名称获取指定属性节点。
- setAttributeNode(newAttr)：设置新属性节点。
- removeAttributeNode(oldAttr)：删除属性节点。

我们来看下面的例子。

```
<div id="a">excelib</div>
<script>
    var div_a = document.getElementById("a");

    console.log(div_a.tagName);                          //DIV
    console.log(div_a.hasAttribute("class"));            //false

    div_a.setAttribute("class", "aaa");
    console.log(div_a.hasAttribute("class"));            //true
    console.log(div_a.getAttribute("class"));            //aaa

    div_a.removeAttribute("class");
    console.log(div_a.hasAttribute("class"));            //false

    //创建属性类型的节点 nameAttr
    var nameAttr = document.createAttribute("name");
    nameAttr.value = "divName";

    div_a.setAttributeNode(nameAttr);
    console.log(div_a.hasAttribute("name"));             //true
    console.log(div_a.getAttributeNode("name"));         //name="divName"

    div_a.removeAttributeNode(nameAttr);
    console.log(div_a.hasAttribute("class"));            //false
</script>
```

一般情况下，直接使用 attribute 的相关方法来操作就可以了，因为这些方法使用起来非常简单。attributeNode 的相关方法很少使用，但是，在将一个标签的属性复制到另外一个标签的时候，使用 setAttributeNode 还是比较简单的，例如下面的例子。

```
<div id="a" class="abc" name="testDiv">excelib</div>
<div id="b">excelib</div>
<script>
    var div_a = document.getElementById("a");
    var div_b = document.getElementById("b");

    for(var node of div_a.attributes){
        if(node.name!="id"){
            div_b.setAttributeNode(node.cloneNode(true));
        }
    }

    console.log(div_b.getAttribute("id"));       //b
    console.log(div_b.getAttribute("class"));    //abc
    console.log(div_b.getAttribute("name"));     //testDiv
</script>
```

在这个例子中，遍历了 div_a 节点中的所有属性，然后将除了 id 之外的所有属性设置到 div_b 节点中。这个例子中用于获取 div_a 全部属性节点的 attributes 属性是定义在 Node 中的属性。

15.1.3 Attr

Attr 节点是表示属性类型的节点，也就是我们常用的标签中的属性，一共包括以下 6 个属性。

- ❑ name：属性名。
- ❑ value：属性值。
- ❑ ownerElement：属性所在的 Element 节点。
- ❑ specified：属性是否被指定，如果显式设定了，则返回 true，如果使用的是默认值，则会返回 false。
- ❑ isId：是否为 Id 属性，这是 DOM3 中新增的属性，浏览器支持得并不好，只有 Safari 可以返回正确的结果。
- ❑ schemaTypeInfo：命名空间相关，主要用于 XML，本书不再详细介绍。

这些属性中只有 value 属性是可以修改的，其他属性都是只读属性。我们来看下面的例子。

```
<div id="a">excelib</div>
<script>
    var div_a_id = document.getElementById("a").getAttributeNode("id");

    console.log(div_a_id.name);             //id
    console.log(div_a_id.value);            //a
    div_a_id.ownerElement;                  //返回 div 节点
    console.log(div_a_id.specified);        //true
    console.log(div_a_id.isId);             //true
</script>
```

15.1.4 Text

Text 节点是表示文本类型的节点，也就是我们平时直接使用的文字。它并不是直接继承的 Node 接口，而是继承自 CharacterData 接口，CharacterData 接口继承自 Node 接口。CharacterData 接口提供了通用的文本处理相关的属性，它并没有直接对应的节点类型。因此，Text 节点可以使用的属性包含 Node 中的属性、CharacterData 中的属性和 Text 自己所拥有的属性三部分。前面已经学习过 Node，本节将给大家介绍 CharacterData 和 Text。

1. CharacterData

CharacterData 接口一共包含 7 个属性（包括方法属性），除了 length 表示数据长度之外，其他 6 个都是与操作数据内容相关的，其中 data 属性表示节点所包含的数据，可读写，另外 5 个属性都是方法属性，分别如下所示。

- ❑ appendData(arg)：在尾部添加数据。
- ❑ insertData(offset, arg)：在指定位置插入数据。

- deleteData(offset, count)：删除指定位置的数据。
- replaceData(offset, count, arg)：替换指定位置的数据。
- substringData(offset, count)：截取指定位置的数据。

我们来看下面的例子。

```
<div id="a">excelib</div>
<script>
    var div_text = document.getElementById("a").firstChild;

    console.log(div_text.length);                      //7
    console.log(div_text.data);                        //excelib

    div_text.appendData("AAA");
    console.log(div_text.data);                        //excelibAAA

    div_text.insertData(1, "BBB");
    console.log(div_text.data);                        //eBBBxcelibAAA

    div_text.deleteData(0, 2);
    console.log(div_text.data);                        //BBxcelibAAA

    div_text.replaceData(3, 5, ",hello:");
    console.log(div_text.data);                        //BBx,hello:AAA

    console.log(div_text.substringData(2, 7)); //x,hello
    console.log(div_text.data);                        //BBx,hello:AAA
</script>
```

这个例子中的代码非常简单，这里不再解释。需要注意的是，这个例子中所有的 offset 参数都是从 0 开始计数的，另外 substringData 方法只会返回截取的内容，而不会修改原来的值。

2. Text

Text 节点本身有一个 wholeText 属性和三个方法属性：replaceWholeText、isElementContentWhitespace 和 splitText。但是，只有 wholeText 和 splitText 方法被支持，其中，wholeText 表示与 Text 节点相邻的所有 Text 节点组成的文本；splitText 方法用于在指定位置将 Text 节点分为两个 Text 节点，参数为分割位置，返回值为分割后的第二个节点，例如下面的代码。

```
<div id="a">excelib</div>
<script>
    var div_a = document.getElementById("a");
    div_a.appendChild(new Text("AAA"));
    div_a.appendChild(new Text("BBB"));

    var div_text = div_a.firstChild;
```

```
    console.log(div_text.data);                    //excelib
    console.log(div_text.wholeText);               //excelibAAABBB

    // 将第一个节点从第 3 个位置分割开，并将分割后的第二个节点克隆一份添加为 div 的最后一个子节点
    // 这时 div 一共包含 5 个子节点，它们的值分别为 exc、elib、AAA、BBB、elib
    div_a.appendChild(div_text.splitText(3).cloneNode(true));
    console.log(div_text.data);                    //exc
    console.log(div_text.wholeText);               //excelibAAABBBelib
    console.log(div_a.childNodes.length);          //5
</script>
```

在这个例子中，将节点分割后使用了 cloneNode 方法，如果不使用，会将第二个节点（elib）移动到最后，这时 div_text 的 wholeText 就成了 excAAABBBelib。

15.1.5 Comment

Comment 节点是表示注释类型的节点，继承自 CharacterData，没有自己的属性。

15.1.6 Document

Document 节点并不是直接在 HTML 文件中存在的节点，它代表整个文档，所有其他的节点都在它之下。例如，HTML 文件中的 html 节点虽然是最外层的节点，但它依然是 Element 类型的节点，而且属于 Document 的子节点。

注意，这里所说的子节点是按照文档的结构，而不是按照接口的结构来说的。如果按照接口的结构来说，Document 和 Element 一样都是 Node 的子接口，而按照文档的结构来说，Element 属于 Document 的子节点，这和 div 属于 html 的子节点一样。

JS 中的 document 对象与 Document 节点相对应，实际上 document 对象是 Document 的子接口 HTMLDocument 的类型。Document 主要包含以下属性（这里省略 XML 文档专用的属性）。

- adoptNode(source)：将另外一个文档中的节点添加到当前文档。
- importNode(importedNode, deep)：引入节点。
- createAttribute(name)：创建属性节点。
- createComment(data)：创建注释节点。
- createDocumentFragment()：创建 DocumentFragment 节点。
- createElement(tagName)：创建 Element 节点。
- createTextNode(data)：创建 Text 节点。
- renameNode(node, namespaceURI, newName)：修改节点名称。
- getElementById(id)：使用 Id 获取 Element 节点。
- getElementsByTagName(tagName)：按照标签名称获取所有节点。

- doctype：文档类型 DocumentType。
- documentElement：获取 Element 根节点，例如 html。
- inputEncoding：编码方式。
- implementation：获取 DOMImplementation。
- strictErrorChecking：是否强制进行错误检查，可读写。

Document 节点的 adoptNode 和 importNode 方法的区别是：adoptNode 方法相当于剪切粘贴，会将原来的节点剪切过来，而 importNode 方法相当于复制粘贴，引入之后，原来的节点还会保留。

Document 中使用最多的方法是 getElementById，它用来按照 Id 获取 Element 节点，前面已经多次使用过。getElementsByTagName 方法可以按照标签名获取节点，在有些情况下使用起来非常方便，例如，在修改标题时可用它来获取 title 节点。但是，如果文档中有多个相同类型的节点（例如多个 div），则会返回所有这种标签节点的集合。另外，create××× 系列创建节点的方法在使用脚本操作节点时也非常有用。

15.1.7　DocumentFragment

DocumentFragment 节点是表示 Document 片段的节点，它是轻量级的 Document，继承自 Node，没有自己的属性。

DocumentFragment 的作用就像一个容器，可以将其他节点暂时存放在里面，而且它对格式要求也不是那么严格，例如，可以直接将一个 Text 文本保存到里面。如果要在文档中插入多个节点，那么可以先创建一个 DocumentFragment，然后将创建出来的节点暂时保存到里面，等所有要插入的节点全部创建完成之后，再使用创建的 DocumentFragment 将所有要插入的节点一次性插入到文档中，这样既可以简化操作，也可以减少直接对 DOM 操作的次数。在将 DocumentFragment 类型的节点插入到文档中时，实际上插入的是它所包含的子节点，这样就使操作更加简便了。

15.2　异常对象

DOM 中的异常是使用 DOMException 对象来管理的。DOMException 对象使用 code 属性表示异常的类型。DOM1 中一共规定了 10 种异常类型，DOM2 中扩展到 15 种，DOM3 中又扩展为 17 种。这 17 种异常类型都与 DOMException 的属性相对应，分别如下所示。

- DOMException.INDEX_SIZE_ERR（1）：索引溢出异常。
- DOMException.DOMSTRING_SIZE_ERR（2）：文本过大异常。
- DOMException.HIERARCHY_REQUEST_ERR（3）：节点层级（位置）异常。

- DOMException.WRONG_DOCUMENT_ERR（4）：在非创建节点的文档中使用节点异常。
- DOMException.INVALID_CHARACTER_ERR（5）：使用了非法字符异常。
- DOMException.NO_DATA_ALLOWED_ERR（6）：对不支持数据的节点使用 Data 异常。
- DOMException.NO_MODIFICATION_ALLOWED_ERR（7）：修改只读节点异常。
- DOMException.NOT_FOUND_ERR（8）：没找到（缺少）所需节点异常。
- DOMException.NOT_SUPPORTED_ERR（9）：不支持（对象或操作）异常。
- DOMException.INUSE_ATTRIBUTE_ERR（10）：属性已经用在其他节点异常。
- DOMException.INVALID_STATE_ERR（11）：使用不可以状态对象异常。
- DOMException.SYNTAX_ERR（12）：语法错误异常。
- DOMException.INVALID_MODIFICATION_ERR（13）：修改底层对象异常。
- DOMException.NAMESPACE_ERR（14）：命名空间错误异常。
- DOMException.INVALID_ACCESS_ERR(15)：不允许（底层对象的属性或操作）异常。
- DOMException.VALIDATION_ERR（16）：校验错误异常。
- DOMException.TYPE_MISMATCH_ERR（17）：类型不匹配异常。

这些异常类型中的前 10 种是 DOM1 中定义的，第 11 ~ 15 种是 DOM2 中新增的，最后两种是 DOM3 中新增的。当发生相应异常时浏览器就会自动抛出，可以使用异常的 code 属性来获取异常的类型，例如下面的例子。

```
<div id="a">excelib</div>
<script>
    var div_a_text = document.getElementById("a").firstChild;
    try {
        div_a_text.appendChild(new Text("abc"));
    }catch (e){
        console.log(e.code);                    //3
    }
</script>
```

在这个例子中，首先获取文本节点 div_a_text，然后给它添加子节点，因为文本节点不可以有子节点，所以这里会抛出节点层级异常（HIERARCHY_REQUEST_ERR），对应的 code 为 3。

15.3 辅助对象

DOM1 和 DOM2 中都包含三种辅助对象：DOMImplementation、NamedNodeMap 和

NodeList。DOM3 中又新增了 10 种对象，但是浏览器支持得并不好，而且除 DOMError 外的其余 9 个对象已经在 DOM4 草案中删除，因此本节主要介绍原来的三种辅助对象。

15.3.1 DOMImplementation

DOMImplementation 接口是独立于文档的一个接口，它一共包含以下 4 个方法。

- hasFeature(feature, version)：检查是否支持指定版本的特性。
- getFeature(feature, version)：获取指定版本的特性。
- createDocumentType(qualifiedName, publicId, ystemId)：创建 DocumentType。
- createDocument(namespaceURI, qualifiedName, doctype)：创建 Document。

DOMImplementation 可以通过 Document 的 implementation 属性获取。hasFeature 和 getFeature 方法中的 feature 指的是 Core、HTML、Events 等特性，有点像 DOM 的子标准，但比子标准更细，例如，feature 中的事件特性可以细分为 MouseEvents、HTMLEvents 等，方法参数中的 version 指的是 DOM 的版本。createDocumentType 和 createDocument 方法分别用来创建 DocumentType 和 Document 类型节点。我们来看下面的例子。

```
<script>
    //获取 DOMImplementation
    var di = document.implementation;

    //调用 hasFeature 方法检查当前浏览器是否支持 MouseEvents、HTML 特性
    console.log(di.hasFeature("MouseEvents", "2.0"));        //true
    console.log(di.hasFeature("HTML", "2.0"));               //true

    //使用 DOMImplementation 创建名为 customDocument 的 Document
    var customDoc = di.createHTMLDocument("customDocument");

    //创建 div 节点，并添加 id 属性和 Text 子节点
    var div = customDoc.createElement("div");
    div.setAttribute("id", "a");
    div.appendChild(new Text("excelib.com"));

    //将创建的 div 节点添加到新创建的 Document
    customDoc.body.appendChild(div);

    //使用创建的 Document 的内容替换当前文档的内容
    document.replaceChild(customDoc.documentElement, document.documentElement);
</script>
```

在这个例子中，首先使用 document 的 implementation 属性获取 DOMImplementation 对象 di。然后使用 di 检查当前浏览器是否支持 MouseEvents 和 HTML 属性。接着使用 di 创建新的文档 customDoc 并给它添加 div 节点。最后使用创建的 customDoc 文档内容替换当前文档中的内容。代码执行后当前文档的内容变为“excelib.com”，源代码变为如下形式。

```
<html><head><title>customDocument</title></head><body><div id="a">excelib.com
</div></body></html>
```

这个例子中，hasFeature 方法用于检查文档所在环境（例如浏览器）是否支持某种特性，但是有些浏览器的新版本中已经不再支持此方法，例如，Chrome、Firefox 和 Opera 会默认返回 true，而 Safari 和 IE 会返回正确的结果。

15.3.2 NamedNodeMap

NamedNodeMap 接口用于保存多个命名节点的 Map 集合，即按照名值对来保存节点，并且它所保存的节点不需要保证相互的顺序关系。例如，可以用它来保存一个 Element 节点中的所有属性节点。它主要包含以下属性（方法）。

- length：包含节点的数量。
- getNamedItem(name)：按名称获取指定的节点。
- setNamedItem(node)：将指定节点添加到 Map 中。
- removeNamedItem(name)：删除指定名称的节点。
- item(index)：按序号获取节点。

这里需要注意两点：第一点，NamedNodeMap 所包含的节点是动态变化的，当它所对应的文档中的节点发生变化时，NamedNodeMap 的内容也会实时进行更新；第二点，NamedNodeMap 所包含的节点的顺序跟在文档中定义的顺序不一定相同。我们来看下面的例子。

```
<div id="a" class="abc" name="testDiv">excelib</div>
<script>
    var div = document.getElementById("a");
    //获取 NamedNodeMap
    var nnm = div.attributes;
    console.log(nnm instanceof NamedNodeMap);   //true

    console.log(nnm.length);                    //3
    console.log(nnm.getNamedItem("name").value); //testDiv

    var titleAttr = document.createAttribute("title");
    titleAttr.value = "this is a test div for NamedNodeMap";
    nnm.setNamedItem(titleAttr);

    nnm.removeNamedItem("class");
    console.log(nnm.getNamedItem("class"));     //(null)

    console.log(nnm.length);                    //3
    console.log(nnm.item(0).value);             //testDiv
    console.log(nnm.item(1).value);             //a
    console.log(nnm.item(2).value);             //this is a test div for NamedNodeMap
</script>
```

从这个例子中可以看出，NamedNodeMap 中保存的属性节点的顺序是没有规律的，跟在 div 标签中定义的属性的顺序并不相同。

15.3.3　NodeList

NodeList 和 NamedNodeMap 非常类似，区别仅在于 NodeList 所包含的节点是有顺序的，并且直接保存节点而不是名值对的形式。在获取一个节点的所有子节点或者调用 document 的 getElementsByTagName 方法按照标签名获取所有节点的时候，都会返回 NodeList 类型的返回值。

NodeList 只包含两个属性，一个是 length 属性，另一个是 item 方法属性，用法和 NamedNodeMap 中的相同，本节不再举例。Element 的所有直接子节点都可以通过 childNodes 属性来获取。

第 16 章　DOM 中的 HTML 标准

HTML 子标准包含的接口非常多，DOM1 包含 56 个接口，DOM2 新增了一个 HTMLOptionsCollection 接口，并去掉一个 HTMLBlockquoteElement 接口，一共还是 56 个，DOM3 没有修改 HTML 子标准。本章的内容全部基于 DOM2。

虽然 HTML 中的接口数量非常多，但是结构很简单。首先是 HTMLDocument 和 HTMLElement，这两个接口分别继承自 Core 标准中的 Document 和 Element，它们在原来的基础上添加了 HTML 特有的属性。然后是两个 Collection：HTMLCollection 和 HTMLOptionsCollection，它们类似于 Core 标准中的 NodeList，HTMLCollection 表示多个 HTML 中节点的集合，HTMLOptionsCollection 表示 HTMLSelectElement 节点中 HTMLOptionElement 子节点的集合。剩余的所有其他接口都继承自 HTMLElement，每一个子接口与一种类型的标签相对应，它们的命名规则是 HTML+ 标签名 +Element，例如 HTMLHtmlElement、HTMLBodyElement、HTMLDivElement 等。HTML 子标准的整体结构如图 16-1 所示。

16.1　HTMLCollection

HTMLCollection 用于表示 HTML 中相同类型节点的集合，例如，文档中所有图片节点的集合、所有表单节点的集合、所有超链接节点的集合、表单中子节点的集合、表格中所有行节点的集合等都可以使用 HTMLCollection 来表示。HTMLCollection 接口只有以下三个属性。

- length：包含节点的个数。
- item(index)：按索引获取节点。
- namedItem(name)：按名称获取节点。

我们来看下面的例子。

```
<div id="a">textA</div>
<div id="b" name="db">textB</div>
<script>
```

```
    var divCollection = document.getElementsByTagName("div");
    console.log(divCollection instanceof HTMLCollection);      //true
    console.log(divCollection.length);                         //2
    console.log(divCollection.item(0).textContent);            //textA
    console.log(divCollection.namedItem("db").textContent);    //textB
</script>
```

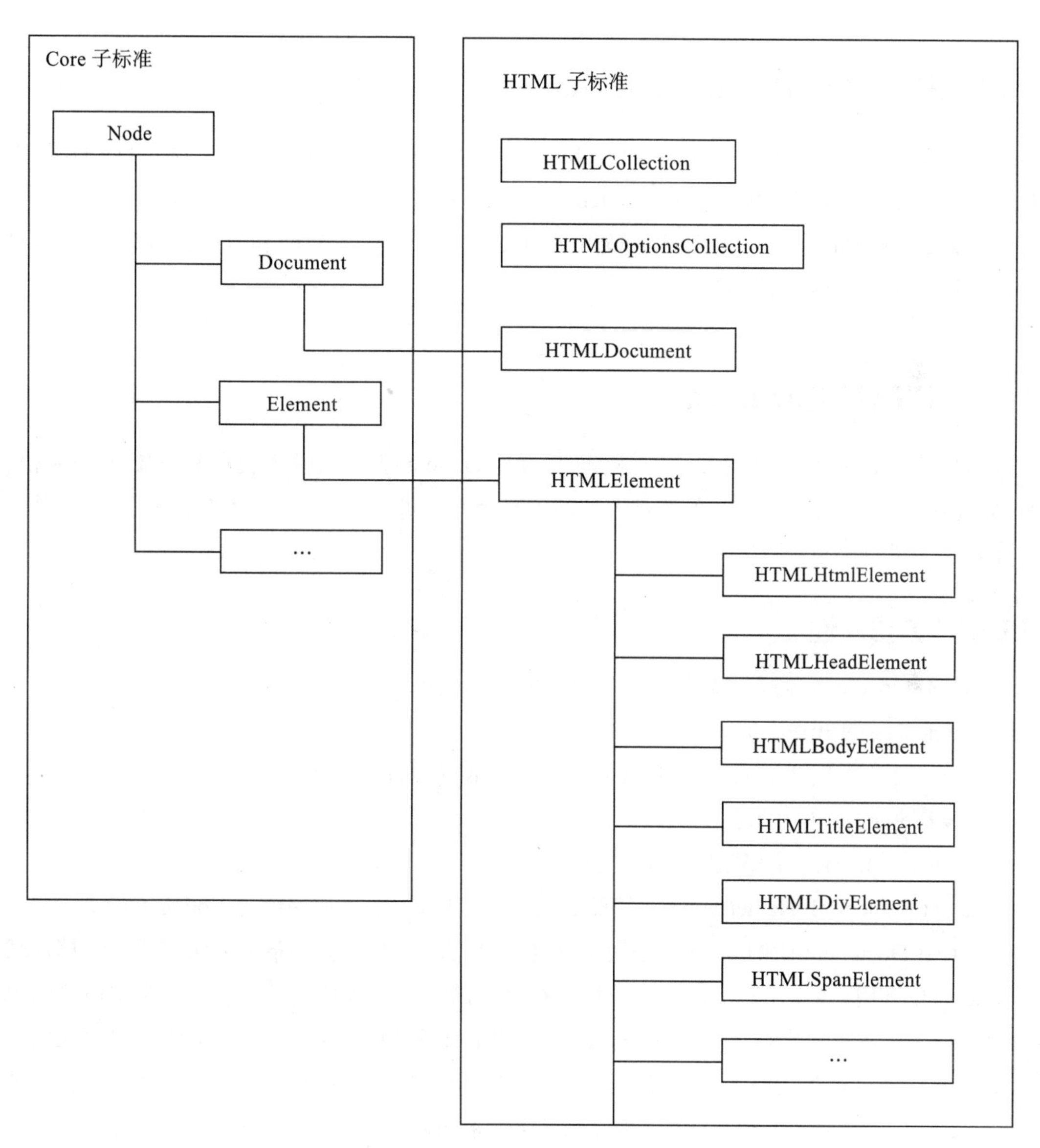

图 16-1 HTML 子标准的整体结构

在这个例子中，文档有两个 div 标签，通过 document 的 getElementsByTagName 方法可以获取它们，返回值组成的 divCollection 就是 HTMLCollection 类型，接着可以使用

divCollection 得到 div 标签（节点）的总个数和具体的每个 div 节点。

注意，Core 子标准中的 Document 的 getElementsByTagName 方法返回的是 NodeList 类型，而 HTML 子标准中的 HTMLDocument 的 getElementsByTagName 方法返回的是 HTMLCollection 类型。

16.2 HTMLOptionsCollection

HTMLOptionsCollection 和 HTMLCollection 接口类似，专门用来保存 Select 标签中 Option 标签所对应的 HTMLOptionElement 类型节点的集合。它比 HTMLCollection 接口多一个 setLength(length) 方法，用来指定 Option 节点的个数，其他方面和 HTMLCollection 接口完全相同，本节不再详细介绍。

16.3 HTMLDocument

HTMLDocument 继承自 Core 子标准中的 Document 接口，用于表示 HTML 中的文档。HTMLDocument 在 Document 的基础上增加了 5 个方法属性、3 个读写属性和 8 个只读属性，本节将分别进行介绍。

16.3.1 方法属性

HTMLDocument 的方法属性共有 5 个，分别如下所示。

- open()：打开一个流。
- close()：关闭用 open 方法打开的流，并显示写入的数据。
- write(text)：写入数据。
- writeln(text)：写入数据，结尾换行。
- getElementsByName(name)：按照 name 属性获取节点，返回值为 NodeList 类型。

HTMLDocument 中的 open 方法用于打开一个流，但要注意，open 方法需要在文档加载完成之后再调用。write 和 writeln 方法用于在打开的流中写入数据，直接写入文本格式的内容就可以了，不需要转换为节点对象。close 方法用于关闭 open 方法打开的流并将写入的信息显示出来。如果在当前文档中使用 open 方法打开新的流并写入内容后原来的内容将会被覆盖。getElementsByName 方法用于按 name 属性来获取节点，我们来看下面的例子。

```
<body onload=reWrite()>
<div name="msg">excelib</div>
<div name="msg">excelib</div>
<script>
```

```
        function reWrite(){
            var msgs = document.getElementsByName("msg");
            console.log(msgs.length);                           //2

            var newDoc = document.open();
            newDoc.write("<html><head><title></title></head><body>
            <span name=\"msg\"> 新内容，哈哈 </span></body></html>");
            newDoc.close();

            msgs = document.getElementsByName("msg");
            console.log(msgs.length);                           //1
            console.log(msgs.item(0).nodeName);                 //SPAN
            console.log(msgs.item(0).textContent);              // 新内容，哈哈
        }
    </script>
    </body>
```

这个例子中，为了保证代码在文档加载完成之后再执行，将代码放在 body 的 onload 事件指向的 reWrite 方法中。原来文档中有两个 name 为 msg 的 div 节点，使用 document 的 getElementsByName 方法获取了它们，接着使用 document 的 open 方法创建新的文档对象 newDoc，并写入新的内容，这时原来文档中的内容就会被新写入的内容所代替。再使用 document 的 getElementsByName 方法获取 name 为 msg 的节点时就只有一个了，并且是 SPAN 类型的节点，这是使用 write 方法写入的。

16.3.2 读写属性

HTMLDocument 的读写属性共有三个，分别如下所示。

- body：body 节点。
- cookie：当前文档的所有 cookie。
- title：文档的标题（注意，这里是字符串类型，而不是 title 节点）。

这三个属性非常简单，但要特别注意 body 属性对应的是 HTMLBodyElement 节点，而 title 属性对应的是文档标题的文字内容，而不是 HTMLTitleElement 节点。

16.3.3 只读属性

HTMLDocument 的只读属性共有 8 个，分别如下所示。

- domain：当前文档的域名。
- URL：当前文档的 url。
- referrer：当前文档的前一个页面的 url。
- anchors：当前文档的所有锚点（a 标签）。
- forms：当前文档中的所有表单。

- images：当前文档中的所有图片。
- links：当前文档的所有链接，包括所有带 href 的 area 标签和 a 标签。
- applets：当前文档的所有 applet。

这 8 个只读属性的作用都是获取相应的信息，前 3 个返回的都是字符串类型，后 5 个返回的都是 HTMLCollection 类型。其中，referrer 就是我们经常说的来源地址，也就是当前页面是从哪个页面打开的，它对于流量的分析非常重要。后 5 个属性通过 Document 自身的方法也可以获取，只是这里提供了更加简单的获取方法，其中，applet 是一种在 HTML 中执行的 Java 代码，现在实际使用得并不多。

16.4 HTMLElement

HTMLElement 继承自 Core 中的 Element 接口，它是 HTML 中的所有 Element 节点元素的父接口，HTML 中所有标签对应的节点接口都继承自 HTMLElement。DOM2 中 HTMLElement 一共有 52 个子接口。

HTMLElement 在 Element 接口的基础上新增了 5 个可读写属性，它的子接口又各自增加了自己所需要的属性。本节主要介绍 HTMLElement 中新增的 5 个属性，HTMLElement 的 52 个子接口就不一一介绍了。

HTMLElement 中新增的 5 个属性为 className、id、dir、lang 和 title。其中，className 对应标签中的 class 属性，因为 class 为 ES 中的关键字，因此这里使用了 className。id、dir、lang 和 title 都直接对应标签的 id、dir、lang 和 title 属性，dir 为 direction 的缩写，表示文本的方向，lang 为 language 的缩写，表示节点的语言类型，title 为节点的标题，它的作用是当鼠标停留在某个节点上时弹出相应的提示信息。

第 17 章　DOM 事件

事件是一个非常重要的概念。前面所用到的 JS 代码大部分都是在页面文件加载时执行的，而且执行一次之后就不会再执行，这对于网页来说这是远远不够的。例如，在单击一个按钮、某个节点的内容发生了变化、鼠标经过某个节点等情况下可能都需要执行相应的操作，这就是事件处理所要做的事情。

简单地说，事件就是用来完成“当…时做…”的功能，也就是起监听的作用。事件给我们提供了一个跟文档对象进行沟通的接口。

事件主要由三部分组成：事件的目标（EventTarget）、事件监听器（EventListener）和事件本身（Event）。事件的目标可以理解为事件的主人，也就是谁的事件，在 DOM 中就是各种 Node 节点；DOM 中的事件监听器可以理解为处理事件的函数；事件就是当事件目标（EventTarget）上特定的事件发生之后发送给事件监听器（EventListener）的信息，各种不同类型的事件可以包含不同的信息。DOM 中的事件除了这三部分外还有一个非常重要的概念，那就是事件流。

17.1　事件流

事件在实际的处理过程中会遇到这样的问题：文档中的树节点是逐层包含的关系，就像大箱子装小箱子，小箱子又装小小箱子一样，所以同一个操作可能会触发多个节点的事件。例如，body 中有个 div，div 中又有个 span，当单击 span 的时候，实际上也同时单击了 span 所在的 div、body 以及 html，而如果这几个节点同时都注册了单击事件，那么当单击了 span 的时候，该执行谁的处理方法呢？事件流就是来解决这个问题的。

Events 子标准中规定事件的传递首先从最外层节点（Document）开始，然后逐层向内部传播，一直传到最内层节点之后再逐层往外返回。整个传播流程可以分为两个过程和三个阶段：两个过程分别叫作捕获过程和冒泡过程，捕获过程是从外向内传播的过程，冒泡过程则是从内往外返的过程；三个阶段分别叫作捕获阶段、目标阶段和冒泡阶段，捕获阶段和冒泡阶段分别对应捕获过程和冒泡过程，目标阶段指的是事件传递到最内层节点时的阶段。对于我们前面所举的 body 中有 div，div 中有 span 的例子，当单击了 span 后，事件的传播过程如图 17-1 所示。

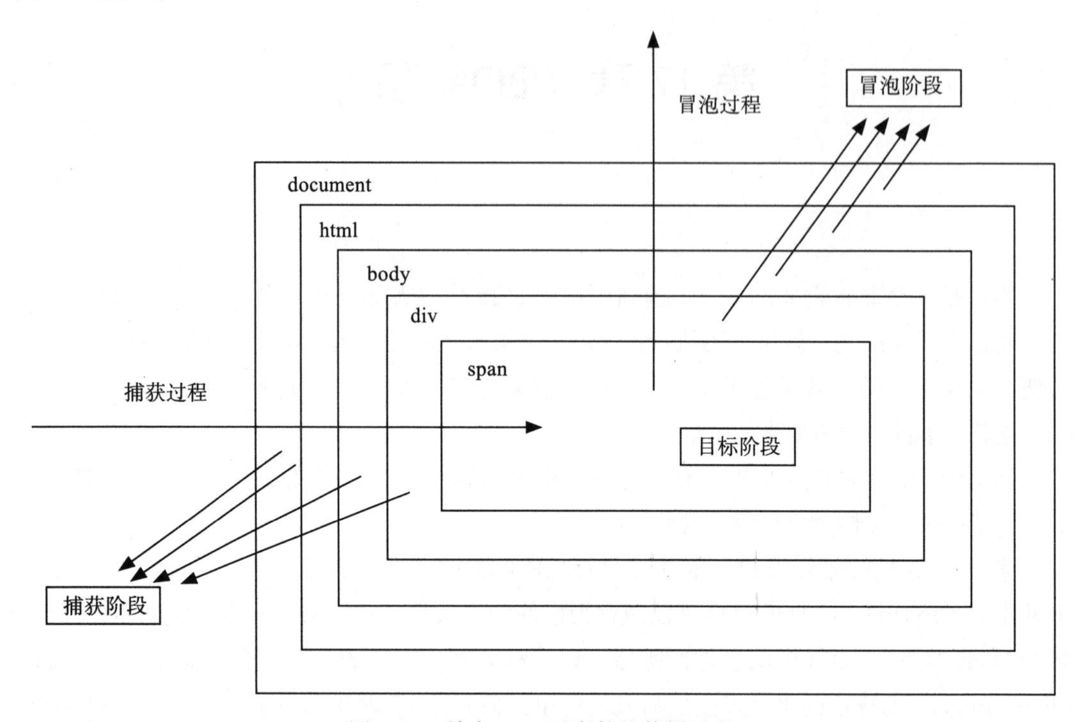

图 17-1　单击 span 后事件的传播过程

当 span 接收到一个事件（例如单击）时，整个事件流的传播过程是首先从 document 开始逐层向内传播的捕获过程，当传递到目标节点（最内层节点）span 时，再按冒泡过程向外返回。DOM 标准中默认的事件处理是在冒泡过程中进行的，也就是说，如果 span 和 div 都注册了相应的事件，那么会先执行 span 的处理，然后再执行 div 的处理。DOM2 中在注册事件时，可以指定是否使用捕获过程来获取节点，如果使用捕获过程，那么会在捕获阶段处理相应事件（在冒泡阶段就不处理了）。

早期的浏览器对事件流的处理过程方面存在些不同，但是现在最新版本的主流浏览器都支持 DOM2 中的事件流处理过程，这就给处理事件带来很大的方便，而且大部分浏览器在实现中的事件从 window 对象就开始了。

在事件流处理过程中所有注册了相应事件的节点都会被处理，例如，在上面的例子中，如果 html、body、div 和 span 都注册了 click 事件，那么在单击 span 后，就会依次执行 span、div、body 和 html 中相应的事件处理方法；如果其中有的 div 节点在注册时使用了捕获过程，那么会在捕获阶段执行 div 的事件处理方法，整个执行过程就变成了 div、span、body、 html，div 在捕获阶段执行之后在冒泡阶段就不再执行。另外，如果在事件处理方法中抛出异常是不会影响事件传播的。

17.2 EventTarget

EventTarget 指事件的目标（主人），即各种不同的节点，DOM 中的节点都可以用作 EventTarget。EventTarget 中共有三个方法属性，如下所示。

- addEventListener(type, listener, capture)：给节点添加监听器，即事件处理程序。
- removeEventListener(type, listener, capture)：删除节点相应的监听器。
- dispatchEvent(event)：发布事件。

其中，type 指的是要监听的事件类型，listener 就是要添加或删除的事件监听器 EventListener，一般为包含一个 event 参数的处理方法，capture 为布尔类型，表示是否使用捕获过程，默认值为 false。我们来看下面的例子。

```
<!DOCTYPE html>
<html lang="zh">
    <head>
        <title>DOM Study</title>
    </head>
    <body>
        <div id="a"><span>excelib</span></div>
        <script>
            var div = document.getElementById("a"),
                    span = div.firstChild,
                    body = div.parentNode,
                    html = body.parentNode,
                    head = html.firstChild;

            window.addEventListener("click",function(event){console.log
            ("window is clicked")});
            document.addEventListener("click",function(event){console.
            log("document is clicked")});
            html.addEventListener("click",function(event){console.log("html is
            clicked")});
            head.addEventListener("click",function(event){console.log("head is
            clicked")});
            body.addEventListener("click",function(event){console.log("body is
            clicked")});
            div.addEventListener("click",function(event){console.log("div is
             clicked")}, true);
            span.addEventListener("click",function(event){console.log("span
            is clicked")});
        </script>
    </body>
</html>
```

这个例子非常简单，文档中 body 内部有一个 div，div 内又有一个 span。在脚本中，我们分别为 window、document、html、head、body、div 和 span 注册了 click 事件监听器，而且给 div 注册时将 capture 设为 true，也就是在捕获过程处理。监听器的内容也非常简单，就是直接在控制台打印出“xxx is clicked”，谁的监听器就是谁 clicked。当我们单击 span 后，控制台会打印出如下结果。

```
div is clicked
span is clicked
body is clicked
html is clicked
document is clicked
window is clicked
```

这里因为给 div 注册事件时将 capture 设为 true，也就是在捕获阶段执行，所以它的事件处理得最早。控制台首先打印出的就是“div is clicked”，然后在目标阶段和冒泡阶段依次处理 span、body、html、document 和 window 的事件。div 的事件在捕获阶段已经处理过，在冒泡阶段就不会再次处理。另外，因为 head 不在事件流所在的树上，所以 head 的事件也不会被处理。

17.3 EventListener

EventListener 是事件监听器接口，用于对接收到的事件具体执行处理。其中只有一个方法 handleEvent(event) 用于具体处理事件。EventListener 接口在实际使用中就是一个包含 Event 参数的方法。

17.4 Event

Event 是事件接口，用来包含事件中的信息，例如事件所在的事件目标、事件类型。如果是单击事件，那么还会包含鼠标单击时的坐标信息等，事件监听器函数在处理事件时都会接收到一个 Event 参数。

Event 是总的事件接口，DOM2 中共有 4 种具体的事件类型，分别是 UIEvents、MouseEvents、MutationEvents 和 HTMLEvents。可以使用 DOMImplementation 的 hasFeature 方法来判断浏览器是否支持某种类型事件，调用时第一个参数传入要检查的事件类型，第二个参数传入 2.0 就可以了。4 个具体事件中，UIEvents 表示跟用户界面相关的事件；MouseEvents 继承自 UIEvents 表示跟鼠标相关的事件；MutationEvents 表示突变事件，例如添加、删除节点等；HTMLEvents 表示跟 HTML 文档相关的事件，例如，节点加载完成、获得焦点、表单提交等。事件类型的继承关系如图 17-2 所示。

UIEvents、MouseEvents 和 MutationEvents 事件分别对应 UIEvent、MouseEvent 和 MutationEvent 接口，HTMLEvents 事件没有专门的接口。4 种子事件接口和 Event 的用法相同，只是在 Event 的基础上添加了自己的属性和初始化方法，并且定义了自己的事件类型。

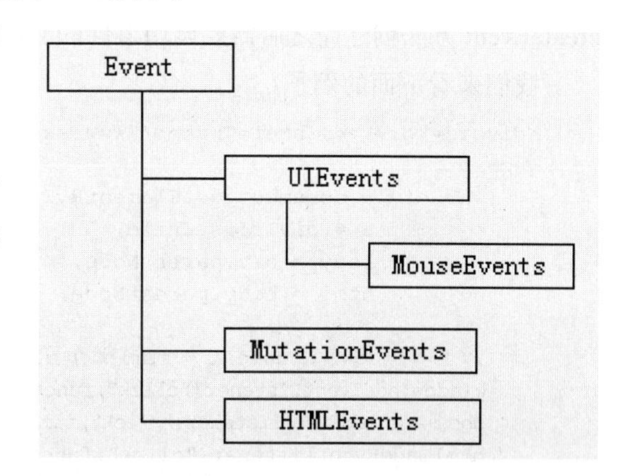

图 17-2　事件类型的继承关系

17.4.1　Event 接口

Event 接口是所有事件类型的总接口，因此 Event 中的属性在所有事件中都可以使用。Event 包含 7 个只读属性、3 个方法属性和 3 个常量属性，分别如下所示。

- type：事件类型，例如 click、load 等。
- target：事件目标，即直接发出事件的节点。
- currentTarget：当前目标，指的是在捕获或者冒泡过程中处理事件时的当前节点。
- eventPhase：事件所处的阶段。
- bubbles：事件是否可以冒泡。
- cancelable：事件是否可以被取消。
- timeStamp：事件创建的时间。
- stopPropagation()：停止事件流传播。
- preventDefault()：阻止默认操作，例如，submit 事件提交表单、a 标签的 click 事件打开链接等。
- initEvent(type, canBubble, cancelable)：初始化属性。
- CAPTURING_PHASE = 1：捕获阶段。
- AT_TARGET = 2：目标阶段。
- BUBBLING_PHASE = 3：冒泡阶段。

其中，最后三个属性为常量属性，用于表示 eventPhase 属性的结果。

Event 中的 stopPropagation 方法用来停止事件流的传播，无论在哪个阶段，只要在事件处理方法中调用了事件的 stopPropagation 方法事件流，就不再接着向下传播了。

Event 中 preventDefault 方法用来阻止当前节点执行默认操作，但它并不会终止事件流的传播，当事件的 cancelable 为 false 时，preventDefault 方法将不起作用。

Event 中 initEvent 方法用于初始化事件。事件可以使用 Document 的 createEvent 方法来

创建，createEvent 方法需要一个子类型事件的字符串参数，例如 UIEvents、MouseEvents 等，createEvent 方法创建完之后需要调用事件的 initEvent 方法初始化后才可以使用。

我们来看下面的例子。

```
<div id="div"><a href="http://www.excelib.com">excelib</a></div>
<script>
    var div = document.getElementById("div"),
            a = div.firstChild,
            body = div.parentNode,
            html = body.parentNode;

    // 给 window、document 和 html 添加 click 事件
    window.addEventListener("click",function(event){console.log("window is clicked")});
    document.addEventListener("click",function(event){console.log("document is clicked")});
    html.addEventListener("click",function(event){console.log("html is clicked")});

    // 给 body 添加 click 事件，打印事件相关信息并终止事件流
    body.addEventListener("click",
            function(event){
                console.log("body is clicked");
                console.log(`type:${event.type}, target:${event.target},
                currentTarget:${event.currentTarget}, eventPhase:${event.
                eventPhase}, bubbles:${event.bubbles}`);
                event.stopPropagation();
            }
    );

    // 给 div 添加 click 事件，打印事件相关信息，在捕获阶段处理
    div.addEventListener("click",
            function(event){
                console.log("div is clicked");
                console.log(`type:${event.type}, target:${event.target},
                currentTarget:${event.currentTarget}, eventPhase:
                ${event.eventPhase}, bubbles:${event.bubbles}`);
            },
            true
    );

    // 给 a 添加 click 事件，打印事件相关信息并阻止默认操作（打开链接）
    a.addEventListener("click",
            function(event){
                console.log("a is clicked");
                console.log(`type:${event.type}, target:${event.target},
                currentTarget:${event.currentTarget}, eventPhase:${event.
                eventPhase}, bubbles:${event.bubbles}`);
                event.preventDefault();
            }
    );

    // 创建 MouseEvents 事件
```

```
    var event = document.createEvent("MouseEvents");
    //初始化事件
    event.initEvent("click", false, true);
    //使用 a 节点发布事件
    a.dispatchEvent(event);
</script>
```

这个例子中，首先在 body 中添加了 div 标签，又在 div 中添加了 a 标签。然后分别给 window、document、html、body、div 和 a 注册了 click 事件，其中，div 是在捕获阶段执行的，body 中会调用 stopPropagation 方法停止事件流，a 中会调用 preventDefault 方法阻止默认操作（打开链接地址）。之后使用 document 的 createEvent 方法创建了 MouseEvents 事件，并调用 initEvent 方法将其初始化为 click 类型事件，其中，canBubble 和 cancelable 分别为 false 和 true。最后使用 a 发布了创建的事件。当浏览器加载完文档之后会在控制台中打印出如下内容。

```
    div is clicked
    type:click, target:http://www.excelib.com/, currentTarget:[objectHTMLDivElement],
eventPhase:1, bubbles:false
    a is clicked
    type:click, target:http://www.excelib.com/, currentTarget:http://www.excelib.
com/, eventPhase:2, bubbles:false
```

上面一共打印出来 4 行信息，前两行是 div 的事件处理器打印出的，后两行是 a 的事件处理器打印出的。我们在脚本中发布了自己创建出来的 click 事件，这样不需要实际使用鼠标单击就可以模拟出鼠标单击的效果。

上面的例子只执行了 div 和 a 的相应事件处理，这是因为我们创建的事件的 canBubble 为 false，所以只执行了捕获过程而没有执行冒泡过程。

因为我们创建 Event 时 cancelable 为 true，所以在 a 的处理方法中调用了 preventDefault 方法后就不会打开新的页面了。

上面例子中的 target 应该是 a 节点，但是 a 节点的 toString 方法会返回其超链接地址，所以这里的 target 打印出来的就是 a 标签的 href 属性的值。

当我们使用鼠标单击 a 标签时控制台会打印出如下内容。

```
    div is clicked
    type:click, target:http://www.excelib.com/, currentTarget:[objectHTMLDivEleme
nt], eventPhase:1, bubbles:true
    a is clicked
    type:click, target:http://www.excelib.com/, currentTarget:http://www.excelib.
com/, eventPhase:2, bubbles:true
    body is clicked
    type:click, target:http://www.excelib.com/, currentTarget:[objectHTMLBodyEleme
nt], eventPhase:3, bubbles:true
```

因为使用鼠标单击的 click 事件的 bubbles 为 true，所以会执行冒泡过程，不过在执行到

body 的事件处理函数时由于调用了事件的 stopPropagation 方法，所以事件就不再继续向上冒泡了，因此，window、document 和 html 的处理程序就不会被执行了。

当然，在使用 document 的 createEvent 方法创建 Event 事件时也可以创建 bubbles 为 true 的事件。另外，createEvent 方法所创建的事件虽然在行为上跟真实事件（例如实际使用鼠标单击）是一样的，但还是有办法将它们区分出来。DOM3 的事件子标准（未正式发布）中，事件 event 有一个 isTrusted 属性，如果是正常的事件，那么它的值为 true，如果是使用代码创建出来的，那么它将为 false，这样就可以将它们区分开。使用 isTrusted 属性可以将正常操作和机器操作（使用脚本自动操作）区分开，但是现在只有新版本的 Firefox 和 IE 支持。

17.4.2 UIEvents 事件

UIEvents 事件对应 UIEvent 接口。UIEvent 继承自 Event 接口，在 Event 接口的基础上增加了两个只读属性和一个方法属性。只读属性是 view 和 detail，分别表示视图和详细信息，view 为 Views 子标准中的 AbstractView 类型，在浏览器中一般就是 window 对象；detail 为整数类型，表示事件的相关信息，所表示的内容跟具体事件有关。新增的方法为 initUIEvent，它在原来的 initEvent 方法上添加了两个自己的属性，它的作用是新建 UIEvent 类型的事件，调用语法如下。

```
event.initUIEvent(type, canBubble, cancelable, view, detail);
```

UIEvents 事件共有三种类型，如表 17-1 所示。

表 17-1 UIEvents 事件的三种类型

事件类型	触发条件	是否可冒泡	是否可取消	相关信息
DOMFocusIn	DOM 节点获得焦点	是	否	无
DOMFocusOut	DOM 节点失去焦点	是	否	无
DOMActivate	DOM 节点激活	是	是	1）简单激活，例如单击 2）超激活，例如双击

表 17-1 中的是否可冒泡和是否可取消分别对应 canBubble 和 cancelable 两个属性。

17.4.3 MouseEvents 事件

MouseEvents 事件对应 MouseEvent 接口。MouseEvent 继承自 UIEvent 接口，它在 UIEvent 的基础上新增加了 10 个只读属性和一个方法属性。新增的 10 个只读属性如下。

- screenX：单击位置以屏幕左上角为原点的横坐标。
- screenY：单击位置以屏幕左上角为原点的纵坐标。
- clientX：单击位置以浏览器内容区域左上角为原点的横坐标。

- clientY：单击位置以浏览器内容区域左上角为原点的纵坐标。
- ctrlKey：布尔类型，表示单击鼠标时是否按了 Ctrl 键。
- shiftKey：布尔类型，表示单击鼠标时是否按了 Shift 键。
- altKey：布尔类型，表示单击鼠标时是否按了 Alt 键。
- metaKey：布尔类型，表示单击鼠标时是否按了 Meta 键，Meta 键在普通的键盘上是没有的，我们也不需要关心。
- button：鼠标的哪个键被单击了，0 表示左键、1 表示中键、2 表示右键。
- relatedTarget：与事件相关联的节点，主要用于 mouseover 和 mouseout 事件。

MouseEvent 接口中新增的方法为 initMouseEvent，它在原来的 initUIEvent 方法上将新增的 10 个属性加到参数中，它的作用是创建 MouseEvent 类型的事件，调用语法如下。

```
    event. initMouseEvent(type, canBubble, cancelable, view, detail, screenX,
screenY, clientX, clientY, ctrlKey, altKey, shiftKey, metaKey, button,
relatedTarget);
```

MouseEvents 事件共有 6 种类型，如表 17-2 所示。

表 17-2 MouseEvents 事件的类型

事件类型	触发条件	是否可冒泡	是否可取消	相关信息
click	单击	是	是	screenX、screenY、clientX、clientY、altKey、ctrlKey、shiftKey、metaKey、button、detail
mousedown	按下鼠标	是	是	screenX、screenY、clientX、clientY、altKey、ctrlKey、shiftKey、metaKey、button、detail
mouseup	松开鼠标	是	是	screenX、screenY、clientX、clientY、altKey、ctrlKey、shiftKey、metaKey、button、detail
mouseover	鼠标进入	是	是	screenX、screenY、clientX、clientY、altKey、ctrlKey、shiftKey、metaKey、relatedTarget
mousemove	鼠标移动	是	否	screenX、screenY、clientX、clientY、altKey、ctrlKey、shiftKey、metaKey
mouseout	鼠标移出	是	是	screenX、screenY、clientX、clientY、altKey、ctrlKey、shiftKey、metaKey、relatedTarget

mouseover、mousemove 和 mouseout 的关系是，当鼠标指针进入节点所在区域时会触发 mouseover 事件，进入之后，只要在节点的区域内移动鼠标就会触发 mousemove 事件，当鼠标指针移出节点区域时会触发 mouseout 事件。

17.4.4 MutationEvents 事件

MutationEvents 事件对应 MutationEvent 接口。MutationEvent 接口继承自 Event 接口，它在原来的基础上添加了 5 个只读属性、一个方法属性和 3 个常量属性。5 个只读属性如下所示。

- ❑ relatedNode：相关节点。
- ❑ prevValue：之前的值。
- ❑ newValue：新值。
- ❑ attrName：属性名。
- ❑ attrChange：属性变化类型。

attrChange 可以取 3 个值，它们都是 MutationEvent 中的常量属性，分别如下所示。

- ❑ MODIFICATION = 1：修改。
- ❑ ADDITION = 2：添加。
- ❑ REMOVAL = 3：删除。

MutationEvent 接口中新增的方法为 initMutationEvent，它在原来的 initEvent 方法上将新增的 5 个只读属性加到了参数中，它的作用是创建 initMutationEvent 类型的事件，调用语法如下。

```
event.initMutationEvent(type, canBubble, cancelable, relatedNode, prevValue,
newValue, attrName, attrChange);
```

MutationEvents 事件共有 7 种类型，如表 17-3 所示。

表 17-3 MutationEvents 事件的类型

事件类型	触发条件	是否可冒泡	是否可取消	相关信息
DOMSubtreeModified	子节点被修改	是	否	无
DOMNodeInserted	DOM 插入节点	是	否	relatedNode(父节点)
DOMNodeRemoved	DOM 节点被删除	是	否	relatedNode(父节点)
DOMNodeRemovedFromDocument	DOM 节点被从文档中删除	否	否	无
DOMNodeInsertedIntoDocument	DOM 节点插入到文档中	否	否	无
DOMAttrModified	DOM 属性被修改	是	否	attrName、attrChange、prevValue、newValue、relatedNode
DOMCharacterDataModified	文本节点的值被修改	是	否	prevValue、newValue

DOMNodeInserted 和 DOMNodeInsertedIntoDocument 的区别是后者不进行冒泡，即只有目标节点本身会触发，而前者可进行冒泡。另外，如果两个事件都注册了，在触发时会先触发前者后触发后者。DOMNodeRemoved 和 DOMNodeRemovedFromDocument 也存在同样的区别。DOMSubtreeModified 事件表示子节点被修改时，触发 DOMNodeInserted、

DOMNodeRemoved、DOMAttrModified、DOMCharacterDataModified 的同时都会触发 DOMSubtreeModified 事件。我们来看下面的例子。

```
<div id="a" class="s">excelib</div>
<script>
    var div = document.getElementById("a"),
            text = div.firstChild;
    var newTextNode = document.createTextNode("newTextNode");

    function listener(event){
        console.log(`${event.type}, ${event.currentTarget}`);
    }

    div.addEventListener("DOMSubtreeModified", listener);
    div.addEventListener("DOMNodeInserted", listener);
    div.addEventListener("DOMNodeRemoved", listener);
    div.addEventListener("DOMNodeRemovedFromDocument", listener);
    div.addEventListener("DOMNodeInsertedIntoDocument", listener);
    div.addEventListener("DOMAttrModified", listener);
    div.addEventListener("DOMCharacterDataModified", listener);

    text.addEventListener("DOMSubtreeModified", listener);
    text.addEventListener("DOMNodeInserted", listener);
    text.addEventListener("DOMNodeRemoved", listener);
    text.addEventListener("DOMNodeRemovedFromDocument", listener);
    text.addEventListener("DOMNodeInsertedIntoDocument", listener);
    text.addEventListener("DOMAttrModified", listener);
    text.addEventListener("DOMCharacterDataModified", listener);

    newTextNode.addEventListener("DOMNodeInserted", listener);
    newTextNode.addEventListener("DOMNodeInsertedIntoDocument", listener);

    text.textContent = "new content";
    console.log("------------------------------------");
    div.setAttribute("class", "s1");
    console.log("------------------------------------");
    div.removeChild(text);
    console.log("------------------------------------");
    div.appendChild(newTextNode)
</script>
```

这个例子中，原始文档的结构为一个 div 包含一个字符串，在脚本中分别对应 div 和 text 变量。另外，我们使用 document 的 createTextNode 方法新建了一个 newTextNode 节点，新建 newTextNode 主要是为了触发 DOMNodeInsertedIntoDocument 事件。接着我们给 div 和 text 添加了所有 MutationEvents 事件的监听，并且给新建的 newTextNode 添加了

DOMNodeInserted 和 DOMNodeInsertedIntoDocument 类型的监听。监听器的处理方法都是打印出事件的类型和处理事件的节点。运行后控制台会打印出如下信息。

```
DOMCharacterDataModified, [object Text]
DOMCharacterDataModified, [object HTMLDivElement]
DOMSubtreeModified, [object Text]
DOMSubtreeModified, [object HTMLDivElement]
-------------------------------------
DOMAttrModified, [object HTMLDivElement]
DOMSubtreeModified, [object HTMLDivElement]
-------------------------------------
DOMNodeRemoved, [object Text]
DOMNodeRemoved, [object HTMLDivElement]
DOMNodeRemovedFromDocument, [object Text]
DOMSubtreeModified, [object HTMLDivElement]
-------------------------------------
DOMNodeInserted, [object Text]
DOMNodeInserted, [object HTMLDivElement]
DOMNodeInsertedIntoDocument, [object Text]
DOMSubtreeModified, [object HTMLDivElement]
```

上面最后一条分割线下面的 [object Text] 指的是新建的 newTextNode 节点，前面指的都是原来的 text 节点。

注意，并不是所有浏览器都支持 MutationEvents 的全部事件，而且不同的浏览器在具体处理时也会存在一些细微的差别。例如，IE 和 Firefox 不支持 DOMNodeRemovedFromDocument 和 DOMNodeInsertedIntoDocument 事件，Chrome 不支持 DOMAttrModified 事件；在 Firefox 和 Chrome 中每执行一次操作都会触发一次 DOMSubtreeModified 事件，而 IE 中在多个相关操作全部处理完之后才会触发 DOMSubtreeModified 事件，例如，上面的例子如果在 IE 中，则在最后一条语句执行完成之后才会触发 DOMSubtreeModified 事件。以后新版本的浏览器有可能会逐渐统一起来。

17.4.5 HTMLEvents 事件

HTMLEvents 事件没有自己单独的接口，也就是说，它直接使用 Event 接口。HTMLEvents 事件共有 12 种类型，如表 17-4 所示。

表 17-4 HTMLEvents 事件的类型

事件类型	触发条件	是否可冒泡	是否可取消	相关信息
load	文档加载完成	否	否	无
unload	文档卸载完成	否	否	无
abort	节点加载完成之前被停止	是	否	无

（续）

事件类型	触发条件	是否可冒泡	是否可取消	相关信息
error	节点加载失败或脚本执行错误	是	否	无
select	选择了输入框中的文本	是	否	无
change	当输入节点（例如 input、select 等）失去焦点并且值发生变化时	是	否	无
submit	提交表单	是	是	无
reset	重置表单	是	否	无
focus	获得焦点，适用于 lable、input、select、textarea 和 button 节点	否	否	无
blur	失去焦点，适用于 lable、input、select、textarea 和 button 节点	否	否	无
resize	改变视图大小（例如最大化浏览器时）	是	否	无
scroll	滚动	是	否	无

表 17-4 中的事件都非常容易理解，focus 和 blur 跟 UIEvents 中的 DOMFocusIn 和 DOMFocusOut 的区别主要在于是否可冒泡和适用范围。

17.5　DOM0 级事件

Events 子标准是在 DOM2 中才加入的。其实，在 DOM 标准发布之前浏览器中就已经可以使用事件了，此类事件一般就叫作 DOM0 级事件。

DOM0 级事件是通过节点的属性来实现的，属性的名称为“on+ 事件名”的格式，其中，事件名的首字母不需要大写，例如，onclick、onload、onfocus 等。DOM0 级事件的添加有两种方式，一种是直接作为属性写在标签中，另一种是在脚本中通过节点对象的属性来添加，例如下面的例子。

```
<body onload="listener(event);">
    <div id="a">excelib</div>
    <script>
        function listener(event){
            console.log(event.type);
        }
        var div = document.getElementById("a");
        div.onclick = listener;
    </script>
</body>
```

这个例子中，首先通过标签的属性给 body 添加 load 事件，然后又通过对象的属性给 div 添加 click 事件，它们的处理方法都是 listener 方法，其中会在控制台打印出事件的类型，当文档加载完成之后控制台会打印出 load，当单击 div 标签时会打印出 click。

DOM0 级事件使用起来比 DOM2 级事件要简单很多，因此 DOM0 级事件现在还使用得非常广泛。但是，它在功能上没有 DOM2 级事件强大，例如，DOM2 级事件可以在注册时指定是否冒泡，可以给同一个节点添加多个相同类型的事件监听，还可以给 body 添加多个 load 事件的监听（这在多人并行开发中或者开发插件时非常有用）。如果想使用这些功能就必须使用 DOM2 中的事件，DOM0 级事件是做不到的。

第 18 章　DOM 样式和视图

Style 和 Views 是 DOM 中的两个子标准，它们都和显示的样式有关系。Style 标准又分为两部分：StyleSheets 和 CSS。要判断浏览器是否支持相应特性，可以分别使用 StyleSheets、CSS 和 Views 来判断，例如下面的语句。

```
var di = document.implementation;
di.hasFeature("StyleSheets", "2.0");     //判断是否支持 StyleSheets
di.hasFeature("CSS", "2.0");             //判断是否支持 CSS
di.hasFeature("Views", "2.0");           //判断是否支持 Views
```

Views、StyleSheets 和 CSS 是逐层包含的关系，Views 用于表示文档所对应的视图；StyleSheets 表示样式表的总接口；CSS 是 StyleSheets 的一个子集，表示层叠样式表。

18.1　Views

Views 子标准用来表示文档所对应的视图，一个 Document 文档可能对应一个视图也可能对应多个视图（例如包含 HTML Frame 的文档）。Views 子标准非常简单，就是将文档和视图关联起来，其中只包含两个接口：AbstractView 和 DocumentView，它们分别代表视图和文档。Document 一般会实现 DocumentView 接口，也就是说 Document 自身就是一个 DocumentView。

DocumentView 接口中只有一个 defaultView 属性，它指向与文档相关联的 AbstractView。AbstractView 接口中也只有一个 document 属性，它指向与视图相关联的 DocumentView。在浏览器中，一般情况下 AbstractView 就是 window 对象。

AbstractView 在 DOM2 标准中的作用并不是很大，UIEvent 中的事件会保存一个 AbstractView 类型的 view 属性，在监听到此类事件时就可以通过这个属性获取 AbstractView，进而可以获取 DocumentView，然后进行一些操作。另外，在 Style 标准中可以通过 AbstractView 的子接口 ViewCSS 来获取计算样式，具体方式我们将在 18.3 节详细介绍。

18.2 StyleSheets

StyleSheets 用于表示样式表的总接口。在 HTML 中使用 Style 标签定义的样式表和使用 Link 标签引入的样式表都属于 StyleSheets。

StyleSheets 标准中一共有 5 个接口，如下所示。

- StyleSheet：样式表的总接口。
- StyleSheetList：样式表的集合，包含一个 length 属性（用来表示样式表的数量）和一个 item 方法属性（用来按序号获取样式表）。
- MediaList：样式表中 media 属性的集合，例如，screen、print、handheld 等，media 属性用于指定样式表所适用的设备。
- DocumentStyle：用于获取文档中的样式表，document 对象实现了此接口。
- LinkStyle：通过节点（例如 Style、Link 节点）获取 StyleSheet 的接口。

18.2.1 StyleSheet

StyleSheet 接口共有 7 个属性，除了 disabled 外都是只读的，如下所示。

- disabled：样式表是否被禁用，为 true 时表示禁用，可修改。
- type：样式表的类型，对于 CSS 来说就是 type/css。
- ownerNode：样式表所对应的节点（Style 或 Link)，当样式表是使用 @import 导入的时，ownerNode 为 null。
- parentStyleSheet：当样式表是使用 @import 导入的时，parentStyleSheet 指向 @import 语句所在的样式表。
- href：节点的 href 属性。
- title：节点的 title 属性。
- media：节点的 media 属性。

StyleSheet 中的 media 属性的作用是指定样式表使用的设备，可以通过这个属性来为同一个页面在不同设备中指定不同的样式表。例如，可以通过 projection 值设置为专门用于投影仪的样式表，通过 handheld 值设置为专门用于手持设备的样式表等。一个 media 属性可以包含多个值，使用逗号分开即可。media 属性的返回值为 MediaList 类型，MediaList 接口包含两个属性和三个方法，如下所示。

- mediaText：media 属性的完整文本内容，可修改。
- length：media 属性包含 Medium 的个数。
- item(i)：通过索引获取 Medium 的内容，返回值为字符串格式。
- deleteMedium(oldMedium))：删除指定 Medium。

❑ appendMedium(newMedium))：添加指定 Medium。

其中，deleteMedium 和 appendMedium 方法的参数都是字符串类型。我们来看一个具体使用 media 的例子。

```
<head>
    <!-- 用于显示器的样式表 -->
    <link rel="stylesheet" type="text/css" href="style.css" media="screen"/>
    <!-- 用于打印机的样式表 -->
    <link rel="stylesheet" type="text/css" href="style_print.css" media="print"/>
    <!-- 用于手持设备的样式表 -->
    <link rel="stylesheet" type="text/css" href="style_ handheld.css" media="handheld"/>
</head>
```

18.2.2 DocumentStyle

DocumentStyle 接口用于获取文档中的样式表。DocumentStyle 的默认实现就是 document 对象，它只包含一个 styleSheets 属性，表示文档中所有的样式表（一个 Style 或 Link 标签表示一个样式表）。需要注意的是，Link 标签需要将 rel 属性设置为 stylesheet 才可以获取到。我们来看下面的例子。

```
<!DOCTYPE html>
<html lang="zh">
    <head>
        <title>DOM Study</title>
        <link media="screen" href="style.css" type="text/css" rel="stylesheet"/>
        <style media="tv, projection" type="text/css"></style>
        <style media="screen, handheld" type="text/css"></style>
    </head>
    <body>
        <div id="a">excelib</div>
        <script>
            var dss = document.styleSheets;

            console.log(dss.length);
            for(var ss of dss){
                console.log(ss.media.mediaText);
            }
        </script>
    </body>
</html>
```

这个例子中，首先使用 document.styleSheets 获取文档中样式表的集合，然后打印出样式表的数量和每个样式表中 media 的文本内容。运行后控制台会打印出如下内容。

```
3
screen
tv, projection
screen, handheld
```

18.2.3 LinkStyle

LinkStyle接口的作用是通过唯一的属性sheet来获取节点相应的样式表，Style或Link节点实现了此接口，例如下面的例子。

```
<!DOCTYPE html>
<html lang="zh">
    <head>
        <title>DOM Study</title>
        <link media="screen" id="style_t" href="t.css" type="text/css"
         rel="stylesheet"/>
    </head>
    <body>
        <div id="a">excelib</div>
        <script>
            var styleNode = document.getElementById("style_t");
            console.log(styleNode.sheet instanceof StyleSheet);      //true
        </script>
    </body>
</html>
```

这个例子中，通过Link节点的sheet属性获取到样式表。这里获取的其实是CSSStyleSheet类型，CSSStyleSheet是在CSS中定义的StyleSheet接口的子接口。

18.3 CSS

CSS是Cascading Style Sheets的缩写，表示层叠样式表，从名字就可以看出它是StyleSheet的一个子集。CSS一共包含22个接口，可以分为5种类型：样式管理类、样式规则类、样式值类、CSS2Properties类和具体节点样式类。

18.3.1 样式管理类接口

样式管理类接口一共有三个：CSSStyleSheet、CSSStyleDeclaration和DOMImplementationCSS。其中，CSSStyleSheet继承自StyleSheet接口并添加了一些自己的属性；CSSStyleDeclaration表示一个样式语句块，即样式表中使用大括号括起来的语句块或者行内style属性定义的语句块；DOMImplementationCSS接口用来创建一个样式表。

1. CSSStyleSheet

CSSStyleSheet继承自StyleSheet接口，在原接口的基础上添加了两个只读属性和两个方法属性，分别如下所示。

- ownerRule：如果是通过@import导入的样式表则返回导入语句的样式规则（CSSRule），否则返回null。

- cssRules：返回所有包含的样式规则。
- insertRule(rule, index)：在指定位置插入样式。
- deleteRule(index)：删除指定位置的样式。

CSSStyleSheet 在 html 中主要包含 Style 标签定义的样式表、Link 引入的样式表和通过 @import 导入的样式表三种类型。ownerRule 和 cssRules 属性分别是我们后面要讲的 CSSRule 和 CSSRuleList 类型。我们来看下面的例子。

```
<!DOCTYPE html>
<html lang="zh">
    <head>
        <title>DOM Study</title>
        <style id="style_a" type="text/css">
            body{
                margin: 0;
                padding: 0;
            }
            #a {
                color:red;
                margin: 23px;
                font-size: 15px;
            }
        </style>
    </head>
    <body>
        <div id="a">excelib</div>
        <script>
            var styleNode = document.getElementById("style_a");
            var styleSheet = styleNode.sheet;

            var rules = styleSheet.cssRules;
            for(var rule of rules){
                console.log(`${rule.cssText}`);
            }

            console.log("------------------------");
            styleSheet.insertRule("body #a{background-color: yellow;}",1);
            for(var rule of rules){
                console.log(`${rule.cssText}`);
            }

            console.log("------------------------");
            styleSheet.deleteRule(0);
            for(var rule of rules){
                console.log(`${rule.cssText}`);
            }
        </script>
    </body>
</html>
```

在这个例子中，首先使用Style节点的sheet属性获取CSSStyleSheet类型对象styleSheet，sheet属性是18.2.3节中讲过的LinkStyle接口中的属性。接着通过cssRules属性获取了样式表中的规则并打印出来。然后分别调用insertRule方法和deleteRule方法添加和删除了一条规则，并将改变后样式表中的规则打印到控制台。注意，添加规则时的序号指添加完成之后样式规则的序号。运行之后控制台会打印出如下结果。

```
body { margin: 0px; padding: 0px; }
#a { color: red; margin: 23px; font-size: 15px; }
------------------------
body { margin: 0px; padding: 0px; }
body #a { background-color: yellow; }
#a { color: red; margin: 23px; font-size: 15px; }
------------------------
body #a { background-color: yellow; }
#a { color: red; margin: 23px; font-size: 15px; }
```

2. DOMImplementationCSS

DOMImplementationCSS继承自DOMImplementation，其中包含一个用于创建样式表的属性方法：createCSSStyleSheet(title, media)，该方法返回一个CSSStyleSheet类型的样式表。但是，DOM2标准中还没有办法将创建的样式表添加到文档中。

3. CSSStyleDeclaration

CSSStyleDeclaration接口代表一个样式声明的语句块，它有两种表现形式，一种是标签中的style属性定义的样式集合（行内样式集合），另一种是样式表中的一个大括号中包含的样式集合。它一共包含一个可读写属性、两个只读属性和6个方法属性，如下所示。

- cssText：样式的文本形式，可读写。
- length：包含样式属性的个数。
- parentRule：对应的样式规则。
- item(index)：按序号获取样式的属性名。
- getPropertyValue(propertyName)：按属性名获取属性值，返回值为文本类型。
- getPropertyCSSValue(propertyName)：按属性名获取属性，返回值为CSSValue类型。
- removeProperty(propertyName)：删除指定属性名的属性。
- getPropertyPriority(propertyName)：判断指定属性名的属性是否具有优先级（!important）。
- setProperty(propertyName, value, priority)：设置属性。

Style标签中定义的CSSRule可以通过style属性来获取其所对应的CSSStyleDeclaration。我们来看下面的例子。

```
<!DOCTYPE html>
```

```
<html lang="zh">
    <head>
        <title>DOM Study</title>
        <style id="style_a" type="text/css">
            #a {
                color:red;
                margin-left: 23px !important;
                font-size: 15px;
            }
        </style>
    </head>
    <body>
        <div id="a">excelib</div>
        <script>
            //通过 id 获取节点，通过节点获取 CSSRule，通过 CSSRule 获取 CSSStyleDeclaration
            var styleNode = document.getElementById("style_a");
            var styleSheet = styleNode.sheet;
            var rule = styleSheet.cssRules[0];
            var styleDeclaration = rule.style;

            console.log(styleDeclaration.cssText);
           //color: red; margin-left: 23px ! important; font-size: 15px;
            console.log(styleDeclaration.length);      //3

            console.log("------------------------");
            for(var prop of styleDeclaration){
                console.log(prop);
            }

            console.log("------------------------");
            console.log(styleDeclaration.getPropertyValue("color")); //red
            console.log(styleDeclaration.getPropertyPriority("margin-left"));
                                                            //important
            console.log(styleDeclaration.getPropertyPriority("font-size"));
                                                            //(空字符串)

            console.log("------------------------");
            styleDeclaration.removeProperty("margin");
            for(var prop of styleDeclaration){
                console.log(prop);
            }

            console.log("------------------------");
            styleDeclaration.setProperty("padding-left", "23px", "important");
            for(var prop of styleDeclaration){
                console.log(prop);
            }
        </script>
    </body>
</html>
```

在这个例子中，首先通过 id 获取到 Style 节点。接着通过节点依次获取对应的样式表、样式规则和样式声明 CSSStyleDeclaration。然后打印 CSSStyleDeclaration 的属性并调用相应方法执行了一些操作。具体内容很容易理解，这里不详细解释。运行后打印结果如下所示。

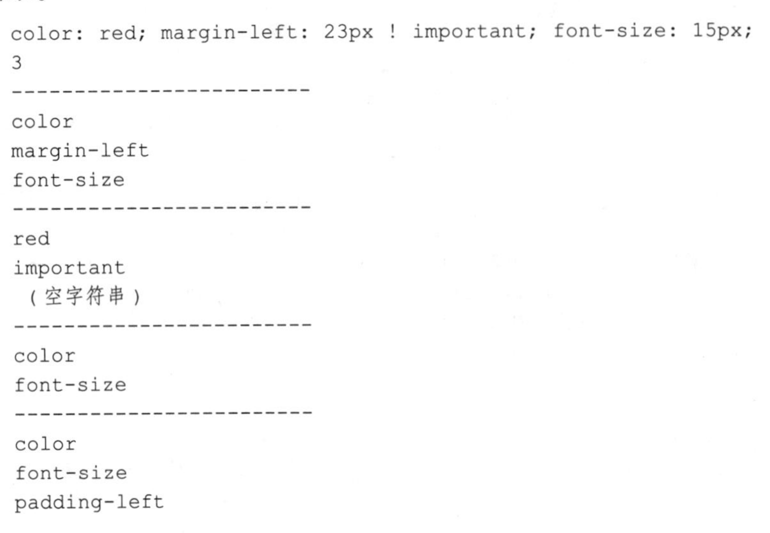

```
color: red; margin-left: 23px ! important; font-size: 15px;
3
------------------------
color
margin-left
font-size
------------------------
red
important
（空字符串）
------------------------
color
font-size
------------------------
color
font-size
padding-left
```

18.3.2 样式规则类接口

CSSRule 表示样式规则。CSSRule 是样式规则的父接口，它还有 7 个具体子接口，每个子接口表示一类具体的样式规则。另外还有一个 CSSRuleList 接口，用来保存多个样式规则的集合，CSSRuleList 中只有一个 length 属性和一个 item 方法属性。

1. CSSRule

CSSRule 是所有样式规则的总接口，共包含一个读写属性、3 个只读属性和 7 个常量属性，如下所示。

- ❑ cssText：样式规则的文本形式，可读写。
- ❑ parentStyleSheet：规则所在的样式表。
- ❑ parentRule：如果规则是另外一个规则中（使用 @ 符号）加入的，那么返回父规则，否则返回 null。
- ❑ type：规则的具体类型。

CSSRule 中 type 属性的返回值为 CSSRule 中定义的常量属性，分别如下所示。

- ❑ UNKNOWN_RULE = 0：表示 CSSUnknownRule 类型的规则。
- ❑ STYLE_RULE = 1：表示 CSSStyleRule 类型的规则。
- ❑ CHARSET_RULE = 2：表示 CSSCharsetRule 类型的规则。

- IMPORT_RULE = 3：表示 CSSImportRule 类型的规则。
- MEDIA_RULE = 4：表示 CSSMediaRule 类型的规则。
- FONT_FACE_RULE = 5：表示 CSSFontFaceRule 类型的规则。
- PAGE_RULE = 6：表示 CSSPageRule 类型的规则。

2. CSSUnknownRule

CSSUnknownRule 表示一个不支持的样式规则，继承自 CSSRule，没有自己的属性。

3. CSSStyleRule

CSSStyleRule 表示最常使用的由选择器加语句块组成的规则，它在 CSSRule 基础上添加了一个可读写属性 selectorText 和一个只读属性 style，分别表示规则的选择器和语句块（CSSStyleDeclaration 类型）两部分，例如下面的例子。

```
<!DOCTYPE html>
<html lang="zh">
    <head>
        <title>DOM Study</title>
        <style id="style_a" type="text/css">
            body #a {
                color:red;
                margin-left: 23px !important;
                font-size: 15px;
            }
        </style>
    </head>
    <body>
        <div id="a">excelib</div>
        <script>
            var styleNode = document.getElementById("style_a");
            var styleSheet = styleNode.sheet;
            var rule = styleSheet.cssRules[0];

            console.log(rule.selectorText);                          //body #a
            console.log(rule.style instanceof CSSStyleDeclaration);  //true
        </script>
    </body>
</html>
```

4. CSSCharsetRule

CSSCharsetRule 指使用 @charset 添加的规则，@charset 用来指定字符集，在使用时必须放在样式表的首行，它只有一个 encoding 属性，代表具体的字符集，可读写。我们来看下面的例子。

```
<html lang="zh">
    <head>
```

```
        <title>DOM Study</title>
        <style id="style_a" type="text/css">
            @charset "utf-8";
        </style>
    </head>
    <body>
        <div id="a">excelib</div>
        <script>
            var styleNode = document.getElementById("style_a");
            var styleSheet = styleNode.sheet;
            var rule = styleSheet.cssRules[0];

            console.log(rule instanceof CSSCharsetRule);            //true
            console.log(rule.encoding);                             //utf-8

            rule.encoding = "GBK"
            console.log(rule.encoding);                             //GBK
        </script>
    </body>
</html>
```

5. CSSImportRule

CSSImportRule 指使用@import 添加的规则，@import 用来引入外部规则。CSSImportRule 接口在原来的基础上添加了三个只读属性，如下所示。

- href：引入规则的超链接地址。
- media：引入规则的 media 属性。
- styleSheet：引入规则所对应的样式表。

@import 的使用语法如下所示。

```
@import url(href) media;
```

其中，href 表示超链接地址，media 表示引入规则的 media 属性，“url”关键字和括号可省略，如果 media 有多个，则可以使用逗号分隔，例如下面的例子。

```
@import url("style.css")  screen, handheld;
@import  "style.css"  screen, handheld;
```

6. CSSMediaRule

CSSMediaRule 指使用@media 添加的规则，@media 用来指定规则适用的设备。CSSMediaRule 接口在原来的基础上添加了两个只读属性和两个方法属性，如下所示。

- media：引入规则的超链接地址。
- cssRules：引入样式规则集。
- insertRule(rule, index)：在指定位置插入规则。
- deleteRule(index)：删除指定位置的规则。

@media 的使用语法如下所示。

```
@media media{ /* 具体规则 */ }
```

例如下面的例子。

```
@media handheld {
    body #a {
        color:red;
        margin-left: 23px !important;
        font-size: 15px;
    }
}
```

7. CSSFontFaceRule

CSSFontFaceRule 指使用 @font-face 添加的规则，@font-face 可以指定一种远程（例如服务器上）的字体。CSSFontFaceRule 接口在原来的基础上添加了一个只读的 style 属性，用于获取 @font-face 添加的规则所对应的语句块。

有了 @font-face 规则，就可以使用自己喜欢的字体，而不需要考虑字体在用户的客户端是否存在，甚至可以使用自定义的字体。使用时，首先用 @font-face 将字体引入，然后就可以在其他规则中使用了，例如下面的例子。

```
@font-face {
    font-family: 田英章行书;
    src: url("../fonts/田英章行书.ttf");
}
#a {
    font-family: 田英章行书;
}
```

在这个例子中，使用 @font-face 引入了一种“田英章行书”的字体，并对 id 为“a”的节点使用该字体。

8. CSSPageRule

CSSPageRule 指使用 @ page 添加的规则，@page 添加的规则用来指定整个页面的属性（例如页边距），一般用于打印。CSSPageRule 接口在 CSSRule 的基础上添加了一个可读写属性 selectorText 和一个只读属性 style，分别表示规则的选择器和语句块（CSSStyleDeclaration 类型）两部分。

18.3.3　值类接口

DOM2 标准中 CSS 的值类接口以 CSSValue 为主，CSSValue 接口有两个子接口：CSSValueList 和 CSSPrimitiveValue。CSSValueList 表示 CSSValue 的集合，只包含一个 length 属性（表示包含 CSSValue 的个数）和一个 item 方法（用来获取指定序号的 CSSValue）；

CSSPrimitiveValue 接口用于表示 CSS 的原始值。

CSSValue 可以通过 CSSStyleDeclaration 的 getPropertyCSSValue 方法获取，很少用到，而且浏览器支持得也不是很好，因此和 CSSValue 相关的接口这里不再详细介绍。

18.3.4 CSS2Properties 接口

CSS2Properties 接口中定义了 CSS2 涉及的所有属性。如果浏览器支持 CSS2，那么语句块（CSSStyleDeclaration）类型对象就会默认实现 CSS2Properties 接口，这样就可以直接使用语句块对象的点操作符来操作各种属性了。其实只是简化了操作，使用点操作符代替了 CSSStyleDeclaration 原来的 getPropertyValue 和 setProperty 方法。如果属性名包含连接符“-”，那么在 CSS2Properties 中就要变成驼峰形式，例如，margin-left 要改为 marginLeft。我们来看下面的例子。

```
<!DOCTYPE html>
<html lang="zh">
    <head>
        <title>DOM Study</title>
        <style id="style_a" type="text/css">
            body #a {
                color:red;
                margin-left: 23px !important;
                font-size: 15px;
            }
        </style>
    </head>
    <body>
        <div id="a">excelib</div>
        <script>
            var styleNode = document.getElementById("style_a");
            var styleSheet = styleNode.sheet;
            var rule = styleSheet.cssRules[0];
            var styleDeclaration = rule.style;

            console.log(styleDeclaration.getPropertyValue("color"));  //red
            console.log(styleDeclaration.color);                      //red
            console.log(styleDeclaration.marginLeft == styleDeclaration.
            getPropertyValue("margin-left"));  //true
        </script>
    </body>
</html>
```

CSS2Properties 接口中规定的属性一共有 122 个，它们既可以获取也可以赋值（修改），具体每个属性本节就不一一列出了。

18.3.5　具体节点的样式接口

前面学习的内容都是样式自身的相关操作，并没有涉及具体的节点，但是在实际使用中样式只有通过节点才能发挥作用。跟节点相关的样式接口一共有三个：ElementCSSInlineStyle、ViewCSS 和 DocumentCSS，分别表示行内样式、计算样式和文档样式。但是对于文档样式接口（DocumentCSS）现有的主流浏览器都不支持，因此本节只给大家介绍前两种类型的样式接口。

1. ElementCSSInlineStyle

ElementCSSInlineStyle 接口用于表示行内样式，即直接在标签中使用 style 属性定义的样式。ElementCSSInlineStyle 接口中只有一个只读的 style 属性，它的返回值为 CSSStyleDeclaration 类型。我们来看下面的例子。

```
<!DOCTYPE html>
<html lang="zh">
    <head>
        <title>DOM Study</title>
        <style id="style_a" type="text/css">
            #a {
                margin-left: 23px !important;
            }
        </style>
    </head>
    <body>
        <div id="a" style="color:yellow; font-size:16px;">excelib</div>
        <script>
            var div = document.getElementById("a");

            console.log(div.style instanceof CSSStyleDeclaration);    //true
            for(var prop of div.style){         //输出 color 和 font-size
                console.log(prop);
            }
        </script>
    </body>
</html>
```

在这个例子中，首先在 div 标签中添加了 style 属性，并且在 style 标签定义的样式表中通过 id 给 div 标签添加了样式。然后，通过 div 节点对象的 style 属性获取到行内定义的样式，并判断出它是 CSSStyleDeclaration 类型，遍历后打印出它所包含的属性为 color 和 font-size，这说明这个例子中 style 属性只包含行内 style 元素定义的样式，而不包含样式表中定义的样式。

2. ViewCSS

ElementCSSInlineStyle 接口获取的只是行内的样式，而一个节点除了行内样式外，还可能包含样式表中定义的样式，以及默认样式等。此外，同一个样式属性还可能会被设置多次，这样涉及优先级的问题，那么一个节点的某个样式属性的值到底是什么呢？ViewCSS接口提供了简单的获取方法。ViewCSS继承自AbstractView接口，在原来的基础上添加了getComputedStyle属性方法，用于获取计算样式，即计算完之后节点最终实际使用的样式。getComputedStyle方法的调用语法如下所示。

```
node.getComputedStyle(element, pseudoElement);
```

参数中，element为节点；pseudoElement为伪节点，例如，hover、active、link等，如果不需要则可用null。返回值为CSSStyleDeclaration类型，我们来看下面的例子。

```
<!DOCTYPE html>
<html lang="zh">
    <head>
        <title>DOM Study</title>
        <style id="style_a" type="text/css">
            body #a {
                color:red;
                margin-left: 23px !important;
                font-size: 15px;
            }
        </style>
    </head>
    <body>
        <div id="a" style="color:yellow; font-size:16px;">excelib</div>
        <script>
            var div = document.getElementById("a");
            var computedStyle = window.getComputedStyle(div,null);

            console.log(computedStyle.length);
        </script>
    </body>
</html>
```

18.1节中介绍过，普通的页面中AbstractView就是window对象，而window对象也实现了ViewCSS接口，因此，在这个例子中直接使用window对象调用getComputedStyle方法就可以获取div节点的计算样式。获取之后又使用它获取了样式包含属性的个数并将结果打印到控制台。计算样式中包含了大量的默认样式，不同浏览器的默认样式的值可能会不一样，而且默认样式的个数也会不一样。例如，这个例子在不同的浏览器中打印出的结果是：Firefox（39）中为236，Chrome（43）中为280，IE（11）中为317，Safari（5.1.7）中为233，Opera（30）中为284，括号内的数字为测试时的版本号。

另外，在老版本的IE中window对象没有实现ViewCSS接口，因此不能使用getComputedStyle方法来获取计算样式，但它可以使用节点的currentStyle属性来获取，在新版本的IE中window对象已经实现了ViewCSS接口。

第 19 章　DOM 遍历和范围

Traversal and Range 子标准规定了遍历节点和使用范围两部分内容。

19.1　遍历

Traversal and Range 子标准中用于遍历节点的接口有两个：NodeIterator 和 TreeWalker，前者提供了按顺序遍历节点的功能，后者在前者的基础上增加了更加方便的遍历方式。

判断浏览器是否支持遍历可以使用下面的语句。

```
var di = document.implementation;
di.hasFeature("Traversal", "2.0");       //判断是否支持 Traversal
```

如果浏览器支持遍历的话就可以使用实现 DocumentTraversal 接口的对象来创建 NodeIterator 和 TreeWalker 了，在创建过程中会用到 NodeFilter 接口。因此，跟遍历相关的接口一共有 4 个：NodeIterator、TreeWalker、DocumentTraversal 和 NodeFilter。

19.1.1　DocumentTraversal

DocumentTraversal 接口的作用是创建 NodeIterator 和 TreeWalker 接口，DOM2 中规定实现 Document 接口的对象（例如 document）也要实现此接口，接口中一共有两个方法，分别如下所示。

- createNodeIterator(rootNode, whatToShow, filter, entityReferenceExpansion)
- createTreeWalker (rootNode, whatToShow, filter, entityReferenceExpansion)

这两个方法的参数相同，第一个参数 rootNode 为节点类型表示所要遍历的范围的父节点；第二个参数 whatToShow 指定要遍历的类型，它的取值范围为定义在 NodeFilter 接口中的常量；第三个参数 filter 是方法类型的过滤器，可以使用它更加灵活地选择需要遍历的节点；第四个参数 entityReferenceExpansion 表示是否扩展实体引用，在 html 中用不到，因此不用关心这个参数。

第二个参数 whatToShow 和第三个参数 filter 都跟 NodeFilter 接口有关，whatToShow 参数可以取 NodeFilter 中的以下常量值。

- NodeFilter.SHOW_ALL = 0xFFFFFFFF：显示所有节点。
- NodeFilter.SHOW_ELEMENT = 0x00000001：显示 Element 类型的节点。
- NodeFilter.SHOW_ATTRIBUTE = 0x00000002：显示 Attr 类型的节点。
- NodeFilter.SHOW_TEXT = 0x00000004：显示 Text 类型的节点。
- NodeFilter.SHOW_CDATA_SECTION = 0x00000008：显示 CDATASection 类型的节点。
- NodeFilter.SHOW_ENTITY_REFERENCE = 0x00000010：显示 EntityReference 类型的节点。
- NodeFilter.SHOW_ENTITY = 0x00000020：显示 Entity 类型的节点。
- NodeFilter.SHOW_PROCESSING_INSTRUCTION = 0x00000040：显示 ProcessingInstruction 类型的节点。
- NodeFilter.SHOW_COMMENT = 0x00000080：显示 Comment 类型的节点。
- NodeFilter.SHOW_DOCUMENT = 0x00000100：显示 Document 类型的节点。
- NodeFilter.SHOW_DOCUMENT_TYPE = 0x00000200：显示 DocumentType 类型的节点。
- NodeFilter.SHOW_DOCUMENT_FRAGMENT = 0x00000400：显示 DocumentFragment 类型的节点。
- NodeFilter.SHOW_NOTATION = 0x00000800：显示 Notation 类型的节点。

这些常量值都是使用十六进制来表示的值，使用十六进制的原因和 15.1.1 节中讲过的 Node 接口中的 documentPosition 属性值所使用的十六进制一样，这里不重述。这么做的好处是可以使用一个参数传入多个值，例如，可以使用 NodeFilter.SHOW_ELEMENT | NodeFilter.SHOW_ATTRIBUTE 作为参数来获取 Element 和 Attr 两种类型的节点，如果需要多种类型的节点，那么将它们使用按位或操作就可以了。

第三个参数 filter 是函数类型，它的参数是遍历到的节点，返回值可以是三个定义在 NodeFilter 接口中的常量值之一，这三个常量值分别如下所示。

- NodeFilter.FILTER_ACCEPT = 1：接收。
- NodeFilter.FILTER_REJECT = 2：拒绝。
- NodeFilter.FILTER_SKIP = 3：跳过。

当返回值为 NodeFilter.FILTER_ACCEPT（也就是 1）时，当前节点就会被遍历到；当返回值为 NodeFilter.FILTER_REJECT 或者 NodeFilter.FILTER_SKIP 时，当前的节点就不会被遍历到。后两个返回值在 NodeIterator 中没有区别，但在 TreeWalker 中，如果返回 NodeFilter.FILTER_REJECT，则会跳过当前节点所包含的子节点，如果返回 NodeFilter.FILTER_SKIP，则只会跳过当前节点，而不影响子节点。

我们来看一个例子。

```
document.createNodeIterator(body, NodeFilter.SHOW_ELEMENT, function(node){
    if(node.nodeName.toLocaleLowerCase() == "ul" && node.className.
    includes("expanded")){
        return NodeFilter.FILTER_ACCEPT;
    }else{
        return NodeFilter.FILTER_SKIP;
    }
},false);
```

这个例子中创建了一个 NodeIterator 类型的遍历器，遍历的元素被第一个参数限定在 body 内（也就是说遍历不到 head 节点），被第二个参数限定为 Element 类型的节点，被第三个参数限定为 ul 类型，并且 class 中包含 expanded 字符串的节点。

19.1.2 NodeIterator

NodeIterator 接口一共包含 4 个只读属性和 3 个方法属性。4 个只读属性就是 createNodeIterator 方法中的 4 个参数：root、whatToShow、filter 和 expandEntityReferences。三个方法属性如下所示。

- ❑ nextNode()：获取下一个节点。
- ❑ previousNode()：获取上一个节点。
- ❑ detach()：卸载遍历器。

节点遍历的顺序是按照节点在文档中从上到下的顺序依次排列的，可以简单地理解为，如果一个节点的第一个字符在另外一个节点的第一个字符前面，那么它的顺序就在另一个节点前面，例如下面的结构。

```
<body>
    <ul>
        <li>1</li>
        <li>2</li>
        <li>3</li>
    </ul>
    <div>
        <span>
            <h1>excelib</h1>
        </span>
    </div>
</body>
```

对于这个文档来说，如果根节点为 body，那么遍历时的顺序就应该是 body、ul、li、text(1)、li、text (2)、li、text (3)、div、span、h1、text (excelib)，即如果有起始标签的话，就按照起始标签的顺序排列，如果没有起始标签（例如 Text 类型），就按照第一个字符排列。可以使用下面的程序实际遍历一下。

```
var body = document.getElementsByTagName("body")[0];
var iterator = document.createNodeIterator(body,NodeFilter.
SHOW_ELEMENT|NodeFilter.SHOW_TEXT, function(node){
    if(node.textContent.trim()==""){
        return NodeFilter.FILTER_SKIP;
    }else{
        return NodeFilter.FILTER_ACCEPT;
    }
},false);

var node;
while(node = iterator.nextNode()){
    console.log(node.nodeName);
}
```

在上面的例子中，我们创建的遍历器以 body 为根节点，whatToShow 设置的是 Element 节点和 Text 节点，filter 参数中将多余的空节点过滤了出去（有的浏览器中的空白部分会作为一个空的 Text 节点）。程序运行后控制台会打印出如下内容。

```
BODY
UL
LI
#text
LI
#text
LI
#text
DIV
SPAN
H1
#text
```

打印出的内容跟之前分析的结果完全一致。

detach 方法的作用主要是卸载遍历器、释放资源并将遍历器设置为 INVALID 状态，这时遍历器就不可以再使用了。目前主流浏览器支持得并不好，Firefox 和 Chrome 的早期版本可以正确执行，但在新版本中去掉了相应功能，虽然还可以调用但是不执行功能，新版的 IE 还可以正确执行。

19.1.3 TreeWalker

TreeWalker 接口比 NodeIterator 接口多了一个读写属性和 5 个方法属性，如下所示。

- currentNode：当前节点，可读写。
- parentNode()：父节点。
- firstChild()：第一个子节点。
- lastChild()：最后一个子节点。

- previousSibling()：上一个同辈节点。
- nextSibling()：下一个同辈节点。

TreeWalker 中还包括 NodeIterator 接口中除了 detach 方法外的所有属性，而且作用都相同，这里不再列举。本节中的 currentNode 属性代表当前遍历的节点，也就是每次调用 7 个遍历节点方法后返回的节点，7 个遍历方法在遍历时都是在 currentNode 所代表的节点的基础上获取其他节点的，而且 currentNode 属性也可以修改，即可设置当前的位置。这和看地图差不多，7 个遍历方法就像前后左右 4 个方向，currentNode 就相当于当前所处的位置，无论向哪个方向走，只要停下来，那么所停的位置就叫作“当前位置”，前后左右 4 个方向都是相对于“当前位置”来说的，而且当前位置也可以随意指定。

新增的 5 个方法非常简单，这里不再举例。需要注意的一点是，NodeIterator 和 TreeWalker 在遍历时都使用节点的引用，因此当遍历器所包含范围中的节点发生变化时，遍历器遍历出来的结果也会发生变化，也就是说，当文档中节点发生变化时，遍历出来的结果是变化之后的结果。

19.2　范围

DOM 中的 Range（范围）提供了一种更加灵活的操作方法，前面我们介绍过的所有接口在操作文档时只能按节点进行操作，而 Range 提供了一个可以操作任意文档片段的方法，即 Range 可以对节点的一部分进行操作，而不是整个节点。

Range 使用 DocumentRange 接口创建。DocumentRange 接口中只有一个无参数的 createRange 方法，它返回一个 Range，在支持 Range 的浏览器中，document 对象会实现 DocumentRange 接口，判断浏览器是否支持 Range 可以使用如下语句。

```
var di = document.implementation;
di.hasFeature("Range", "2.0");          // 判断是否支持 Range
```

document 的 createRange 方法创建的 Range 需要初始化之后才可以使用。Range 中包含了很多方法，它们可以分为三大类：初始化范围、操作范围和操作范围内容。

19.2.1　初始化范围

初始化范围可以表示文档中的任意部分，它由 4 个属性确定，另外还有一个跟这 4 个属性紧密相关的属性，如下所示。

- startContainer：起始容器，可以理解为起始节点。
- startOffset：起点偏移量。
- endContainer：结尾容器，可以理解为结尾节点。

❑ endOffset：结尾偏移量。

❑ commonAncestorContainer：包含范围的最小子容器。

在学习这几个属性之前，先来思考一个问题：如果要在一篇文章中随意取出来一个片段（不一定是整段内容），那么怎么表示最方便且不会有歧义呢？如果使用所选取的片段前后的文字内容作为标记，那么符合条件的文字内容可能会在文章中出现不止一次，这就会使选择的片段不够清晰。例如，选择从“我们”到“好”之间的内容，这样的表述可能会导致有多种符合条件的结果。要想使语句简单而且还能准确表达我们的含义，则可以使用位置来指定，例如，“从第 a 段的第 b 句话到第 c 段的第 d 句话”或者“从第 a 段第 b 句话的第 c 个字到第 d 段第 e 句话的第 f 个字”，这样就不会产生歧义了。

DOM2 中的 Range 正是采用上面所说的第二种方法来指定的。startContainer 表示 Range 起始位置所属节点，也就是起始位置所在节点的父节点。startOffset 指的是 Range 起始位置在 startContainer 的子节点中的偏移量，如果 startContainer 为 Element 类型，那么偏移量指的是 Range 从 startContainer 的第一个子节点开始偏移几个子节点；如果 startContainer 为 Text 类型，那么偏移量就是文本内容偏移的字符数，可以将这里的 Text 节点看作其所包含文字的父节点，这样就容易理解了。endContainer 和 endOffset 属性也是同样的含义。commonAncestorContainer 属性表示可以将整个 Range 包含在内的最小节点。我们来看下面的例子。

```
<div id="book">
    <ul>
        <li id="yj">易经</li>
        <li id="ly">论语</li>
        <li id="ddj">道德经</li>
    </ul>
    <ul>
        <li id="dzj">地藏经</li>
        <li id="lfsx">了凡四训</li>
        <li id="dzg">弟子规</li>
    </ul>
    <ul>
        <li id="hdnj">黄帝内经</li>
        <li id="shl">伤寒论</li>
        <li id="nj">难经</li>
        <li id="bcgm">本草纲目</li>
    </ul>
</div>
```

假如要选择上面例子中的粗体部分（从论语所在节点一直到“本草”结束），这时的 startContainer 就应该为一个 ul 节点，startOffset 为 1，endContainer 为“本草纲目”所在的 Text 节点，endOffset 为 2，而 commonAncestorContainer 就是 div 节点，因为只有它才能将整个 Range 包含在内。如果 Range 结尾的部分包含最后一个 </ul> 标签，那么 endContainer 就应该为 div，endOffset 应该为 3。这说明确定 startContainer 和 endContainer 的唯一方法就是看起始位置和结束位置所在节点的父节点。

在 Range 中，这里所使用的 startContainer 等 5 个属性都是只读属性，不可以通过它们来初始化 Range。Range 的初始化从大的方面来说有两种方法：通过属性初始化和通过节点初始化。

1. 通过属性初始化

通过属性初始化当然就是要设置 Range 的 4 个属性。最直接的方法就是调用 setStart 和 setEnd 方法。它们的调用语法如下所示。

- range.setStart(startContainer, startOffset);
- range.setEnd(endContainer, endOffset);

我们看下面的例子。

```
<!DOCTYPE html>
<html lang="zh">
    <head>
        <title>DOM Study</title>
        <meta charset="UTF-8">
    </head>
    <body>
          <div id="book"><ul><li id="yj">易 经</li><li id="ly">论 语</li><li
id="ddj">道德经</li></ul><ul><li id="dzj">地藏经</li><li id="lfsx">了凡四训</li><li
id="dzg">弟子规</li></ul><ul><li id="hdnj">黄帝内经</li><li id="shl">伤寒论</li><li
id="nj">难经</li><li id="bcgm">本草纲目</li></ul></div>

        <script>
            var book = document.getElementById("book");
            bcgm = document.getElementById("bcgm");

            var range = document.createRange();
            range.setStart(book.firstChild, 1);
            range.setEnd(bcgm.firstChild, 2);

            console.log(range.toString());
        </script>
    </body>
</html>
```

这个例子所使用的文档就是上一节中用过的 div 类型的 book 节点，只是为了去掉空白节点的干扰，这里将它们写到了一行中。另外，因为这个例子中用了中文，所以使用 mete 标签将字符集设置为 UTF-8。在脚本中分别使用 setStart 和 setEnd 方法设置 Range 的 4 个参数，最后使用 toString 方法获取 Range 的内容并将其打印出来。toString 方法可以获取 Range 中的文本内容。脚本执行后控制台会打印出如下结果。

```
论语道德经地藏经了凡四训弟子规黄帝内经伤寒论难经本草
```

在 Range 中，除了 setStart 和 setEnd 方法外，还有 4 个操作起来更加简单的方法，如下所示。

- setStartBefore(node)：将 Range 的起始位置设置到参数节点之前。
- setStartAfter(node)：将 Range 的起始位置设置到参数节点之后。
- setEndBefore(node)：将 Range 的结束位置设置到参数节点之前。
- setEndAfter(node)：将 Range 的结束位置设置到参数节点之后。

这 4 个方法很容易理解，使用它们进行初始化之后，startContainer 等 4 个属性会自动设置，例如，前面例子中的起始位置还可以使用下面的方法来设置。

```
range.setStartBefore(book.firstChild.childNodes[1]);
```

或者

```
range.setStartAfter(book.firstChild.childNodes[0]);
```

2. 通过节点初始化

如果 Range 的范围正好是某个节点的话，就可以使用下面两个方法来更加简单地初始化。

- selectNode(node)
- selectNodeContents(node)

这两个方法都会将参数中的节点作为 Range。它们的区别是前一个方法会将节点本身作为 Range 的一部分，而后一个方法只会将节点中所包含的内容作为 Range，本身不属于 Range 的一部分。

这两个方法对 Range 进行初始化后 startContainer 等 4 个属性也会自动设置。它们的用法非常简单，这里不再举例。

19.2.2 操作范围

对 Range 本身的操作主要有以下方法（属性）。

- deleteContents()：删除 Range 所包含的内容。
- extractContents()：剪切 Range 所包含的内容。
- cloneContents()：复制 Range 所包含的内容。
- cloneRange()：复制 Range。
- collapse(toStart)：折叠（清空）Range。
- compareBoundaryPoints(how, sourceRange)：比较两个 Range 的相对位置。
- detach()：卸载 Range，调用后就不可以再对 Range 进行操作了。
- collapsed：只读属性，返回 Range 是否为折叠状态。

这里的 deleteContents 方法会删除 Range 所包含的内容，即在文档中删除，如果删除之后结构不完整，那么浏览器将会自动补充相应的标签使结构完整。例如，在上一节的例子中，如果调用 deleteContents 方法将 Range 删除之后就会变为下面的结构。

```
<div id="book">
   <ul>
       <li id="yj">易经</li>
    </ul>
    <ul>
       <li id="bcgm">纲目</li>
    </ul>
</div>
```

这里自动补充了相应的 ul 和 li 标签。

extractContents 和 cloneContents 方法都会返回 DocumentFragment 类型的返回值，返回之后还可以将它添加到其他地方。同样，如果添加后结构不完整，那么浏览器也会自动补充相应标签，使得结构完整。cloneRange 方法返回一个与当前 Range 相同的 Range 对象，对克隆的 Range 进行操作之后原来的 Range 不会发生变化。

collapse 方法的作用是折叠 Range，即将起始位置和结束位置设置为同一个位置，调用 collapse 方法后，Range 将不再包含任何内容。collapse 有一个布尔类型的参数，如果为 true，则会折叠到 Range 的起始位置，如果为 false，则会折叠到 Range 的结束位置。Range 当前是否为折叠状态，可以使用 collapsed 属性来获取。另外，折叠之后，虽然 Range 中不再包含内容了，但是它原来所包含的内容在文档中并不会发生变化，因为折叠的本质其实就是设置了 startContainer 等 4 个属性。

compareBoundaryPoints 方法的作用是比较两个 Range 的先后位置，它的调用语法如下所示。

```
range.compareBoundaryPoints(how, argRange);
```

其中，第一个参数为 Range 中定义的常量属性，这些常量属性分别如下所示。

- START_TO_START = 0：起始位置和起始位置比较。
- START_TO_END = 1：参数 Range 的起始位置和当前 Range 的结束位置比较。
- END_TO_END = 2：结束位置和结束位置比较。
- END_TO_START = 3：参数 Range 的结束位置和当前 Range 的起始位置比较。

如果参数 Range 的边界位于当前 Range 边界前面，则返回 1，位于后面，则返回 –1，相同则返回 0。我们来看下面的例子。

```
<div id="book"><ul><li id="yj">易经</li><li id="ly">论语</li><li id="ddj">道德经</li></ul><ul><li id="dzj">地藏经</li><li id="lfsx">了凡四训</li><li id="dzg">弟子规</li></ul><ul><li id="hdnj">黄帝内经</li><li id="shl">伤寒论</li><li id="nj">难经</li><li id="bcgm">本草纲目</li></ul></div>

<script>
    var book = document.getElementById("book");
    bcgm = document.getElementById("bcgm");
```

```
    var range = document.createRange();
    range.setStart(book,0);
    range.setEnd(bcgm.firstChild,2);

    var range1 = document.createRange();
    range1.setStart(book,1);
    range1.setEnd(bcgm.firstChild,2);

    console.log(range.compareBoundaryPoints(Range.START_TO_START, range1));   //-1
    console.log(range.compareBoundaryPoints(Range.START_TO_END, range1)); //1
    console.log(range.compareBoundaryPoints(Range.END_TO_END, range1));   //0
</script>
```

这个例子使用的还是前面例子的文档结构，首先创建两个 Range：range 和 range1。它们的结束位置相同，range 的起始位置在 range1 前面，它们的范围分别为下面的黑体部分，为了方便大家阅读，这里进行了格式化。

```
<!-- Range -->
<div id="book">
    <ul>
        <li id="yj">易经</li>
        <li id="ly">论语</li>
        <li id="ddj">道德经</li>
    </ul>
    <ul>
        <li id="dzj">地藏经</li>
        <li id="lfsx">了凡四训</li>
        <li id="dzg">弟子规</li>
    </ul>
    <ul>
        <li id="hdnj">黄帝内经</li>
        <li id="shl">伤寒论</li>
        <li id="nj">难经</li>
        <li id="bcgm">本草纲目</li>
    </ul>
</div>

<!-- Range -->
<div id="book">
    <ul>
        <li id="yj">易经</li>
        <li id="ly">论语</li>
        <li id="ddj">道德经</li>
    </ul>
    <ul>
        <li id="dzj">地藏经</li>
        <li id="lfsx">了凡四训</li>
        <li id="dzg">弟子规</li>
    </ul>
    <ul>
```

```
        <li id="hdnj">黄帝内经</li>
        <li id="shl">伤寒论</li>
        <li id="nj">难经</li>
        <li id="bcgm">本草纲目</li>
    </ul>
</div>
```

在上面的例子中，以 range1 为参数，以 range 为当前对象，分别使用它们的起始位置与起始位置、起始位置和结束位置、结束位置和结束位置进行比较，最后返回值分别是 –1、1 和 0。

19.2.3 操作范围内容

Range 中还有两个方法用于操作 Range 中的内容，如下所示。

- insertNode(node)：在 Range 起始位置插入参数中的节点。
- surroundContents(node)：将参数中的节点包围到 Range 外面。

insertNode 会在 Range 的起始位置插入相应的节点，这个很容易理解，就不再解释了。对于 surroundContents 会将参数中的节点包围到 Range 外面，大家可以通过下面的例子来帮助理解。

```
<div id="a">excelib</div>
<script>
    var div = document.getElementById("a");

    var range = document.createRange();
    range.selectNodeContents(div);

    var a = document.createElement("a")
    a.href = "www.excelib.com";
    range.surroundContents(a);
</script>
```

在这个例子中，首先通过 selectNodeContents 方法将 div 节点中的内容（即 excelib 文本）设置为一个 range。然后新建了一个 a 标签。最后调用 range 的 surroundContents 方法将 a 标签包围到 range 的外面。执行后页面中的 div 节点将变为下面的结构。

```
<div id="a">
     <a href="www.excelib.com">excelib</a>
</div>
```

第四篇

BOM

BOM 是 Browser Object Mode 的缩写，表示浏览器对象模型。ES 是一种语言，跟具体环境没关系。DOM 的作用是将文档转换为相应的对象，它跟具体环境也没有关系。而 BOM 则是一种将浏览器这个具体的环境对应为一种对象的模型，它提供了 ES 跟浏览器之间进行交互的桥梁。例如，可以使用它来操作浏览器的导航、窗口、历史记录等，还可以通过它获取浏览器自身的相关信息。

因为 BOM 没有自己的标准，所以不同浏览器的实现细节并不相同，但是它们还是有很多统一的地方。例如，它们在顶层上都包含 window、location、navigator、history 和 document 等对象。其中，window 对象是最顶层的对象，也是 ES 的 Global 对象，其他对象都是 window 对象的属性对象；document 属性对象也是前面所讲的 DOM 模型所对应的对象。除 window 和 document 外的 BOM 对象都是非常简单的。

虽然 BOM 没有自己的标准，但是 HTML5 标准中对 BOM 中的对象都做了相应的规定。如果浏览器实现了 HTML5 标准，那么 BOM 的结构也就有望趋向统一，这会使前端开发中非常令人无奈的浏览器兼容性问题得到一定改善。

第 20 章　window 对象

window 对象是浏览器中的顶层对象，其他所有的对象都直接或间接包含在它下面，但是，通过 window 对象只能直接操作它自己直接包含的属性对象，而无法操作更深层次的对象。就像中国有很多省、市、县、镇、村，它们都属于中国这个大家庭，但是从国家的层面来说它直接包含的是省，而不是县、镇、村，可以通过省找到市，再通过市找到县，这样依次找到每一个层次，甚至可以找到每个人。

window 对象就相当于浏览器自身（其实是浏览器的一个代理），就像 document 是文档转换出的对象一样，window 是浏览器转换出的对象，通过 window 对象可以直接对浏览器进行操作。window 对象的属性大致可以分为以下六大部分。

- 窗口、框架相关属性。
- 窗口操作相关属性。
- 弹出窗口相关属性。
- 浏览器对象相关属性。
- 定时器相关属性。
- 其他属性。

20.1　窗口、框架相关属性

window 对象中跟窗口、框架相关的属性主要有 window、self、frames、length、top、parent 和 frameElement7 个属性，其中，前三个都是指向 window 对象自身，它们所代表的内容完全相同，只是所使用的场景不同，可以使用下面的代码进行验证。

```
console.log(window.window === window);          //true
console.log(window.window === window.self);     //true
console.log(window.window === window.frames);   //true
```

这里的 frames 属性主要用来表示页面中的框架。页面中的框架主要有 FRAMESET-FRAME 和 iframe 两种类型，前者已经不建议使用，因此现在的框架主要指 iframe 内联框架。框架就相当于窗口中的窗口，每个框架都有一套自己的 window 对象。

window 中的 length 属性指页面中所包含的框架数量，top 属性表示最顶层框架，parent 表示上层框架，对于本来就是最顶层的 window 对象来说，top 和 parent 属性就是自身。frameElement 属性是框架窗口中用来获取（iframe）框架节点自身用的，也就是说，如果所用的 window 对象指向的是一个 iframe，那么 frameElement 属性就是 iframe 节点自身，否则 frameElement 的值为 null。我们来看下面的例子。

```
<body>
    <p>下面是一个 iframe 内联框架</p>
    <iframe src="http://excelib.com" scrolling="yes"></iframe>

    <script>
        console.log(window.frames.length);                    //1

        console.log(window.frames[0].toString());             //[object Window]
        console.log(window.frames[0].top === window);         //true
        console.log(window.frames[0].parent === window);      //true
        console.log(window.frames[0].frameElement.toString());
        //[object HTMLIFrameElement]
        console.log(window.frames[0].frameElement.scrolling); //yes
        console.log(window.frames[0].frameElement.src);       //http://excelib.com/
    </script>
</body>
```

从这个例子中可以看出，对于 iframe 类型来说，frameElement 属性是 HTMLIFrameElement 类型，这是在 DOM 的 HTML 子标准中定义的类型，它一共有 10 个可读写的属性，每个均对应一个 iframe 标签的属性，另外还有一个只读属性。10 个可读写属性如下所示。

- align：排列方式，可以取 left、right、top、middle、bottom 等值，最好使用样式来设定，而不要使用 align 属性。
- frameBorder：框架的边框。
- src：框架显示文档的地址。
- height：框架的高度。
- width：框架的宽度。
- longDesc：长描述，可以指定一个 URL 来存放 iframe 的描述信息。
- marginHeight：框架的上、下边距。
- marginWidth：框架的左、右边距。
- name：框架的名称。
- scrolling：是否显示框架的滚动条，可以为 true、false 和 auto，如果为 auto，则会根据内容自动判定是否显示。

HTMLIFrameElement 对象的只读属性为 contentDocument，通过它可以获取框架所包含的 document 对象。

20.2 窗口操作相关属性

window 中有一套用于操作窗口的方法，这套方法主要有 5 个，如下所示。

- open(url, target, features, replace)：打开窗口。
- close()：关闭窗口。
- stop()：停止加载。
- focus()：获取焦点。
- blur()：释放焦点。

open 方法用于打开一个新窗口，共有 4 个参数，第一个参数 url 为要打开窗口的地址，默认为 about:blank，即打开一个空窗口；第二个参数 target 用于设置在哪里打开，可以取的值包括 _blank（在新窗口中打开）、_self（在当前框架中打开）、_parent（在父框架中打开）、_top（在最顶层打开），另外，如果框架有 name 属性的话，还可以按 name 指定的框架来打开；第三个参数 features 用于指定位置、大小等属性，但是在 HTML5 标准中已经不建议使用；第四个参数 replace 用来指定是否替换原页面的历史记录，如果为 false，则会创建一条新的历史记录，创建新历史记录之后可以后退到之前的页面。

close 方法用于关闭窗口，主要用于关闭使用 open 方法打开的新窗口。stop 方法用于停止加载，当一个文档还没有加载完成时，如果调用了 stop 方法就不再继续加载。focus 和 blur 方法分别用于获取与释放焦点。

与窗口操作相关的还有两个属性：closed 和 opener，分别表示窗口是否已经关闭和窗口的打开者。我们来看下面的例子。

```
var taobao = window.open("http://www.taobao.com","_blank", "", false);
console.log(taobao.opener === this);     //true
taobao.close();
console.log(taobao.closed);
```

在这个例子中，使用 open 方法在新窗口中打开了淘宝网，这时被打开的页面的 opener 属性就是当前页面的 this（也就是 window）对象，然后调用 close 方法将其关闭，关闭完成之后，taobao 的 closed 属性就变成了 true。但是，如果直接运行上面的代码，那么将在控制台打印出 false，这是因为调用 closed 属性时，taobao 窗口还没有关闭完成，等页面关闭完成之后，在控制台获取 taobao.closed 属性就可以得到 true。

20.3 弹出窗口相关属性

window 可以弹出 4 种内置的窗口，如下所示。

- alert(message)：提示窗口。
- confirm(message)：确认窗口。
- prompt(message, default)：输入窗口。
- print()：打印窗口。

alert 是一个常见的方法，用来弹出一个提示框给用户提供提示信息，使用得过多会影响用户体验；confirm 方法在 alert 的基础上增加了确定 / 取消的选择，用户选择之后，confirm 方法会返回相应的布尔值；prompt 方法弹出的提示窗口包含一个输入框，可以接收用户输入的信息，当用户输入并单击确认之后，prompt 方法将返回用户输入的内容；print 方法用于打开一个打印窗口。

20.4 浏览器对象相关属性

浏览器对象的相关属性可以直接对浏览器进行操作，这些属性主要包括如下几个。

- document：文档对象。
- location：位置对象。
- history：历史记录对象。
- navigator：存储浏览器信息。
- applicationCache：应用缓存对象。
- locationbar：地址栏对象。
- menubar：菜单栏对象。
- personalbar：个人栏对象。
- scrollbars：滚动条对象。
- statusbar：状态栏对象。
- toolbar：工具栏对象。

以上所有对象都是只读对象。其中，后 6 个对象的作用都是通过 visible 属性判断相应窗体是否可见，document 对象就是页面的文档内容转换成的对象，也就是前面讲过的 DOM。后面将详细给大家讲解 location、history 和 navigator 对象。

20.5 定时器相关属性

window 中有 4 个跟定时器相关的方法属性，如下所示。

- setTimeout(func, delay)：设置倒计时操作。
- clearTimeout(timeoutID)：清除倒计时设置。
- setInterval(func, delay)：设置定时操作。
- clearInterval(intervalID)：清除定时设置。

setTimeout 和 setInterval 方法的区别是前者设置的操作只执行一次，而后者设置的操作会循环执行。clearTimeout 和 clearInterval 方法分别用于清除 setTimeout 和 setInterval 设置的操作。因为 setTimeout 方法设置的操作只会执行一次，所以 clearTimeout 方法只有在操作执行前调用才有效果。

setTimeout 和 setInterval 方法的第一个参数都是方法类型，表示要执行的内容，第二个参数为等待的时间，单位为毫秒；clearTimeout 和 clearInterval 方法的参数为 setTimeout 和 setInterval 方法设置后的返回值。我们来看下面的例子。

```
var remainingTime=1000*60*60, showRemainingTime, timeOver;
function submit(){
    //省略了提交表单等操作
    clearTimeout(timeOver);
    clearInterval(showRemainingTime);
}

function start(){
    //设置超时定时器
    timeOver = setTimeout(function(){
        submit();
        alert("时间到了");
    }, 1000*60*60);

    //设置显示倒计时定时器
    showRemainingTime = setInterval(function () {
        remainingTime -= 1000;
        var minutes = Math.trunc(remainingTime/1000/60),
                seconds = (remainingTime-minutes*60*1000)/1000;

        msg = `剩余时间：${minutes}分${seconds}秒`;
        console.log(msg);               //正常应该显示到页面节点中
    }, 1000);
}

start();
```

在上述例子中，编写了一个模拟考试的程序，主要包含两个方法：start 和 submit。start 用于开始考试，其中初始化了 timeOver 和 showRemainingTime 两个定时器，前者用于在时间到了之后自动交卷并提示考生，后者用于定时显示剩余时间，这个例子将显示的时间打印到控制台，实际使用时应该显示到页面的节点中。submit 方法用于提交试卷，其中除了完成提交试卷相关操作外，还清除了 timeOver 和 showRemainingTime 两个定时器。当然，如果是实际使用的话，还应该将 start 和 submit 两个方法关联为相关按钮的事件，这里为了方便直接在文档加载完之后调用了 start 方法。

这段程序看似没有问题，但是如果实际使用的话就会遇到麻烦，我们可能会发现控制台中显示的倒计时还没到 0 的时候，超时定时器 timeOver 就会自动交卷了。如果是这样，那么考生当然就不干了！

考生的问题这里先不去考虑，首先分析一下这种情况是怎么发生的。原因主要有两个，第一个原因，每一条语句的执行都需要耗费时间，包括每次启动定时器以及定时器方法内部语句的执行也都需要时间，虽然对于单次执行来说耗费的时间很短，但是积少成多当执行的次数多了之后就可能是很长的时间了。第二个原因，我们所使用的操作系统是分时操作系统，也就是说执行语句的时候需要竞争到资源才能执行，这就可能导致虽然计数器的时间到了，但是由于没有竞争到资源而没能及时执行，这种情况也会积少成多，导致 showRemainingTime 定时器执行得比预期要慢，造成输出的剩余时间可能会比实际的要多。

这个问题并不是 JS 特有的，其他语言也可能存在这样的问题，甚至在直接对硬件开发中也会出现。记得以前我用单片机做过一个定时开关电锅的小工具，当时也遇到了这样的问题，发现时间越来越慢，一天能慢好几分钟，开始我以为是晶振的问题（硬件中跟时间相关的最核心的原件就是晶振），但是换过晶振之后问题并没有解决，而且程序并不复杂，也没找出来问题，最后才想明白原来是执行语句需要耗费时间。

对于这个模拟考试的程序来说，这个问题还是很容易解决的，只要在开始的时候将到期的时间计算出来并保存，然后每次显示时间的时候都使用到期时间和当时的实际时间进行计算就可以了，修复后的代码如下所示。

```
var overTime, showRemainingTime, timeOver;
function submit(){
    //省略了提交表单等操作
    clearTimeout(timeOver);
    clearInterval(showRemainingTime);
}

function start(){
    //初始化结束时间
    overTime = new Date();
    overTime.setHours(overTime.getHours()+1);

    //设置超时定时器
    timeOver = setTimeout(function(){
        submit();
        alert("时间到了");
    }, 1000*60*60);
```

```
        //设置显示倒计时定时器
        showRemainingTime = setInterval(function () {
            var remainingTime = overTime-new Date(),
                    minutes = Math.trunc(remainingTime/1000/60),
                    seconds = Math.round((remainingTime-minutes*60*1000)/1000);

            msg = `剩余时间: ${minutes}分${seconds}秒`;
            console.log(msg);        //正常应该显示到页面节点中
        }, 1000);
    }

    start();
```

当然，这么做也只能达到相对准确，而达到真正精确的时间其实是非常难做到的。这是因为底层是使用晶振来计时的（计算机内部一般都有两块晶振，其中一块专门用来计时），其原理是利用某些自然界中的物质（例如陶瓷、石英）在加电后会按特定频率稳定振动的特性，累计振动的次数，从而达到计时的目的。这里存在两个问题，首先，晶振的频率会受自身纯度、电压、温度等的影响，按特定频率振动只是一种理想状态，实际振动并非如此，这就使不同的晶振或同一晶振在不同时刻的振动频率可能并不相同，从而导致计时的时候产生误差；其次，我们所用的时间（例如 1s）是将晶振的多次振动累计得到的，而累计到 1s 的次数可能并非整数，这样即使晶振的实际振动频率完全符合理论频率也无法累计出准确的 1s。计算机、手机上的时间需要经常（定时）到“标准时间源”读取时间并保存下来，这样才能保证时间的统一，这也就是常听到的“时间同步”。

20.6 其他属性

window 对象除了上述属性以外，还包含一些其他属性，这些属性主要包括三大类：ES 中的全局属性、自定义属性（包括自定义的全局变量）和不同浏览器特有的属性。

因为 window 对象同时还是 ES 中的 Global 对象，所以它还会包含 ES 中的全局属性，例如，NaN、undefined，以及 Function、String、Array 等所有的内置属性对象。

在脚本中自定义的属性（例如 this.a 之类）和全局变量也会保存为 window 的属性。另外，不同的浏览器也会包含自身所特有的属性。

第 21 章　location 对象

location 对象的作用是对当前窗口（或框架）的地址进行读写，主要包含 8 个读写属性和 3 个方法属性。

21.1　8 个读写属性

location 对象的 8 个读写属性如下所示。

- href：超链接地址，页面的完整 url 地址内容。
- protocol：页面所使用的协议。
- hostname：主机名。
- port：端口号。
- host：主机地址，包括主机名和端口号。
- pathname：页面路径地址。
- search：查询内容。
- hash：锚点。

location 的 8 个属性中，href 表示完整的 url 地址，其他 7 个属性都表示 url 地址中的一部分。我们来看下面的例子（假如当前页面的 url 地址为 http://www.excelib.com:800/test/jkfdsl?k1=abc&k2=cba#top1 ）。

```
console.log(location.href);
//http://www.excelib.com:800/test/jkfdsl?k1=abc&k2=cba#top1
console.log(location.protocol);  //http:
console.log(location.hostname);  //www.excelib.com
console.log(location.port);      //800
console.log(location.host);      //www.excelib.com:800
console.log(location.pathname);  ///test/jkfdsl
console.log(location.search);    //?k1=abc&k2=cba
console.log(location.hash);      //#top1
```

通过这 8 个属性就可以很方便地获取地址中各个部分的内容，而不需要自己去拆分字符串。这 8 个属性都是可读写的，也就是说，除了可以获取外，还可以设置为新的值。设置了新的值之后，页面就会跳转到修改后的新地址。

上面例子中的 search 属性获取的是所有查询参数组成的字符串，并不可以直接使用，我们可以通过下面的自定义方法来使用。

```
function param(name, value){
    //根据参数字符串获取参数 Map
    function getParams(paramStr){
        var params = new Map();
        if(paramStr){
            for(var p of paramStr.split("&")){
                var param = p.split("=");
                params.set(param[0], param[1]);
            }
        }
        return params;
    }

    //获取当前页面的参数字符串
    var paramStr = location.search.length>0?location.search.slice(1):null;

    //根据参数字符串获取参数 Map
    var paramMap = getParams(paramStr);

    //如果 value 参数不为空且与原来的值不同，则修改 location.search 跳转到新页面，
    //否则获取 name 参数的值
    if(value){
        if(paramMap.get(name)!=value){
            //将新的参数值设置到 paramMap 中
            paramMap.set(name,value);

            //使用 forEach 方法将所有查询参数设置到 newSearch 字符串中
            //这里用到了箭头函数和字符串模板
            var newSearch="";
            paramMap.forEach((value, key)=>newSearch+=`&${key}=${value}`);

            //跳转到新查询参数的页面中
            location.search = newSearch.replace("&", "?");
        }
    }else{
        return paramMap.get(name);
    }
}

//假如原地址为 http://www.excelib.com:800/test/jkfdsl?k1=abc&k2=cba#top1
console.log(param("k1"));    //abc
//下面语句执行后地址将变为 http://www.excelib.com:800/test/jkfdsl?k1=abc&k2=cba&name=petter#top1
param("name", "petter");
```

这个例子中，定义了一个 param 方法，其中包含两个参数：name 和 value，如果 value 不传值，那么 param 方法会获取当前页面的查询参数中 name 参数的值，如果 value 传入了值，并且跟原来的值不同，则会修改 location.search，然后跳转到新的页面。

21.2 三个方法属性

除了上面的 8 个属性外，location 还包含 3 个方法属性，如下所示。

- assign(url)：指定新地址，即转到新地址。
- replace(url)：使用新地址内容替换当前窗口内容。
- reload()：重新加载页面。

前两个方法都是跳转到新的 URL 址，第三个方法 reload 用于重新加载当前页面。assign 方法和 replace 方法的区别在于前者打开一个新页面，而后者替换了原来窗口中的文档内容，也就是 replace 方法打开的页面不可以后退。

第 22 章　其他对象

本章主要给大家介绍 history 和 navigator 两个对象。

22.1　history 对象

history 对象用于保存 window 对象浏览过的历史记录，它一共包含 3 个方法属性和一个数值属性，如下所示。

- go(num)：跳转到指定页。
- back()：前一页。
- forward()：后一页。
- length：浏览过页面的个数。

go 方法可以跳转到浏览过的页面，当 num 大于 0 时向后（新页面）跳，num 小于 0 时向前（旧页面）跳，num 的值为跳多少页，例如，history.go(–2) 为跳转到前两页，history.go(3) 为跳转到后三页。如果是跳转到前一页或者后一页，那么也可以使用 back 和 forward 方法，back 相当于 go(–1)，forward 相当于 go(1)。

length 属性表示浏览过页面的属性，打开浏览器（或标签）访问的第一个页面的 length 为 1，跳转到一个新页面后 length 加 1。这个属性虽然看似用处不大，但是如果和 document.referrer 等配合使用到数据统计中就会起到相应的作用。

22.2　navigator 对象

navigator 对象的属性保存了浏览器自身相关的信息，不同的浏览器中，navigator 对象所包含的属性也不尽相同，但 HTML5 中对其做出了规定，其中主要包含以下属性。

- appCodeName：浏览器代码名，一般都返回 Mozilla。
- appName：浏览器的名称。

- appVersion：浏览器版本信息。
- platform：浏览器所在平台，即操作系统。
- product：产品名称，一般返回 "Gecko"。
- taintEnabled()：是否允许数据污点，现在已不再使用，一般会返回 false。
- userAgent：用户代理字符串。
- language：浏览器优先使用的语言。
- cookieEnabled：Cookie 是否可用。
- plugins：浏览器安装的插件数组。
- mimeTypes：浏览器中注册的 MIME Type 数组。
- javaEnabled()：浏览器是否可执行 Java 脚本。
- onLine：浏览器是否在线。

通过这些属性就可以获取浏览器相关的信息，例如，可以通过 navigator.userAgent 可以获取浏览器的类型以及版本，然而，由于一些历史原因，除了 Firefox 外，其他浏览器都会在 userAgent 属性中伪装成其他浏览器，在判断的时候需要根据不同浏览器的不同版本的特征来判断。

另外，HTML5 中扩展的很多新的特性都是通过 navigator 来实现的，后面还会给大家介绍。

第五篇
HTML5

HTML5 是最近几年非常热门的一个话题，它为我们提供了很多新功能。本篇主要给大家介绍其中的一些功能，包括本地存储、canvas、WebSocket、多线程处理、获取地理位置、富文本编辑器以及公式编辑器，这些功能是 HTML5 中非常实用的功能。

本篇不仅介绍了 HTML5 中相应功能的使用方法，而且还给大家讲解了使用中应该注意的问题并补充了相应的基础知识，例如，数据库的相关知识、图片文件的底层结构、网络相关知识、多线程相关知识及什么是后缀表达式等。

第 23 章　本地存储

本地存储就是指在浏览器中存储数据，是相对于在服务器中存储数据来说的。

浏览器本身也是一个软件，跟常用的办公软件如 Word、Excel、PPT 等并没有太大的区别，其功能大致都包括 4 个方面：获取数据、显示数据、修改数据、保存修改后的数据，区别在于办公软件是通过本地文件来获取数据的，每个文体的所有数据都保存在同一个文件中，而浏览器主要通过网络来获取数据，一个网页可能会包含多个数据来源。这些软件的目的都是完成上述 4 个方面，而不是传输数据，所以现在部分办公软件可直接通过网络传输数据，而浏览器也提供在本地保存数据的功能，但是它们所做的事情并没有发生变化，只是做事的方式变了。

23.1　本地存储的分类

浏览器的本地存储主要包括 4 种方式：Cookie、Storage、SQL 数据库和 IndexedDB 数据库。

Cookie 提出来得最早，其最初的设计目的只是为了保存用户的登录信息，所以并不适合保存大量数据，首先，Cookie 的容量非常小；其次，Cookie 的操作也比较复杂，因为它是将所有保存的数据拼接成一个字符串的形式跟程序进行操作的，在读取某个属性时需要自己对整个 Cookie 文件（包含所有当前网站的数据）进行分析后才能得到，当然，这种方式在传输的时候比较方便。每打开一个网址，浏览器都会将该网站下的所有 Cookie 数据全部传到服务器端，因为其最初的设计目的只是用来保护用户的登录信息（例如 SessionId），因此使用 Cookie 来保存大量本地数据并不合适。

Storage 是 HTML5 中用于存储本地数据的对象，因为其设计目的就是存储本地数据，所以其操作比 Cookie 灵活很多。首先，Storage 容量比 Cookie 大；其次，Storage 可以直接按照键值对存储数据并使用键名来获取数据，这样操作的时候就方便多了。另外，因为 Storage 的设计目的是保存本地数据，所以并不会每次访问服务器时，都将保存的所有本地数据发送给服务器端，需要用到的时候直接用 JS 去读取就可以了。

数据库是专门用来处理数据的工具，HTML5 中也提出了在浏览器中使用 SQL 数据库的想法，可以在浏览器中封装一个小型的 SQLLite 数据库。但是，将数据库用在前端从架构上来说并不合适，首先，前端开发人员中有很大一部分人的数据库知识相对比较薄弱；其次，JS 是一种面向对象的语言，而对象的属性随时都可能发生改变，可能增删属性，也可能修改属性的数据类型，但是 SQL 数据库要求在对数据操作之前就先确定好数据的结构，而且每个字段都是纯数据，不可以再分下一级。因此 SQL 数据库并不适合 JS，而且到现在为止 Firefox 和 IE 也没有提供实现，大概以后也不会提供实现，本章就不给大家介绍了。

IndexedDB 属于一种 noSQL 数据库，是非结构化的，它所保存的数据记录跟 JS 的对象一样可以随时变化属性（字段）。与 Storage 相比，它可以保存更多数据，而且还可以使用数据库中的索引、事务等相关概念，但是使用起来要比 Storage 复杂不少。

大家在选择 Cookie、Storage 和 IndexedDB 的时候，首先要看是否要保存大量数据，并且对查询速度要求很高，或者需要处理事务，如果是，则使用 IndexedDB，否则最好使用 Cookie 或 Storage。

Cookie 和 Storage 的选择主要看数据是前端使用还是后端使用，以及所保存的数据是不是访问大多数页面时都需要用到，如果是后端使用的数据，并且访问大多数网页都需要用到（例如 SessionId），那么就使用 Cookie，否则就使用 Storage。

因为 Cookie 出现的时间已经很长了，相应的资料也非常多，所以本章就不给大家介绍了，下面主要给大家介绍 Storage 和 IndexedDB 的相关内容。

23.2 Storage 存储

Storage 是 window 对象的一个 function 类型的属性对象，但是这个 function 对象比较特别，它既不可以当作方法来执行，也不可以用来创建实例对象，JS 引擎会默认为创建两个 Storage 的实例对象，直接调用就可以了。

JS 引擎创建的两个 Storage 实例对象分别是 sessionStorage 和 localStorage，前者用于暂时保存，浏览器关闭后数据就会丢失；后者用于长久保存，即使关闭浏览器数据也不会丢失。

既然是使用实例对象，我们所关心的当然就是其 prototype 属性了。通过下面代码来看一下 prototype 属性包含哪些属性。

```
Object.getOwnPropertyNames(Storage.prototype);
```

执行后会输出以下 7 个属性名：

```
["key", "getItem", "setItem", "removeItem", "clear", "length", "constructor"]
```

最后的 constructor 指向构造函数，前面 6 个都跟保存数据有关，其中，getItem、setItem 和 remateerm 用户操作单条数据，另外三个主要用于操作所有数据，下面将分别给大家介绍。

23.2.1 操作单条数据

Storage 实例操作单条数据是通过其 setItem、getItem 和 removeItem 三个方法来实现的，它们分别用于保存、读取和删除，例如下面的代码。

```
<script>
   localStorage.setItem("心学大师","王阳明");
   console.log(localStorage.getItem("心学大师"));      //王阳明
   localStorage.removeItem("心学大师");
   console.log(localStorage.getItem("心学大师"));      //null
</script>
```

4 条语句非常简单，这里就不介绍了。上面的代码使用的是 localStorage，sessionStorage 的用法跟 localStorage 相同，只是保存的时间不同。在底层，localStorage 对象会将所保存的数据存储为其属性，所以还可以直接按属性的方法来操作，例如下面的代码。

```
<script>
   console.log(localStorage["心学大师"]);
   localStorage["心学大师"]="王阳明";
   console.log(localStorage["心学大师"]);
</script>
```

这段代码直接使用的 localStorage 的属性，其操作结果跟使用 setItem、getItem 时一样。这段代码在第一次执行时会分别打印出 undefined 和王阳明，但是重新刷新的时候就会两次都打印出王阳明，这是因为在执行一次之后，localStorage 已经保存了名为“心学大师”的数据。

23.2.2 操作所有数据

Storage 实例的三个属性 clear、length 和 key 用来操作其所保存的所有数据，其中，clear 用于清除保存的所有数据，这个很简单，就不解释了，当然，它只能清除当前域名下的数据；length 属性用于获取 Storage 实例保存数据的总条数；key 在这里是一个方法，其作用是根据索引返回所保存数据的键名。我们来看下面的例子。

```
<script>
          localStorage.clear();
          localStorage.setItem("诗仙","李白");
          localStorage.setItem("诗圣","杜甫");
          localStorage.setItem("诗杰","王勃");
          localStorage.setItem("诗佛","王维");
          localStorage.setItem("诗魔","白居易");
          localStorage.setItem("诗鬼","李贺");
```

```
        for(var i=0;i<localStorage.length;i++){
                var key = localStorage.key(i), value = localStorage[key];
                console.log(`${i}:${key}->${value}`);
        }
</script>
```

在浏览器中运行后会打印出如下内容。

```
0:诗魔->白居易
1:诗佛->王维
2:诗鬼->李贺
3:诗杰->王勃
4:诗仙->李白
5:诗圣->杜甫
```

注意，这里的key是个函数，调用的时候要使用小括号而不是方括号。

另外，因为Storage实例本身也是一个对象，所以可以使用for-in语句块进行遍历，这时候遍历出的属性除了我们所保存的数据外，还会包含其自身的6个属性。因为Storage实例不是Iterable对象，所以不能使用for-of遍历。下面是使用for-in遍历的代码。

```
for(var key in localStorage){
   console.log(`${key}->${localStorage[key]}`);
}
```

23.3 StorageEvent

Storage实例对象修改数据的时候会触发一个StorageEvent事件，这个事件有些特别，当事件触发后，消息会发送到打开的所有当前网站的其他页面中（当然要在同一个浏览器中），至于是否会发送给当前页面，不同的浏览器有不同的处理方法。这里测试的结果是IE会发送给当前页面和所有当前网站的其他页面，而Firefox、Chrome以及Opera只发送给当前网站的其他页面，而不会发送给当前页面。

当触发Storage数据变化事件时，也会触发StorageEvent事件，所传递的对象是StorageEvent的实例对象，既然是实例对象，那么还应重点来看其prototype属性，可使用下面的代码来查看。

```
Object.getOwnPropertyNames(StorageEvent.prototype)
```

结果会返回如下内容；

```
["initStorageEvent", "key", "oldValue", "newValue", "url", "storageArea", "constructor"]
```

在上面的返回结果中，constructor指向构造方法，initStorageEvent用于手动初始化一个StorageEvent事件，key表示发送变化数据的key，oldValue和newValue分别表示变化前后的值，url为修改数据的页面地址，storageArea为发生变化的Storage实例对象，指向localStorage或sessionStorage。

我们来看下面的代码。

```
<script>
  window.addEventListener('storage', function(e) {
        console.log("key:", e.key);
        console.log("oldValue:", e.oldValue);
        console.log("newValue:", e.newValue);
        console.log("url:", e.url);
        console.log("islocalStorage:", e.storageArea === localStorage);
  });
  localStorage.setItem(" 随机数 ",Math.random());
</script>
```

在同一浏览器中打开两个包含上面代码的页面，就可以看到在第一个页面刷新后，另一个页面在控制台输出相应的信息。对于上面的代码，如果使用网页文件的话，只有在Firefox中才能看到结果，其他浏览器需要使用域名打开才可以。可以在自己的计算机上安装一个服务器程序，然后通过修改hosts文件绑定个域名进行测试。

StorageEvent事件的主要目的是数据同步，关于同步的问题在学习多线程的时候再给大家详细介绍。

另外，还可以利用StorageEvent事件跨页面的特性来实现跨页面通信的功能，例如以下两个场景：

1）在OA系统或者网站中经常会在主页放置未读消息的提醒，单击后可以打开另外一个页面进行查看。但因为查看的操作是在另外一个页面中进行的，所以主页面并不知道用户打开读取了几条，还剩几条没有读，那么未读消息数的提醒就不好设置。简单的处理方法是只要打开查看消息，就会将未读消息的条数设置为0，在重新刷新之后，才会正确显示出真正的未读消息条数。

2）电商网站都会有一个确认订单并付款的页面，当单击付款按钮后，有的网站会打开一个新的付款页面，在付款完成之后，确认订单的页面并不知道，还显示着付款的按钮，这当然是不合适的。

对于这类问题，可以使用后面将要给大家介绍的WebSocket或者其他长连接的方式来解决，但这些方案都需要通过服务器来完成，而使用StorageEvent事件可以直接在客户端解决。例如，对于未读消息条数的问题可以使用下面的代码来实现。

```
====================index.html============================
<a href="readMsg.html" target="_blank" id="unread_msg">
  您有 <span id="msg_num" style="color:red;">5</span> 条未读消息
</a>

<script>
```

```
    var link_unreadmsg = document.getElementById("unread_msg");
    var span_msg_num = document.getElementById("msg_num");

    link_unreadmsg.addEventListener('click', function(e) {
            localStorage.setItem("msgNum", parseInt(span_msg_num.innerHTML));
    });

    window.addEventListener('storage', function(e) {
            if(e.key == "msgNum"){
                    if(e.newValue>0){
                            span_msg_num.innerHTML=e.newValue;
                    }else{
                            span_msg_num.innerHTML=0;
                            link_unreadmsg.setAttribute("style", "display:none");
                    }
            }
    });
</script>

===================== readMsg.html=============================
<a href="#" id="msg1">消息 1</a><br/>
<a href="#" id="msg2">消息 2</a><br/>
<a href="#" id="msg3">消息 3</a><br/>
<a href="#" id="msg4">消息 4</a><br/>
<a href="#" id="msg5">消息 5</a><br/>

<script>
    var links = document.getElementsByTagName("a");

    for(var i=0;i<links.length;i++){
            links[i].addEventListener('click', function(e) {
                    if(e.target.getAttribute("class") == null){
                            localStorage["msgNum"]--;
                            e.target.setAttribute("class", "readed");
                    }
            });
    }
</script>
```

上面代码实现的是，在主页中打开阅读消息的页面时将未读消息的条数保存到localStorage的msgNum属性中，在阅读消息的页面中单击消息后，会通过指定属性（这里使用的是readed这个class属性）判断本条消息是否已经阅读过，若没有，则将localStorage的msgNum属性值减1，并给当前消息设置已阅读标志，这样可以防止重复单击同一条消息引发的计数错误。当然，这里主要是为了让大家明白原理，细节的地方并没有做太多处理，例如，给所有a标签添加事件、使用class为null作为未阅读过的标志等内容并不一定适合实际情况。

对于确认订单的示例，本节就不提供代码了，原理是一样的，大家可以尝试自己来实现。

23.4 IndexedDB 数据库

在介绍 IndexedDB 之前先给大家简单介绍下数据库。

23.4.1 数据库基础知识

严格来说，数据库并不是保存数据的地方，而是操作所保存的数据的一个软件，数据是通过另外的硬盘文件（或者内存）来保存的，但是，因为不同的数据库所保存数据的格式一般都不相同，而且所保存的数据也只能使用对应的数据库软件进行操作，所以一般认为数据库是用来保存数据的。数据库对数据的操作无非就是 4 种：增加、删除、修改和查询，掌握这 4 种操作也就掌握数据库了。

现在的数据库可以分为 SQL 数据库和 noSQL 数据库两大类，虽然我们要学的 IndexedDB 属于 noSQL，但是使用 SQL 数据库给大家介绍更容易，而且掌握了 SQL 数据库之后再看 noSQL 数据库就很容易了。

下面分数据、查询和操作三个方面来给大家介绍，其他概念（例如，安全、用户、多表关联和 SQL 语句等）本书用不到，这里就不给大家介绍了。

1. 数据的相关概念

数据库中跟数据相关的概念主要包括：数据库、表、记录和字段。表就是一个二维的表格，就像 Excel 中的一个 Sheet 一样，由行和列组成，一行保存一条数据，一条数据就叫作一个记录，记录中的每一格（或每一列）就是一个字段，而多张表放在一个容器里边就是一个数据库（这是在数据的范畴来说的，跟常说的数据库软件不是一回事），类似于一个 Excel 文件。SQL 数据库中的结构是预先设置好的，就像 Excel 表格的表头一样，而且数据库中还必须预先设置每个字段（每一列）的数据类型和大小，如果预先设置为数字类型就不可以保存文字。每个数据库都有自己的名字，一个数据库中可能包含很多张表，每张表又有自己的表名，每个表都有固定的字段，而且可能保存了零条或多条记录（行称记录，列称字段）。

2. 查询的相关概念

数据库中跟查询相关的概念主要包括：ID、索引、游标。我们知道数据是按照记录一条一条保存到数据库里边的，保存完之后，如果想查找一条记录那么应怎么查呢？在表中保存数据的时候都会选择一个或多个字段作为一个记录的标识，在同一张表中用作标识的字段是固定的（也就是说字段是设置到表上面去的而不是设置到记录上面去的），这个标识字段就像记录的身份证一样，只要知道标识字段的值就能找到相应的记录，这个字段就叫作 ID，是英文单词身份证 identification 的缩写。数据库在保存数据时会按照 ID 的顺序排列起来（当然，实际数据库也可能使用索引，不过我们可以这么理解），这样在查找的时候就很容易了。在同一张表中所有记录的ID值都不能重复。

有的时候并不是通过ID而是通过其他字段来查询的。例如，有一个保存职工信息的表，其中包含职工的身份证号、姓名、年龄以及其他相关信息，ID是身份证字段，这时候如果知道了身份证号来查一个职工就会很容易，但是，如果想按照姓名来查怎么办呢？为了解决这个问题就引入了索引的概念，它是一个单独的文件，其中保存着某个字段的值跟数据表中数据的对应关系。例如，在上面所说的职工信息表中，如果要为姓名字段添加索引，那么就可以使用“姓名：第几条记录”这样的结构作为索引，然后将表中所有记录都按此结构保存起来，而且保存的时候按姓名进行排序，这样按姓名查找的时候就方便了，首先，在索引文件中找到姓名，这样就知道所查的内容在数据表中是第几条记录了，然后，直接到数据表中提取数据就可以了。另外，通过索引也可以方便地获取某范围内的记录，例如，在职工表中如果建了年龄索引，那么就可以很容易地查找到某年龄范围内的所有职工，如果没有索引的话就需要一条记录一条记录地去比较，在数据量大的时候，两种方法的速度就会相差很多。当然，这里给大家介绍的只是原理，具体实现的时候可以使用多种索引结构，字段值一般会使用哈希值来表示，这样可以加快比较的速度。

如果查询的时候返回的结果不只一条记录，那么怎么表示呢？这就会用到游标的概念。对于游标可以将其理解为记录数据的指针，通过游标就可以获取返回的记录，而且游标可以通过“下一条”来获取返回的下一条数据。返回的记录就像一个数组，而游标最开始就指向第一条记录的地址，当发出“下一条”指令时游标就会指向第二条数据，以此类推，当游标指向最后一条数据时收到“下一条”指令就会将游标设置为空，或者一个代表空的常量。

3. 操作的相关概念

这里的操作包括创建、删除、修改数据库、数据表、索引，以及增删改查数据等操作，这些操作都很容易理解，用的时候只要按数据库的语法要求去写就可以了。这里主要给大家介绍一个叫作事务的概念。一个事务代表一件完整的事情，例如，购物就可以看作一个事务，购物的时候需要先找东西，然后拿东西，最后付款，这样购物的整个过程就完成了，这就是一个事务。使用事务可以保证数据的正确性（准确来说包括原子性、一致性、隔离性和持久性）。例如，上述购物的例子中如果付款失败了，但是这时商品已经拿到我们手里边了，那么对于计算机来说并不会自动放回去，如果使用事务的话，在出现问题后就会返回到事务操作前的状态，这样数据就不会出现问题。再例如，在我们拿着商品但没付款之前，另外一个人也选择了同一件商品（网上购物中可能发生），如果两个人都付款了怎么办呢？对于这个问题通过使用事务也可以解决。

23.4.2　IndexedDB 数据库简介

IndexedDB数据库是一种noSQL数据库，但是其所用到的概念大部分都跟SQL数据库类似，当然也存在不完全相同的地方。不同之处仅在于 IndexedDB 数据库不是将对象转换为记录，然后再保存到表里面的，而是直接保存的对象，它是通过“ID →数据对象”这种模式来保存的，也就是对原来的对象进行一层封装，将其封装为一个只有一个 ID 属性的大对象，而且这时保存数据的容器也不叫作表而改称 ObjectStore 了，其他地方都与上一节所介绍的 SQL 数据库的概念基本相同。

另外，IndexedDB 中的数据库还存在一个版本的概念，数据库中的 ObjectStore 只有在版本发生变化后才可以创建，并且版本号只能一次比一次大，不能从大往小修改。数据库中实际只保存最高版本的 ObjectStore，低版本的 ObjectStore 如果在版本升级的时候被修改过，那么就不可以再访问了。

23.4.3 IndexedDB 数据库操作

跟 IndexedDB 数据库相关的对象主要包括 11 个：IDBFactory、IDBDatabase、IDBObjectStore、IDBIndex、IDBKeyRange、IDBCursor、IDBCursorWithValue、IDBTransaction、IDBVersionChangeEvent、IDBOpenDBRequest 和 IDBRequest。

这 11 个对象都是 window 的 function 类型的属性对象，使用时都使用其实例，但不需要用户自己使用 new 来创建，在需要的时候就可以自动获取。11 个对象可以分为 4 类：数据库和 ObjectStore 相关对象、数据相关对象、查询相关对象和辅助对象。其中，辅助对象包括 IDBVersionChangeEvent、IDBOpenDBRequest 和 IDBRequest，这三个对象在介绍其他三类对象的时候会涉及，在涉及的地方会给大家介绍，所以就不单独介绍了，对于其他三类对象我们将通过相应的操作来给大家介绍。

1. 数据库和 ObjectStore 相关操作

数据库和 ObjectStore 相关操作主要包括 IDBFactory、IDBDatabase 和 IDBObjectStore 三个对象。

IDBFactory 对象实例用于管理数据库，JS 引擎已经帮我们创建好了该实例对象，它就是 window 的 indexedDB 属性对象，直接使用就可以了。IDBDatabase 实例表示数据库，IDBObjectStore 实例表示 ObjectStore。

（1）创建 / 打开数据库

indexedDB 的两个常用的操作方法是 open 和 deleteDatabase，前者用于打开一个数据库，当数据库存在时会打开，不存在时会创建；deleteDatabase 方法用于删除一个数据库。IndexedDB 数据库的操作是基于事件的，或者说是异步处理的，例如下面的语句。

```
var db_worker = indexedDB.open( “worker” );
```

我们的原意是使用该语句打开一个名为 worker 的数据库，但在 JS 中并不是这么操作的，因为数据库的操作一般比较费时间，所以JS引擎在执行到上面的语句时并不会一直等到函数返回，而是交给另外一个线程去做，然后自己接着往下执行，当该操作完成后会通过事件的方式来通知我们，我们只要在事件方法中进行操作就可以了。另外，open方法所返回的也并不是一个数据库对象，而是一个IDBOpenDBRequest的实例对象，该实例对象是我们所要打开的数据库的封装，如果打开成功，那么所打开的数据库对象将会设置为其result属性。除此之外，IDBOpenDBRequest的实例对象还封装了一些其他属性，其中最常用的就是onsuccess、onerror和onupgradeneeded属性，分别表示打开成功、打开失败和数据库版本升级的意思，我们只需要将相应的处理方法设置上去就可以了，例如下面的代码。

```
var db_worker = null;
var workerDBRequest = indexedDB.open("worker", 1);

workerDBRequest.onerror=function(event){
        console.log("打开数据库失败");
};

workerDBRequest.onsuccess = function(event){
        db_worker = workerDBRequest.result;  //也可以使用event.target.result;
        console.log("打开成功");
};
```

IndexedDB的open方法有两个参数，第一个表示要打开的数据库的名字，第二个表示数据库的版本号，如果省略，则会使用默认值1。上面的代码中，定义了db_worker变全局变量，用来保存所打开的worker数据库，在onsuccess方法中将workerDBRequest.result赋值给了它，因为只有成功打开后才会调用该方法。在onsuccess方法中，event.target就是workerDBRequest，所以也可以使用event.target.result来获取所打开的数据库。

IndexedDB是异步操作的，这一点我们要特别注意，例如，在上面的代码中，如果在onsuccess方法下面接着直接使用db_worker来操作，数据库就可能会出问题，因为代码执行到这个地方的时候数据库可能还没有打开，这时db_worker还是null。正确的做法是将操作放入onsuccess中，例如下面的代码。

```
workerDBRequest.onsuccess = function(event){
        db_worker = workerDBRequest.result;
        console.log("打开成功");

        //使用db_worker进行其他操作
};
```

当然，也可以在onsuccess中调用另外一个函数，然后在那个函数中进行操作，或者可以在onsuccess中发出一个自定义的消息，然后在相应的消息处理方法中进行操作，还可以使用后面将给大家介绍的多线程方法进行操作，把打开数据库放入一个单独的线程中执行。

（2）创建 ObjectStore

现在已经有数据库，那么可以创建 ObjectStore 了。ObjectStore 是使用数据库创建的，例如，上面代码中的 db_worker 就代表一个数据库，它是 IDBDatabase 的实例对象，IDBDatabase. prototype 中所包含的 createObjectStore 和 deleteObjectStore 分别用于创建和删除 ObjectStore。注意，ndexedDB 中创建和删除 ObjectStore 都必须在 IDBOpenDBRequest 实例对象的 onupgradeneeded 事件处理方法中操作，也就是说，只有版本发生变化的时候才可以创建或删除 ObjectStore。

数据库创建（或删除）ObjectStore 的操作过程是这样的：首先，将创建（或删除）的代码放入 onupgradeneeded 事件处理方法中，然后，使用一个比原来大的版本号重新调用 IndexedDB 的 open 方法来打开数据库，这样创建（或删除）ObjectStore 的代码就会被执行，当数据库初次创建时版本号由无到有也会触发 IDBVersionChangeEvent 事件（也就是调用 onupgradeneeded）方法，而正常情况下该方法是不会被调用的。例如，要在上面所创建的 worker 数据库中新建一个名为 category 的 ObjectStore，可以先将下面的代码加入上面的代码中，然后将调用 open 方法时所用的版本号修改为 2 就可以了。

```
workerDBRequest.onupgradeneeded=function(e){
            var db = workerDBRequest.result;
            db.createObjectStore('category',{});

            console.log(`${db.name} 的版本号修改为了 ${db.version}`);
};
```

createObjectStore 方法有两个参数，第一个参数是所要创建的 ObjectStore 的名字；第二个参数是一个对象，用于描述 ID，该对象可以有两个属性：keyPath 和 autoIncrement，前者用来指定一个对象中的属性用作 ID，后者若为 true 则会在保存数据时使用 Generator 生成一个 ID，但是这里需要自己创建一个 Generator，关于 Generator 已经给大家介绍过。第二个参数对象如果包含其他属性则将被忽略，另外，在创建的时候也可以传入一个空对象，这样的话在给 ObjectStore 添加数据的时候需要手动设置每条数据的 ID，上面的代码就使用了空对象。

现在已经创建好数据库和 ObjectStore。对数据的操作需要用到事务，下一节再给大家介绍。

另外，如果想更加直观地查看数据库中的内容，可以使用 Chrome 的控制台，数据库在其 Resources 选项卡中，如图 23-1 所示。

在图 23-1 中选择 Resources 选项卡，之后在左侧可以看到 IndexedDB，其中 worker 就是刚才创建的数据库，单击后可以看到版本号为 2，category 是刚才创建的 ObjectStore。

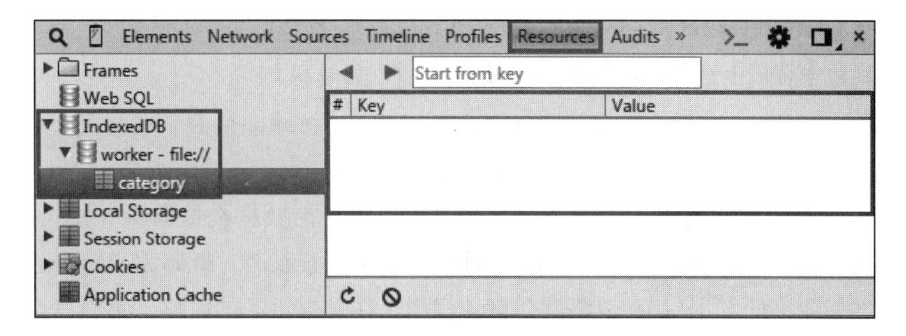

图 23-1 使用 Chrome 控制台查看数据库

2. 数据相关操作

数据相关操作除了前面所介绍的之外，主要还用到表示事务的 IDBTransaction 对象。

数据库（IDBDatabase 的实例对象）的绝大多数操作都需要使用事务来完成，数据库实例对象包含一个 transaction 方法属性（其实是 IDBDatabase.prototype 的属性），调用该属性方法就可以创建事务。transaction 方法有两个参数，第一个参数用于指定要操作的 ObjectStore，可以是一个也可以是多个，如果是多个，则通过数组传递；第二个参数指定事务的类型，可以是 readonly 或者 readwrite，分别表示创建只读事务或读写事务，如果不设置，则默认为 readonly，readonly 事务不可以进行增删改操作。我们来看下面的例子。

```
var db_worker;

var workerDBRequest = indexedDB.open("worker", 2);

workerDBRequest.onsuccess = function(event){
   db_worker = workerDBRequest.result;
   console.log("打开成功");

   workerDBOpenSuccess();
};

function workerDBOpenSuccess(){
   var tx_category = db_worker.transaction('category','readwrite');
           var store_category = tx_category.objectStore(storeName);
}
```

这个例子中，在 onsuccess 中调用了自定义的 workerDBOpenSuccess 方法，因此该方法被调用时数据库已经成功打开，这时可以使用数据库对象 db_worker 的 transaction 方法来创建事务。这里创建的是一个读写事务 tx_category，然后通过该事务的 objectStore 方法获取被该事务管理的 IDBObjectStore 实例 store_category，接下来就可以使用 store_category 进行操作。获取的事务 tx_category 就是 IDBTransaction 类型的实例对象，可以通过其 prototype 属性对象查看 IDBTransaction 实例所包含的属性。

```
Object.getOwnPropertyNames(IDBTransaction.prototype)
```

在控制台中调用上述代码会返回如下结果。

```
["mode", "db", "error", "onabort", "oncomplete", "onerror", "objectStore", "abort", "constructor"]
```

在上面的返回结果中，mode 指事务的模式，在上面的例子中就是 readwrite；db 属性表示事务所对应的数据库；abort 用于取消事务，取消后数据会返回事务操作前的状态；onabort、oncomplete 和 onerror 三个属性分别用于关联事务取消、事务完成和事务出错的处理方法。当相应事件发生后 JS 引擎就会自动调用，在发生错误的时候，错误信息会保存到 error 属性中，最后的 constructor 属性就不介绍了。

有了事务就可以进行增删改查操作，对数据的操作是通过 ObjectStore 进行的。ObjectStore 是 IDBObjectStore 的实例对象，IDBObjectStore 的 prototype 中包含 4 个方法属性，分别是 add、delete、put 和 clear，这 4 个方法属性用于添加数据、删除数据、修改数据以及清空所有数据，其他查询相关属性下节再介绍。

add 方法用于给 ObjectStore 添加数据，包含两个参数，第一个参数是要保存的数据，第二个参数可选，表示 ID 值，但是，如果在创建 ObjectStore 时的 ID 生成策略（createObjectStore 的第二个对象参数）为空，则这里必须使用 ID，例如下面的例子。

```
function workerDBOpenSuccess(){
   var tx_category = db_worker.transaction('category','readwrite');
   var store_category = tx_category.objectStore('category');

   var category1 = {'ccode':'c1', 'cname':'前端工程师'}
   for(var i=1;i<=5;i++)
         store_category.add(category1, i);
}
```

在上面的例子中，category1 对象在 category 这个 ObjectStore 中被保存了 5 次，所使用的 ID 分别为 1、2、3、4、5。这里只是为了测试，从业务上来说，一个 category 添加一次就行了，而不应该多次添加，因此可以直接使用 category1 对象中的 ccode 属性作为 ID，这时只要将 category1. ccode 放入 add 方法的第二个参数中就可以了。但是这样做有点麻烦，既然 ccode 本来就在所要保存的对象中，那么让 add 方法在保存的时候自己找 ccode 属性并将其设置为 ID 不就更简单了吗？可以通过 createObjectStore 方法调用时的第二个参数来设置。例如，对上面的例子进行修改，可以先在 onupgradeneeded 中写好处理逻辑，然后将 open 方法的版本号修改为 3，完整代码如下。

```
var db_worker;

var workerDBRequest = indexedDB.open("worker", 3);

workerDBRequest.onerror=function(event){
   console.log("打开数据库失败");
```

```
};

workerDBRequest.onsuccess = function(event){
    db_worker = workerDBRequest.result;
    console.log("打开成功");

    workerDBOpenSuccess();
};

workerDBRequest.onupgradeneeded = function(e){
    var db = workerDBRequest.result;

    db.deleteObjectStore('category');                          //删除原ObjectStore
    db.createObjectStore('category',{keyPath: "ccode"}); //创建新ObjectStore

    console.log(`${db.name}的版本号修改为了${db.version}`);
};

function workerDBOpenSuccess(){
    var tx_category = db_worker.transaction('category','readwrite');
    var store_category = tx_category.objectStore('category');

    var category1 = {'ccode':'c1', 'cname':'前端工程师'};
    for(var i=1;i<=5;i++)
            store_category.add(category1);
}
```

上面改进后的代码中，首先在onupgradeneeded中删除原来的category，然后创建一个新的，并且将ccode设置为ID，这样在保存数据时就不需要手动设置ID了，就像上面代码中workerDBOpenSuccess方法中的add。但是，上面的代码执行之后，可以通过Chrome的控制台看到一条数据也没有添加进去，这主要是因为将同一个对象保存了5次，而每次的ID都是相同的，从而发生错误，而且这5次保存都是在同一个事务中进行的，事务本身就会失败，导致回滚，也就是将数据恢复到事务执行之前，所以一条数据也写不进去。如果是分5个不同的事务来写入，则第一次可以正确写入，后4次会写入失败，也就是说，用add方法保存数据时所保存的数据必须是不存在的。将上面代码中的for循环去掉，就可以将category1保存到数据库中。

add方法也属于异步方法，执行后返回的是IDBRequest的实例对象。此对象跟前面给大家介绍过的IDBOpenDBRequest对象类似，也是通过关联事件来操作的，最重要的是onsuccess和onerror两个属性，分别用来关联保存成功和失败的事件处理方法，如果处理失败，则还可以通过error属性进行查看。例如，上面代码中的workerDBOpenSuccess方法中可以使用IDBRequest实例对象对不同操作结果分别进行处理，代码如下。

```
function workerDBOpenSuccess(){
    var tx_category = db_worker.transaction('category','readwrite');
```

```
    var store_category = tx_category.objectStore('category');

    var category1 = {'ccode':'c1', 'cname':'前端工程师'};

    var categoryAddRequest = store_category.add(category1);

    categoryAddRequest.onsuccess = function(event) {
            console.log("保存成功");
    }

    categoryAddRequest.onerror = function(event) {
            console.log(`保存失败: ${categoryAddRequest.error.message}`);
    }
}
```

上面的代码中，add 的返回值被保存到 categoryAddRequest 变量中，然后为其关联了 onsuccess 和 onerror 两个事件处理方法。第一次执行的时候会在控制台打印出“保存成功”，刷新后就会打印出“保存失败：Key already exists in the object store.”。

IDBObjectstore 的 prototype 所包含的另外三个方法 put、delete 和 clear 的用法跟 add 类似，也是在调用后返回一个 IDBRequest 的实例对象，在调用成功或失败后会调用相应的实际方法。其中，put 有两个参数，含义跟 add 中的相同；delete 只有一个参数，用于指定 key；clear 没有参数，用于清空数据，也就是删除所有对象。

我们先来学习 put，例如，如果要将上述例子中的“前端工程师”修改为“前端总监”，则可以将 workerDBOpenSuccess 方法的代码做如下修改。

```
function workerDBOpenSuccess(){
    var tx_category = db_worker.transaction('category', 'readwrite');
    var store_category = tx_category.objectStore('category');

    var category1 = {'ccode':'c1', 'cname':'前端总监'};

    var categoryPutRequest = store_category.put(category1);

    categoryPutRequest.onsuccess = function(event) {
            console.log("修改成功");
    }

    categoryPutRequest.onerror = function(event) {
            console.log(`修改失败: ${categoryPutRequest.error.message}`);
    }
}
```

执行上述代码后会在控制台打印出“修改成功”并将数据库中的“前端工程师”修改为“前端总监”。put 方法在操作时会先判断相应 ID 是否存在，如果存在则修改其相应对象，否则会添加一个新对象。

删除和清空分别使用下面代码。

```
var categoryDeleteRequest = store_category.delete(category1.ccode);
var categoryClearRequest = store_category.clear();
```

事件处理方法的设置跟 put 相同，这里就省略了。

另外，需要注意的是，这里所监听的事件都是操作本身的事件，即使触发了操作成功事件（也就是调用 onsuccess 处理方法）也并不代表真正操作成功。这是因为根据前面介绍过的事务的概念来考虑，一个事务中可能包含很多操作，每一个操作在完成后都会对自己所做的事情发出操作成功事件。但是，如果当前事务中有些操作成功，而有些操作失败，或者事务被人为取消，那么对于这些情况事务都会回滚，前面已经成功的操作也会被还原。下面来看一个比较极端的例子。

```
function workerDBOpenSuccess(){
   var tx_category = db_worker.transaction('category','readwrite');
   var store_category = tx_category.objectStore('category');

   var category1 = {'ccode':'c1', 'cname':'前端总监'};

   var categoryAddRequest = store_category.add(category1);

   categoryAddRequest.onsuccess = function(event) {
           console.log("保存成功");
           tx_category.abort();
   }

   categoryAddRequest.onerror = function(event) {
           console.log(`保存失败：${categoryAddRequest.error.message}`);
   }
}
```

这个例子就是在前面保存数据处理方法的 onsuccess 事件函数中手动取消了事务，这样虽然保存这个操作本身成功执行过，但最后还是会回滚。如果想在确保操作真正执行成功后执行一些操作，那么可以使用事务（例如，上面例子中的 tx_category）的 oncomplete 事件处理方法，这个事件处理方法会在整个事务全部处理完成之后被调用，这样可以保证其中的每个操作都执行成功。

到这里为止，对于增、删、改、查找操作本身大家应该都理解了，但是在具体使用时可能会遇到异步处理的问题。这是因为上面的例子中都是将操作方法放到打开数据库的 onsuccess 方法中的，虽然使用 workerDBOpenSuccess 方法像是变了一种调用方法，使看起来更清楚一些，但是原理并没有改变，这就需要所有的操作都在打开数据库之后立即执行。这跟实际情况有所不同，因为 JS 是一种面向事件的语言，大部分调用都是通过事件来完成的，对于数据的操作更是如此，例如，需要在单击添加按钮之后保存数据，单击删除按钮之后删除数据，这时操作代码就应该放入所对应按钮的单击事件处理方法中。但是，如果直接在其中写操作代码，就可能会出现一些问题。因为在单击按钮的时候，数据库是否已经成功打开还不知道。对于这种情况，可以使用一个变量记录数据库打开状态，然后在事件数理方法中根据该变量的状态来处理，代码如下。

```
var db_worker = null;
var db_worker_opensuccess = false;

var workerDBRequest = indexedDB.open("worker", 3);

workerDBRequest.onerror=function(event){
   console.log("打开数据库失败");
};

workerDBRequest.onsuccess = function(event){
   db_worker = workerDBRequest.result;
   db_worker_opensuccess = true;
   console.log("打开成功");
};

function doAdd(){
   if(!db_worker_opensuccess){
           setTimeout(function(){
                   doAdd();
           }, 100);
   }else{
           //执行相应保存操作
   }
}

addBtn.onclick = doAdd();
```

上面的代码中，创建了 db_worker_opensuccess 变量来标示数据库是否已经成功打开，原始值为 false，在成功打开后会将其设置为 true。在按钮单击事件处理方法 doAdd 中（这里的 addBtn 表示按钮对象），首先通过 db_worker_opensuccess 变量判断数据库是否已经成功打开，如果没有，则会在 100ms 之后重新自动调用，直到数据库成功打开为止，这时就会执行相应的操作。创建 db_worker_opensuccess 变量只是为了让大家看得更加清楚，实际上直接判断 db_worker 是否为 null 就可以了。另外，这段代码并没有对调用次数做限制，如果数据库打开失败，那么该方法就会一直调用。对于这个问题可以设置一个变量来记录重新调用的次数，当达到一定次数的时候就报错而不再重试。另外，还可以在 onerror 事件处理方法中设置一个标志，代码很简单，这里就不给大家提供了。

当然，之前介绍的 workerDBOpenSuccess 方法也可以从打开数据库的 onsuccess 处理方法中移到上述方法的 else 中，然后在加载的时候直接调用 doAdd 方法，这样也可以保证在数据库打开后自动执行 workerDBOpenSuccess 方法。

3. 查询相关操作

查询的相关对象主要包括4个，分别是：IDBIndex、IDBKeyRange、IDBCursor和IDBCursorWithValue。在介绍这些对象之前，先来学习IndexedDB是怎么查询的，明白了怎么查询也就明白了这4个对象是怎么回事。

查询主要通过IDBObjectStore的实例对象进行，首先通过以下代码来查看其prototype属性。

```
Object.getOwnPropertyNames(IDBObjectStore.prototype);
```

执行后会在控制台打印出以下结果。

```
["name", "keyPath", "indexNames", "transaction", "autoIncrement", "put", "add",
"delete", "get", "clear", "openCursor", "createIndex", "index", "deleteIndex",
"count", "constructor"]
```

这16个属性中的add、put、delete、clear和transaction已经在上一节介绍过，constructor也不用再介绍了；name、keyPath和autoIncrement分别表示ObjectStore的名称（例如，上述例子中的category）、对象中的主键属性以及主键自增是否为true；剩下的7个属性get、openCursor、count、indexNames、createIndex、deleteIndex和index都与查询数据相关。

IndexedDB与其他数据库不一样，它一共有两种查询方法，第一种是按照ID查询，第二种是按照索引查询。上述剩下的7个属性中前三个（get、openCursor、count）用于按照ID查询，后4个（indexNames、createIndex、deleteIndex、index）都跟索引有关，下面将分别给大家介绍。

（1）按照ID查询

按照ID查询主要包括get、openCursor和count三个方法。其中，get方法用于查询单条数据，openCursor用于查询多条数据，count用于获取对象的个数。

get方法的参数为ID，返回值也是IDBRequest类型，例如，获取上一节中category中ID为c1的对象可以使用下面的代码。

```
function workerDBOpenSuccess(){
    var readonly_tx_category = db_worker.transaction('category','readonly');
    var readonly_store_category = readonly_tx_category.objectStore('category');

   var categoryGetRequest = readonly_store_category.get("c1");

   categoryGetRequest.onsuccess = function(event) {
           console.log(`获取到的种类是：${categoryGetRequest.result.cname}`);
   }

   categoryGetRequest.onerror = function(event) {
           console.log(`获取失败：${categoryGetRequest.error.message}`);
   }
}
```

代码执行后会在控制台打印出“获取到的种类是：前端总监”。count 方法跟 get 差不多，其返回值也保存在 IDBRequest 实例对象的 result 属性中，其参数为 IDBKeyRange 实例对象，此参数可选，如果为空，则返回所有对象的个数，关于 IDBKeyRange 下面会给大家介绍。

在只需要读就可以完成的事务中最后使用 readonly 而不是 readwrite，虽然后者也可以查询，但是对于多个并发查询它会影响效率，就像前面举的网上购物的例子，当只是看一下的时候并不应该阻止别人查看。在数据库中跟这个例子中的情况还有些不同，在我们查看的时候虽然别人也可以查看，但是别人并不能修改。就像上面例子中查询 ID 为 c1 的种类，当正在查询的时候另外一个人将该记录修改了，那么所查到的结果是不是就不对了呢？也就是说，在一个 readonly 事务完成之前可以对相同的数据执行另一个 readonly 事务，但不可以执行 readwrite 事务。

介绍完查询单条记录，下面再来给大家介绍查询多条记录。多条记录是通过游标返回的，游标可以通过 ObjectStore 的 openCursor 方法获取。IndexedDB 的游标对象为 IDBCursor 或 IDBCursorWithValue，前者包含 ID 但不包含对象本身，可以使用 key 属性获取 ID，后者包含对象本身，通过 value 属性就可以直接获取所返回的对象。

在 IndexedDB 数据库中并没有过多的查询方法，只可以按照保存时的 ID 来提取数据。ID 可以是单个值也可以是一个范围，如果使用范围就需要使用 IDBKeyRange 的实例对象。先使用以下代码来看其中所包含的属性。

```
Object.getOwnPropertyNames(IDBKeyRange.prototype)
```

在控制台中执行后会返回如下结果。

```
["lower", "upper", "lowerOpen", "upperOpen", "constructor"]
```

这 4 个属性（Constructor 不再介绍）非常容易理解，因为都表示范围，所以关键就是最小值和最大值，lower 和 lowerOpen 都表示最小值，区别仅在于前一个不带等号，后一个带等号，upper 和 upperOpen 也是同样的道理。

与 IndexedDB 中的其他对象不同，IDBKeyRange 的实例需要我们自己创建，其创建方法有些特殊，它是调用自己的属性方法而不是使用 new 关键字来创建的，创建实例的属性方法有 4 个：only、lowerBound、upperBound 和 bound。其中，only 方法用于指定单独的一个 ID，lowerBound 和 upperBound 分别用于指定下界和上界，bound 方法用于同时指定上下界。lowerBound 和 upperBound 方法都有两个参数，第一个参数用于指定相应的界限，第二个参数用于指定是否包含界限值，false 为包含，true 为不包含，默认为 false。bound 方法有 4 个参数，前两个分别指定下界和上界，后两个分别指定是否包含下界和上界，含义同 lowerBound 和 upperBound 方法。其用法列举如下。

```
IDBKeyRange.only(a);                          //ID = a
IDBKeyRange.upperBound(a);                    //ID <= a
```

```
IDBKeyRange.upperBound(a, true);                //ID < a
IDBKeyRange.lowerBound(a);                      //ID >= a
IDBKeyRange.lowerBound(a, true);                //ID > a
IDBKeyRange.bound(a, b);                        //a <= ID <= b
IDBKeyRange.bound(a, b, true);                  //a < ID <= b
IDBKeyRange.bound(a, b, false, true);           //a <= ID < b
IDBKeyRange.bound(a, b, true, true);            //a < ID < b
```

在查询多条记录操作之前，先给数据库多添加几条记录，代码如下。

```
function workerDBOpenSuccess(){
   var tx_category = db_worker.transaction('category','readwrite');
   var store_category = tx_category.objectStore('category');

   var categorys = [{'ccode':'c1', 'cname':'JavaScript 工程师 '},
                   {'ccode':'c2', 'cname':'CSS 工程师 '},
                   {'ccode':'c3', 'cname':'HTML 工程师 '},
                   {'ccode':'c4', 'cname':' 美工 '},
                   {'ccode':'c5', 'cname':' 经理 '}];


   var categoryClearRequest = store_category.clear();

   categoryClearRequest.onsuccess = function(event) {
           for(var c of categorys){
                   store_category.add(c);
           }
   }

   categoryClearRequest.onerror = function(event) {
           console.log(` 清空失败: ${categoryPutRequest.error.message}`);
   }
}
```

上面的代码中，workerDBOpenSuccess 方法首先将原来的数据清空，然后添加了 5 条新数据。

下面演示获取多条数据的操作方法。

```
function workerDBOpenSuccess(){
   var readonly_tx_category = db_worker.transaction('category','readonly');
   var readonly_store_category = readonly_tx_category.objectStore('category');

   var keyRange = IDBKeyRange.bound("c1", "c3");
   var categoryCursorRequest = readonly_store_category.openCursor(keyRange);

   categoryCursorRequest.onsuccess = function(event) {
           var cursor = categoryCursorRequest.result;
           if(cursor) {
                   console.log(`${cursor.value.ccode}: ${cursor.value.cname}`);
                   cursor.continue();
```

```
            }
        };

        categoryCursorRequest.onerror = function(event) {
            console.log(`获取失败: ${categoryCursorRequest.error.message}`);
        }
    }
```

上面的代码中，首先使用 bound 方法创建了一个 IDBKeyRange 的实例对象 keyRange。然后将其作为参数调用 ObjectStore 的 openCursor 方法，其返回值依然是我们所熟悉的 IDBRequest 实例类型，通过其 onsuccess 事件方法可以获取查询的返回结果 cursor，返回结果为 IDBCursorWithValue 的实例类型（游标），可以通过 IDBRequest 实例的 result 方法获取，如果查询的结果为空则游标为空，否则游标不为空。最后通过 cursor.value 获取所对应的对象，然后将其打印出来。在游标中可以调用 continue 方法获取下一条数据，并且获取完成之后自动重新调用 onsuccess 事件处理方法，当到达最后一条数据后再调用 continue 方法就会返回 null。

上面代码所获取的是 ID 为 c1、c2、c3 的对象，运行后控制台会打印出如下结果。

```
c1: JavaScript 工程师
c2: CSS 工程师
c3: HTML 工程师
```

到这里为止，如何按照 ID 查询就介绍完了，接下来介绍如何按照索引查询。

（2）按照索引查询

ObjectStore 中跟索引相关的属性包括 4 个：indexNames、createIndex、deleteIndex 以及 index。其中，indexNames 属性包含相应 ObjectStore 中所有索引的名字，createIndex 和 deleteIndex 分别用于创建时删除索引，index 方法用来获取一个索引。

通过索引查询数据，首先创建索引，然后使用 index 方法获取索引就可以查询了。索引的创建和删除与 ObjectStore 的创建和删除一样必须在 onupgradeneeded 事件方法中执行。

创建索引的 createIndex 方法包含三个参数，调用语法如下。

```
objectStore.createIndex(indexName, keypath [, parameters]);
```

其中，第一个参数指定索引名。第二个参数指定对所保存对象中的哪个属性做索引。第三个参数用于指定索引的属性，这是一个对象类型，该对象可以包含 unique 和 multiEntry 两个属性，unique 用于指定是否为唯一索引，若设置为唯一索引则跟 ID 一样，当有相同索引属性的对象保存时就会出错，multiEntry 用于指定按某个索引查询时如果有多个符合条件的值应该怎么处理。

为了演示索引，新建一个名为 worker 的 ObjectStore（也就是 worker 数据库中又包含一个名为 worker 的 ObjectStore），使用 wid 字段作为 ID，然后对 age 属性创建可重复的索引，索引名为ageIndex。首先将相应操作代码写入onupgradeneeded事件方法中，然后修改open方法的版本号。另外，为了后面演示方便，在创建worker后再为其保存一些数据，代码如下。

```
var db_worker = null;

var workerDBRequest = indexedDB.open("worker", 4);

workerDBRequest.onerror=function(event){
   console.log("打开数据库失败");
};

workerDBRequest.onsuccess = function(event){
   db_worker = workerDBRequest.result;
   console.log("打开成功");

   workerDBOpenSuccess();
};

function workerDBOpenSuccess(){
   var tx_worker = db_worker.transaction('worker','readwrite');
   var store_worker = tx_worker.objectStore('worker');

   for(var i=1; i<=30; i++){
          var worker = {'wid':i, 'wname':`张三丰${i}`, 'age':20+i%10};
          store_worker.add(worker);
   }
}

workerDBRequest.onupgradeneeded=function(e){
   var db = workerDBRequest.result;

   var store = db.createObjectStore('worker',{keyPath: "wid"});

    store.createIndex( "ageIndex", "age", { unique: false, multientry: true } );

   console.log(`${db.name}的版本号修改为了${db.version}`);
};
```

上面的代码中，首先创建一个名为worker的ObjectStore，然后为其添加ageIndex索引，并在onsuccess方法中调用workerDBOpenSuccess，为其添加30条数据。所添加的数据非常简单，wid就是从1到30，wname是从张三丰1到张三丰30，age是从20到29，存在重复年龄。

使用索引时，首先应该使用ObjectStore的index方法获取索引，此方法的参数就是索引名，所获取的索引是IDBIndex的实例类型，可用下列代码查看其prototype所包含的属性。

```
Object.getOwnPropertyNames(IDBIndex.prototype)
```

将上面的代码在控制台执行后返回如下结果。

```
["name", "objectStore", "keyPath", "unique", "multiEntry", "openCursor",
 "openKeyCursor", "get", "getKey", "count", "constructor"]
```

在以上返回结果中，name、keyPath、unique 和 multiEntry 都是创建索引时用到的值；objectStore 指向所属的 ObjectStore；get 用于按照索引值（例如某个年龄）获取对象；getKey 方法跟 get 方法类似，区别仅在于它只返回对象的 key 而不是整个对象；openCursor 和 openKeyCursor 方法跟 ObjectStore 中的 openCursor 方法类似，都是按索引的范围来查找数据，但前一个方法返回的索引是 IDBCursorWithValue 类型，包含整个对象，而后一个方法返回的索引是 IDBCursor 类型，包含 key 而不是包含整个对象。我们来看下面的例子。

```
function workerDBOpenSuccess(){
   var readonly_tx_worker = db_worker.transaction('worker','readonly');
   var readonly_store_worker = readonly_tx_worker.objectStore('worker');

   var worker_age_index = readonly_store_worker.index('ageIndex');

   var indexKeyRange = IDBKeyRange.bound(23, 25);
   var indexRequest = worker_age_index.openCursor(indexKeyRange);
   indexRequest.onsuccess = function(event) {
         var cursor = indexRequest.result;
         if(cursor) {
               console.log(`${cursor.value.wid}:${cursor.value.wname}-${cursor.value.age}`);
               cursor.continue();
         }
   }

   indexRequest.onerror = function(event) {
         console.log("索引获取数据失败");
   }
}
```

这个例子中，使用 openCursor 方法获取所有年龄在 23 到 25 之间的员工，并将他们的信息在控制台打印出来，其使用过程跟在 ObjectStore 中非常相似。其他方法跟 ObjectStore 中的大同小异，这里就不再详细介绍了。

4. 删除和关闭操作

本节给大家介绍 IndexedDB 中的删除和关闭操作。删除操作包含删除数据库、删除 ObjectStore、删除索引和删除数据。删除数据的操作前面已经介绍过，关闭主要指关闭数据库。

删除数据库是使用 IDBFactory 的实例对象 indexedDB 的 deleteDatabase 方法来操作的，其参数为要删除的数据库名，例如，删除 worker 数据库可以直接使用下面的代码。

```
indexedDB.deleteDatabase("worker");
```

deleteDatabase 的返回值跟 open 方法一样，也是 IDBOpenDBRequest 实例类型的对象，可以为它绑定相应的事件处理方法。

删除 ObjectStore 要用数据库操作，删除索引要用 ObjectStore 操作，删除方法分别为 deleteObjectStore 和 deleteIndex，不过这两个操作都必须在 onupgradeneeded 事件处理方法中执行。另外，在调用 deleteIndex 之前，首先应该获取 ObjectStore，如果是调用 createObjectStore 新创建的 ObjectStore，则 createObjectStore 方法会返回刚创建好的 ObjectStore，但是对于原来已经存在的 ObjectStore 怎么获取呢？这时可以先使用 transaction 获取事务，然后再从事务中获取 ObjectStore。我们来看下面的例子。

```
workerDBRequest.onupgradeneeded=function(e){
   var db = workerDBRequest.result,
          tx = workerDBRequest.transaction;

   db.deleteObjectStore('category');

   var worker = tx.objectStore('worker');
   worker.deleteIndex( "ageIndex");

   console.log(`${db.name} 的版本号修改为了 ${db.version}`);
};
```

这个例子中，首先删除 category，然后从事务中获取 worker，并删除其 ageIndex 索引。

关闭数据库使用的是 close 方法，数据库关闭后就不可以再对其进行操作了。close 方法直接调用即可，没有参数也没有返回值。例如，要关闭上面例子中的 worker 数据库，直接使用下面的代码就可以了。

```
db_worker.close();
```

5. 封装

IndexedDB 的相关知识和操作方法已经给大家介绍完。由于 IndexedDB 是基于事件的操作，直接使用会不太方便，因此，笔者给大家做了个封装，使用起来会方便一些。由于代码量太大，所以就不在这里写了，大家可以到附录里去查阅源代码。下面给大家介绍其用法。

使用前首先需要将其引入。这时就会在 window 上添加一个 function 类型的 ExcelibIDB 对象，所有的操作都是通过该对象来完成的。作为对象使用时只有一个方法：deleteDB，用来删除一个数据库，其他操作都是通过使用 new 关键字创建的实例对象进行的。deleteDB 方法共有三个参数：dbName、successHandler 和 errorHandler。其中，第一个参数用来指定所要关闭的数据库名，后两个参数分别用来指定处理成功后的回调方法和处理失败后的回调方法，例如下面的代码。

```
ExcelibIDB.deleteDB("worker", function(e){
```

```
            console.log("删除成功");
    },
    function(e){
            console.log(`删除失败, ${event.target.error.message}`);
    });
```

利用上述代码就可以删除 worker 数据库，无论删除成功或失败都会在控制台打印出相应信息。

ExcelibIDB 实例对象的创建方法包含三个参数：数据库名、版本号和升级代码。其中，后两个参数可选，第二个参数若为空则按 1 处理，第三个参数是一个回调函数，当需要修改数据库时，在其中写入相应代码即可（当然，还需要使用更高的版本号）。例如下面的代码。

```
var workerDB = new ExcelibIDB("worker", 1, function(e){
   var db = e.target.result;
   var store = db.createObjectStore('worker',{keyPath: "wid"});
   store.createIndex( "ageIndex", "age", { unique: false} );
});
```

上面的代码中，首先创建一个 worker 数据库，然后又在其中创建一个名为 worker 的 ObjectStore，并且添加一个 ageIndex 索引，返回值为 ExcelibIDB 的实例对象，对数据的所有操作都是使用该实例对象来完成的，其所包含的方法如下。

（1）reOpen

该方法用于重新打开数据库，它会先关闭原来的数据库，然后重新打开，其参数跟构造函数一样，不过这里的数据库名也可以省略，如果省略则还会打开原来的数据库。例如下面的代码。

```
var workerDB = new ExcelibIDB("worker", 1);
workerDB.reOpen();
```

（2）close

该方法用于关闭数据库，无参数。例如，下面代码可以关闭 worker 数据库。

```
var workerDB = new ExcelibIDB("worker", 1);
workerDB. close ();
```

（3）add

该方法用于保存数据，共包含 5 个参数：storeName、obj、id、successHandler、errorHandler，分别表示 ObjectStore 的名字、所要保存的对象、对象 ID、处理成功后的回调方法和处理失败后的回调方法。其中，前两个参数必须有，如果 errorHandler 为空，则会在处理失败后用 alert 提示失败原因。例如，下面代码就可以在 worker 中添加一个对象。

```
var workerDB = new ExcelibIDB("worker", 1);
workerDB.add("worker", {"wid":1,"wname":"hhh","age":1});
```

（4）batchAdd

该方法用于批量保存数据，共包含4个参数：storeName、objHolder、successHandler、errorHandler。其中，batchAdd为数组类型，而且每个数组元素是一个如下结构的对象。

```
{ “obj” :obj, “id” :id}
```

其中，obj属性为所要保存的对象，id属性为对象的id，id可以为空。其他参数跟add方法相同。我们来看下面的例子。

```
var workerDB = new ExcelibIDB("worker", 1);

var objs = [];
for(var i=0;i<30;i++){
   obj = {"wid":i,"wname":" 姓名 "+i,"age":25+i%10};
   objs.push({"obj": obj});
}
workerDB.batchAdd("worker", objs);
```

这个例子中，首先创建一个包含三个元素的数组对象objs，然后调用batchAdd方法将其保存在worker中。该方法所保存的数据都是在同一个事务中完成的，使用batchAdd会比连续多次调用add的处理速度快，但是当一次要保存的数据量非常大的时候，就可能会因为缓存不足而发生错误。笔者之前就遇到过这样的问题，当时使用的还是Oracle数据库，虽然在JS中操作的数据一般不会很多，但大家也要知道这里可能会出现类似的问题。

（5）delete

该方法用于删除数据，共包含4个参数：storeName、id、successHandler、errorHandler。其中，id为所要删除数据的id，其他三个参数跟add方法相同。我们来看下面的例子。

```
var workerDB = new ExcelibIDB("worker", 1);
workerDB.delete("worker", 1);
```

利用上述代码就可以将ID为1的对象从worker中删除了。

（6）put

该方法用于修改数据，共包含5个参数：storeName、obj、id、successHandler和errorHandler。参数含义跟add方法相同。我们来看下面的例子。

```
var workerDB = new ExcelibIDB("worker", 1);
workerDB.put("worker", {"wid":1,"wname":" 哈哈 ","age":1});
```

上面的例子在worker中修改了ID为1的对象。put方法在操作时，如果原ID存在，则会修改相应对象，如果不存在则会添加。

（7）batchPut

该方法用于批量修改数据，共包含4个参数：storeName、objHolder、successHandler和errorHandler。参数含义及用法都跟batchAdd方法相同，我们就不举例了。

（8）clear

该方法用于清空数据，共包含三个参数：storeName、successHandler、errorHandler。参数含义跟 add 方法相同。例如，要清空 worker 中的所有数据可以使用下面的代码。

```
var workerDB = new ExcelibIDB("worker", 1);
workerDB.clear("worker");
```

（9）get

该方法用于获取单个对象，共包含 4 个参数：storeName、id、successHandler、errorHandler。参数含义跟 delete 相同。

例如，要获取 ID 为 1 的对象可以使用下面的代码。

```
var workerDB = new ExcelibIDB("worker", 1);
workerDB.get("worker", 1, function(e){
        var obj = e.target.result;
        if(obj==null){
              console.log("对象不存在");
        }else{
              console.log(obj.wid, obj.wname, obj.age);
        }
  });
```

上述代码会将获取的对象打印出来。

（10）count

该方法用于统计对象个数，共包含 4 个参数：storeName、keyRange、successHandler、errorHandler。其中 keyRange 为 IDBKeyRange 的实例对象，其他参数的含义跟 add 相同。

例如，想知道 worker 中总共保存了多少对象可以使用下面的代码。

```
var workerDB = new ExcelibIDB("worker", 1);
workerDB.count("worker", null, function(e){console.log(e.target.result);});
```

（11）loads

该方法用于获取多个对象，共包含 4 个参数：storeName、keyRange、successHandler、errorHandler，参数含义跟 count 相同。我们来看下面的例子。

```
var workerDB = new ExcelibIDB("worker", 1);

workerDB.loads("worker", IDBKeyRange.bound(3, 7), function(e){
   var cursor = e.target.result;
   if(cursor) {
         console.log(`${cursor.value.wname}: ${cursor.value.age}`);
         cursor.continue();
   }
});
```

这个例子中，首先，获取 ID 在 3 到 7 之间的对象，然后将它们在控制台打印出来。

(12) getByIndex

该方法用于使用索引获取单个对象，共包含5个参数：storeName、indexName、key、successHandler、errorHandler。其中，indexName为使用的索引名，key表示按什么值到索引中获取对象，其他参数的含义跟get方法相同。我们来看下面的例子。

```
var workerDB = new ExcelibIDB("worker", 1);
workerDB.getByIndex("worker", "ageIndex", 31, function(e){console.log(e.target.
result.wname);});
```

这个例子中，首先从worker的ageIndex索引中获取索引属性（这里为age）值为31的对象，然后将其打印到控制台。

(13) loadsByIndex

该方法用于使用索引获取多个对象，共包含5个参数：storeName、indexName、keyRange、successHandler、errorHandler。其中，keyRange为IDBKeyRange的实例对象，其他参数的含义跟getByIndex相同。我们来看下面的例子。

```
    var workerDB = new ExcelibIDB("worker", 1);

    workerDB.loadsByIndex("worker", "ageIndex", IDBKeyRange.bound(31, 32),
function(e){
        var cursor = e.target.result;
        if(cursor) {
                console.log(`${cursor.value.wname}: ${cursor.value.age}`);
                cursor.continue();
        }
    });
```

这个例子中，首先获取age在31到32之间的所有数据，并打印到控制台。

(14) getKeyByIndex

该方法用于使用索引获取单个对象的ID，参数跟getByIndex相同，例如下面的例子。

```
var workerDB = new ExcelibIDB("worker", 1);
workerDB.getKeyByIndex("worker", "ageIndex", 33, function(e){console.log(e.target.result);});
```

这个例子中，获取age为33的对象的ID值，然后将其打印到控制台。

(15) loadKeysByIndex

该方法用于使用索引获取多个对象的ID，参数跟loadsByIndex相同，获取成功后返回IDBCursor的实例对象。其中，key属性指索引字段的值，primaryKey属性指对象的ID值，例如下面的例子。

```
var workerDB = new ExcelibIDB("worker", 1);

workerDB.loadKeysByIndex("worker", "ageIndex", IDBKeyRange.bound(31, 32), function(e){
   var cursor = e.target.result;
   if(cursor) {
```

```
            console.log(cursor.primaryKey, cursor.key);
            cursor.continue();
        }
    });
```

这个例子中，获取所有 age 在 31 到 32 之间对象的 ID 值，并将它们打印到控制台，其中，primaryKey 属性为 ID，key 属性为 age 的值。

至此，ExcelibIDB 中的所有操作全部给大家介绍完了。

第 24 章　canvas 作图

canvas 标签应该是 HTML5 标准最受欢迎的一个标签，本章就来给大家详细介绍 canvas 相关的内容。

canvas 的作用就相当于一块画布，可以通过 JS 脚本在 canvas 上面进行绘画，而且还可以对画面的内容进行修改，通过不断修改可以实现动画的效果，再跟事件结合后就可以制作游戏了！

虽然 canvas 的功能非常强大，但是我们还是得从最基础的内容学起。canvas 标签及其所对应的 JS 对象 HTMLCanvasElement 本身非常简单，它们主要包含 width、height 两个属性和一个 getContext 方法。虽然 HTML5 中新增了 setContext 等方法，但是各大浏览器支持得并不好。

canvas 本身并没有太多的操作，它主要是通过 getContext 方法获取的环境对象进行操作。canvas 和它所包含的 context 对象的关系就好像 canvas 是一块画布，而 context 是各种笔，不同的笔有不同的用法，例如毛笔、钢笔、圆珠笔，它们的用法各不相同，在绘图之前要先拿到笔，然后才可以绘图。将 context 和 canvas 区分开而不直接使用 canvas 绘图的最大好处是可以使用多种绘图方式，例如，要绘制平面图形可以用 2D 的 context，而要绘制立体图形则可以使用 3D 的 context。

明白了 context 和 canvas 的关系，就可以很容易想出 canvas 的用法：首先获取 canvas 对象，然后使用它获取相应的环境，最后使用获取的环境来绘图。实际使用中 canvas 是通过 getContext 方法来获取绘图环境的，该方法有一个表示环境类型的参数，最常用的就是表示平面的参数“2d”。另外，还可以使用 webgl 参数来获取立体的绘图环境，但是由于立体绘图对开发者的要求比较高，而且需要浏览器、操作系统和相关驱动的支持才可以实现，所以现在使用得还比较少。下面的例子演示了相关的用法。

```
<canvas id="canvas2d" width="150" height="150">
    浏览器不支持 canvas
</canvas>
<canvas id="canvas3d" width="150" height="150">
```

```
        浏览器不支持canvas
    </canvas>
    <script text="text/javascript">
        var canvas2d = document.getElementById("canvas2d");
        var ctx2d = myCanvas.getContext("2d");

        var canvas3d = document.getElementById("canvas3d");
        var ctx3d = canvas3d.getContext("webgl");
    </script>
```

这个例子中，首先在文档中添加了两个canvas节点，在脚本中分别通过id来获取它们，然后调用它们的getContext方法分别获取平面（2d）和立体（3d）的绘图环境，接下来就可以使用它们在上面进行绘图了。需要注意的是，对于一个canvas节点来说，只能获取2d和3d（webgl）中的一个，不可以先获取2d，然后再获取3d，也不可以先获取3d，然后再获取2d，那样的操作会返回null。

getContext方法使用2d作为参数，获取的是CanvasRenderingContext2D类型的对象，使用webgl作为参数获取的是WebGLRenderingContext类型的对象。WebGL是OpenGL的网页版，学习WebGL需要专业的三维编程的知识，这里就不给大家介绍了。下面主要给大家讲解使用canvas节点绘制平面图形的相关内容，即CanvasRenderingContext2D对象的相关内容。

24.1 绘制矩形

绘制矩形是canvas中最简单的功能，跟绘制矩形相关的方法一共包括如下三个。

- strokeRect(x, y, width, height)：绘制矩形边框。
- fillRect(x, y, width, height)：绘制矩形并填充。
- clearRect(x, y, width, height)：清除矩形区域内容，实际上是使用底色填充矩形区域。

这三个方法的参数中，x、y表示矩形左上角的坐标，width和height表示矩形的宽和高，坐标原点默认为canvas的左上角（后面会给大家介绍坐标的变换），canvas中矩形的结构如图24-1所示。

在屏幕中一般的坐标系都是以左上角为坐标原点，向右和向下为x与y的方向（但WebGL中不是这样的），canvas中x、y的最大值分别为canvas的width和height属性。需要注意的是，canvas的width和height属性只能直接通过标签获取脚本设置，而不可以使用CSS来设置。这是因为CSS设置的是显示的大小，使用CSS设置canvas后会按比例进行缩放，但是不会影响canvas本身的大小（坐标的最大值）。如果不显式指定，width的默认值为300，height的默认值为150。我们来看下面的例子。

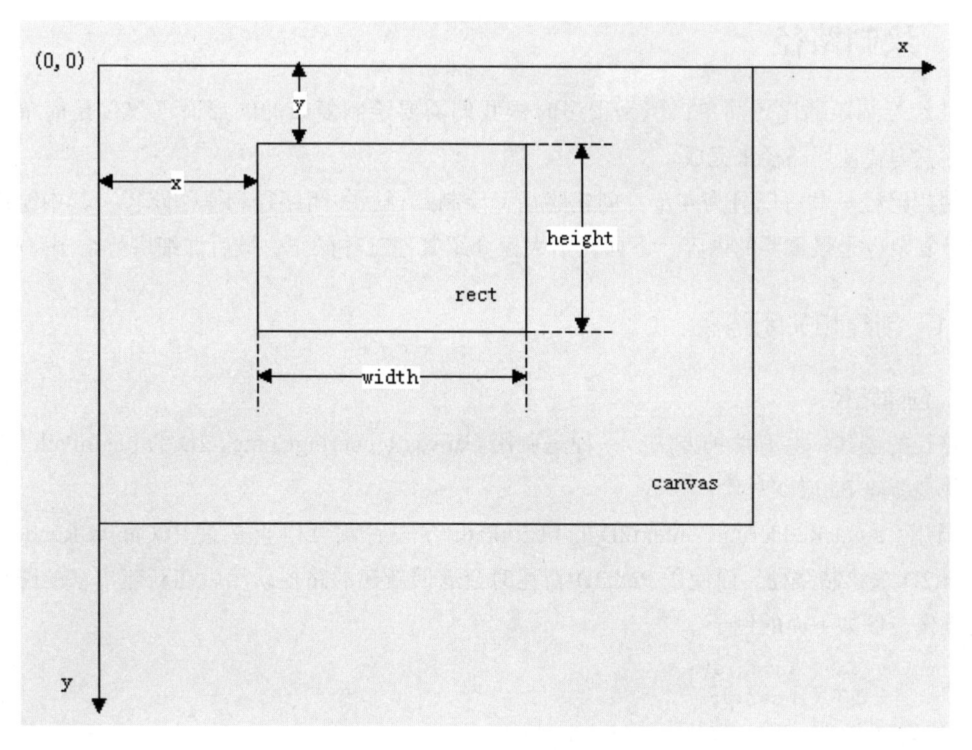

图 24-1 canvas 中矩形的结构

```
<canvas id="canvas2d">
    浏览器不支持 canvas
</canvas>

<script text="text/javascript">
    var canvas2d = document.getElementById("canvas2d");
    var ctx2d = canvas2d.getContext("2d");

    ctx2d.fillRect(30, 50, 100, 50);
    ctx2d.strokeRect(100, 30, 100, 50);
    ctx2d.clearRect(101, 51, 28, 28);
</script>
```

这个例子中，首先以（30, 50）为原点画了一个宽为 100、高为 50 的实心矩形，然后以（100, 30）为原点画了一个宽为 100、高为 50 的空心矩形（在实心矩形的右上角），最后将两个矩形重叠的部分进行擦除（留下一个像素的边框）。显示的结果如图 24-2 所示。

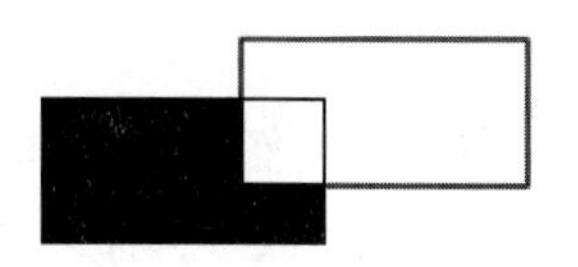

图 24-2 操作后的结果

24.2 绘制路径

虽然绘制矩形比较简单，但是很多时候我们需要绘制复杂的图形而不仅仅是简单的矩形，这就需要使用路径来完成。

使用路径一共可以分为 4 步：创建路径、绘制路径、关闭路径和操作路径，其中绘制路径是最复杂也是最重要的内容。下面先给大家介绍其他三种操作，最后详细讲解绘制路径。

24.2.1 创建和关闭路径

1. 创建路径

路径的创建一共有两种方法，一种是调用 CanvasRenderingContext2D 的 beginPath 方法，另一种是新建 Path2D 对象。

调用 CanvasRenderingContext2D 的 beginPath 方法后就可以直接使用 CanvasRenderingContext2D 来绘制路径，而使用 Path2D 新建时会返回新建的路径，然后在新建出来的路径上进行操作，例如下面的例子。

```
<canvas id="canvas2d">
    浏览器不支持 canvas
</canvas>

<script text="text/javascript">
    var canvas2d = document.getElementById("canvas2d");
    var ctx2d = canvas2d.getContext("2d");

    // 使用 beginPath 方法创建
    ctx2d.beginPath();
    // 这里可以使用 ctx2d 绘制路径

    // 使用 Path2D 新建路径
    var newPath = new Path2D();
    // 这里可以实际 newPath 来绘制路径
</script>
```

2. 关闭路径

关闭路径使用的是 closePath 方法，其主要作用是将路径闭合起来，也就是从画笔的终点到路径的起点绘制一条直线，如果路径已经闭合，那么也可以不调用该方法。

24.2.2 操作路径

对路径的操作只有两种：填充和描边，它们所对应的方法分别是 stroke 和 fill。如果是使用 beginPath 创建的路径，那么直接调用就可以了，如果是新建的 Path2D 路径，那么调用时需要将创建出来的路径传入参数中，例如下面的例子。

```
<canvas id="canvas2d">
    浏览器不支持 canvas
</canvas>

<script text="text/javascript">
    var canvas2d = document.getElementById("canvas2d");
    var ctx2d = canvas2d.getContext("2d");

    //使用 beginPath 方法创建
    ctx2d.beginPath();
    //……
    //这里可以使用 ctx2d 绘制路径
    ctx2d.closePath()
    ctx2d.fill();

    //使用 Path2D 新建路径
    var newPath = new Path2D();
    //……
    //这里可以实际 newPath 来绘制路径
    newPath.closePath()
    ctx2d.stroke(newPath);
</script>
```

24.2.3　绘制路径

所有平面上的图形都是由直线和曲线组成的（点其实是半径很小的实心圆），因此路径的绘制主要分为直线和曲线两种类型。但是，CanvasRenderingContext2D 绘制路径时除了这两种类型外还有一个辅助操作的方法。

1. 辅助操作

CanvasRenderingContext2D 在绘制路径时有一个辅助操作方法：moveTo，其作用是移动画笔。它有两个参数 x、y，分别表示移动到的目标点的坐标值。

2. 绘制直线

绘制路径中的直线使用的是 lineTo(x, y) 方法，它可以从画笔当前点到参数中传入的坐标点画一条直线，一般会与 moveTo 方法配合使用，例如下面的例子。

```
<canvas id="canvas2d">
    浏览器不支持 canvas
</canvas>

<script text="text/javascript">
    var canvas = document.getElementById('canvas2d');
    if (canvas.getContext) {
        var ctx = canvas.getContext('2d');
```

```
            ctx.beginPath();
            ctx.moveTo(30,30);
            ctx.lineTo(80,30);
            ctx.lineTo(80,80);
            ctx.lineTo(30,80);
            ctx.closePath();
            ctx.stroke();
        }
    </script>
```

这个例子中，将操作放在if语句块中，这样做的目的主要是预防老版本的浏览器不支持canvas。具体的处理逻辑是先创建路径，然后将画笔移动到(30,30)点，之后依次画3条直线，最后调用closePath方法闭合路径并调用stroke方法描边。画出的结果如图24-3所示。

图24-3　最后画出的结果

绘制矩形还有一种简单的方法，那就是直接调用rect方法。这种方法跟前面学过的strokeRect、fillRect方法的用法一样，不同之处在于rect方法绘制出的是路径，而strokeRect和fillRect不是。上面的例子也可以使用下面的代码来实现。

```
var ctx = canvas.getContext('2d');
ctx.beginPath();
ctx.rect(30,30,50,50);
ctx.stroke();
```

在绘制线条时还可以使用lineWidth属性来指定线条的宽度，并且使用setLineDash方法来设置虚线的样式。setLineDash的参数为一个数组，数组的元素用来表示实线与空白所占用的宽度，虚线会按数组中的值进行循环。例如看下面的例子。

```
<canvas id="canvas2d">
    浏览器不支持canvas
</canvas>

<script text="text/javascript">
    var canvas = document.getElementById('canvas2d');
    if (canvas.getContext) {
        var ctx = canvas.getContext('2d');
        for(var i=1;i<10;i++){
            ctx.beginPath();
            ctx.lineWidth=i;
            ctx.moveTo(10,10*i);
            ctx.lineTo(100,10*i);
            ctx.stroke();
        }

        ctx.beginPath();
        ctx.lineWidth=1;
        ctx.setLineDash([5,10]);
        ctx.moveTo(10,110);
```

```
        ctx.lineTo(300,110);
        ctx.stroke();

        ctx.beginPath();
        ctx.setLineDash([10,5]);
        ctx.moveTo(10,120);
        ctx.lineTo(300,120);
        ctx.stroke();

        ctx.beginPath();
        ctx.setLineDash([5,10,15]);
        ctx.moveTo(10,130);
        ctx.lineTo(300,130);
        ctx.stroke();

        ctx.beginPath();
        ctx.setLineDash([5,10,15,20]);
        ctx.moveTo(10,140);
        ctx.lineTo(300,140);
        ctx.stroke();
    }
```

这个例子中，首先按不同的宽度画9条实线，然后又画4条虚线。实线的宽度依次为1 ~ 9，虚线中第1条的参数为5和10，即每段实线长为5，空白为10，第2条虚线跟第1条正好相反，实线为10空白为5，第3条为5、10、15循环，第4条为5、10、15、20循环，最后的显示结果如图24-4所示。

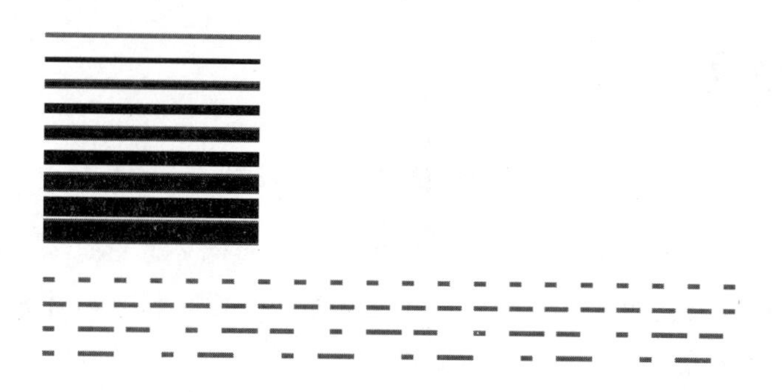

图24-4 最后的显示结果

特别注意第3条虚线，它的参数数组中包含3个元素，在绘制虚线时会循环使用3个元素作为每段实线的长度和空白的长度，相当于将两个数组合并到一起作为参数。例如，使用[5,10,15]作为参数就相当于使用[5,10,15,5,10,15]作为参数。当参数数组中的元素为奇数时都会这么处理。

跟虚线相关的还有一个lineDashOffset属性，它用于指定虚线的偏移量，即虚线的起始位置。我们来看下面的例子。

```
<canvas id="canvas2d">
    浏览器不支持 canvas
</canvas>

<script text="text/javascript">
    var canvas = document.getElementById('canvas2d');
    if (canvas.getContext) {
        var ctx = canvas.getContext('2d');
        for(var i=1;i<10;i++){
            ctx.beginPath();
            ctx.setLineDash([10,5]);
            ctx.lineDashOffset = i;
            ctx.moveTo(10,10*i);
            ctx.lineTo(100,10*i);
            ctx.stroke();
        }
    }
</script>
```

这个例子中，绘制了 9 条虚线，虚线使用的参数都是 [10,5]，偏移量依次为 1 ～ 9，显示结果如图 24-5 所示。

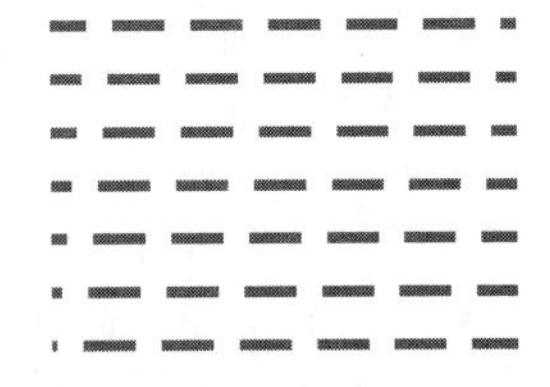

图 24-5 显示结果

3. 绘制曲线

CanvasRenderingContext2D 绘制曲线也有两种方法，一种是绘制圆弧，另一种是绘制贝塞尔曲线。

什么是贝塞尔曲线

使用计算机进行绘图已经成了很多人的选择，它的优势这里就不列举了。在绘图的过程中很多时候都需要使用曲线，但是对于主要擅长标准化操作的计算机来说绘制曲线并不是一件容易的事情。我们可以很容易用铅笔在纸上画出一条任意的曲线，但是如果想将它绘制到计算机上就没那么简单了。虽然这对我们的影响可能并不是很大，但是对于做造型设计的艺术家和设计师们来说就太痛苦了。

对于这个问题，人们设计了多种解决方案，其中有一种叫作贝塞尔曲线。贝塞尔曲线是由法国工程师 Pierre Bézier（皮埃尔 · 贝塞尔）于 1962 年提出的，最初的目的是用于汽车设计，但是由于其操作简单、灵活，现在已经被大家广泛使用，特别是在平面绘图中。两大平面绘图软件 Photoshop 和 CorelDRAW 都提供了绘制贝塞尔曲线的功能，这两款软件分别是绘制位图和矢量图的代表软件，在 3ds Max 中也有相应的应用。

贝塞尔曲线是由起点、终点和控制点组成的。起点和终点很容易理解，控制点可以有一个或多个，它通过线段的比例来控制曲线的走向，一个控制点时的贝塞尔曲线是基础，理解了一个控制点就容易理解多个控制点了。一个控制点时的画法如图 24-6 所示。

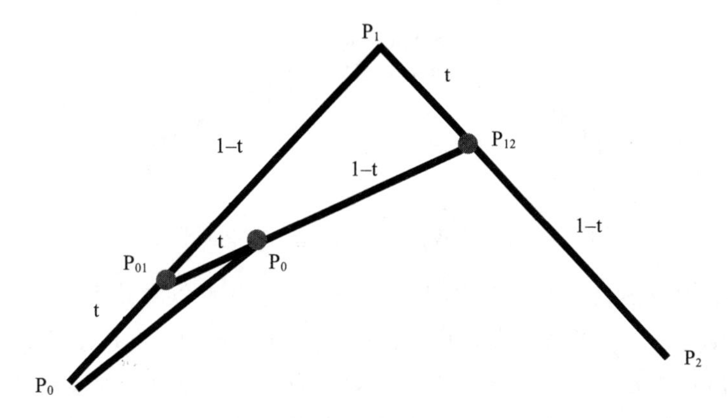

图 24-6 一个控制点时的贝塞尔曲线的画法

图 24-6 中，P_0 和 P_2 分别为起点和终点，P_1 为控制点。绘制曲线时需要引入一个参数 t，t 表示在一条线段上取一个点时该点到起点的距离占总线段长度的比例，当 t 从 0 变为 1 时贝塞尔曲线就绘制完成了。t 在 [0, 1] 范围内的每个值都可以计算出一个唯一的点。计算方法是先将起点、控制点和终点连接起来，然后按长度比例取 P_0P_1 和 P_1P_2 离起点为 t 的点 P_{01} 和 P_{12}，并将它们连接，最后再按相同的方法取 P_{01} P_{12} 上距离起点占总长度比例为 t 的点 P_b，P_b 就是 t 取某个特定值时的贝塞尔曲线上的点。

如果用公式表达的话，如下所示。

$P_{01}=P_0+(P_1-P_0)t$

$P_{12}=P_1+(P_2-P_1)t$

$P_b=P_{01}+(P_{12}-P_{01})t$

$=P_0+(P_1-P_0)t+(P_1+(P_2-P_1)t-P_0+(P_1-P_0)t)t$

$=(1-t)^2P_0+2t(1-t)P_1+t^2P_2$

公式中的 P_0、P_1、P_2 和 P_b 在使用时带入它们所对应的坐标就可以了。

贝塞尔曲线的控制点可以有多个，控制点越多，画出的线的灵活度越高。另外，一个控制点可以唯一确定一条平面的弧线，因为起点、终点和控制点三个点（如果不在一条直线上）可以确定一个平面，而两个及两个以上控制点就可以确定一条（三维）空间弧线。当然，如果它们都在同一平面上那么也可以确定一条平面的弧线。

多个控制点时，贝塞尔曲线的画法是先从起点到终点的方向将所有点连接起来，之后对每三个连续的点按照一个控制点的方法计算贝塞尔曲线点（P_b），然后再将计算出来的点连接起来并继续对每三个连续的点计算贝塞尔曲线点（P_b），直到最后计算出一个唯一的点为止。例如，两个控制点时的贝塞尔曲线的画法如图 24-7 所示。

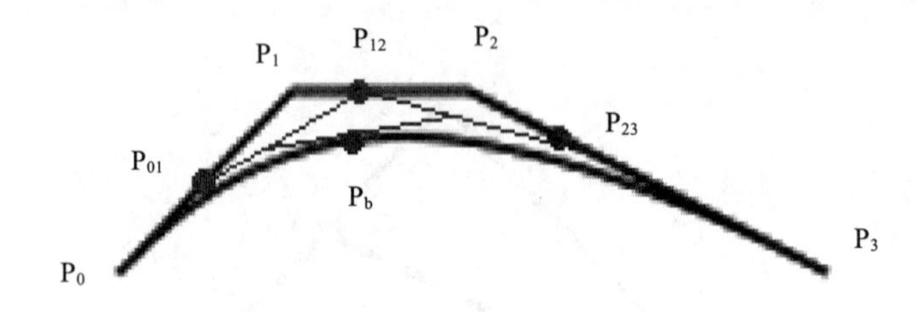

图 24-7　两个控制点时的贝塞尔曲线的画法

图 24-7 中，起点和终点分别为 P_0 和 P_3，P_1 和 P_2 为两个控制点。绘制方法是先将每个端点依次连接起来，然后按 t 找到每一段的分割点 P_{01}、P_{12} 和 P_{23}，最后再使用这三个点按照一个控制点的方法找到贝塞尔曲线所对应的点 P_b。如果有更多的控制点，那么在绘制贝塞尔曲线时也是按照这种方式逐渐减少控制点的个数，直到最后只有两个点的时候按照比例 t 就可以找出贝塞尔点 P_b 了。多个控制点时的公式推导过程与一个控制点时的推导过程相同，这里就不详细推导了，最后的结果如下。

$$P_b = \sum_{t=0}^{n} C_n^i P_i (1 | t)$$

虽然控制点可以有多个，但是在绘图软件中两个控制点的贝塞尔曲线使用得最多。贝塞尔曲线的优势主要是表达和操作非常方便，只需要几个点就可以确定一条曲线，而且在绘图软件中操作时可以使用鼠标拖动控制点，这样贝塞尔曲线就可以实时地绘制出来。但是，贝塞尔曲线的控制点和曲线本身的关系并不是很直观，而且这套算法也并不能很容易表达出设计师的思维，也就是说，并不是设计师手绘出的所有曲线都可以很容易地使用贝塞尔曲线绘制出来。

CanvasRenderingContext2D 中绘制圆弧的方法有两个，分别是 arc 和 arcTo，它们的调用语法分别如下所示。

- arc(x, y, radius, startAngle, endAngle, anticlockwise);
- arcTo(x1, y1, x2, y2, radius);

arc 方法的参数中，x、y 为圆心，radius 为半径，startAngle 和 endAngle 分别为起始角和结束角，anticlockwise 表示是否逆时针绘制，默认为顺时针。

acrTo 方法绘制曲线并不需要指定起点、终点和圆心，它是通过两条切线和半径来指定一段圆弧的，画笔当前的点和 (x1,y1)，(x1,y1) 和 (x2,y2) 构成两条切线，参数 radius 为半径。两条切线和一个半径可以将一个圆分成两段圆弧，acrTo 方法绘制的是较短的那段，另外，如果画笔的起始点不是圆弧的切点，那么 acrTo 方法还会将起点和切点使用直线连接起来。我们来看下面的例子。

```
<canvas id="canvas2d">
    浏览器不支持 canvas
</canvas>

<script text="text/javascript">
    var canvas = document.getElementById('canvas2d');
    if (canvas.getContext) {
        var ctx = canvas.getContext('2d');
        ctx.beginPath();
        ctx.arc(60, 60, 30, Math.PI, 3*Math.PI/2);
        ctx.lineTo(130,30);
        ctx.arcTo(150,30,150,50,20);
        ctx.lineTo(150,100);
        ctx.stroke();
    }
</script>
```

这个例子中，首先使用 arc 方法绘制一个以 (60,60) 为圆心，30 为半径，从 180° 到 270° 的圆弧，其次画了一条到 (130,30) 的线段，接着使用 arcTo 方法画一段圆弧，然后画一条到 (150,100) 的线段，最后使用 stroke 方法对其进行描边。画出的结果如图 24-8 所示。

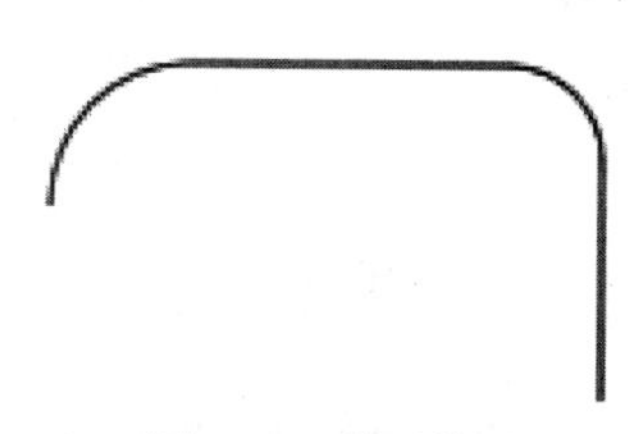

图 24-8　最后结果

图 24-8 中，左侧的圆弧为 arc 方法绘制的，右侧的圆弧为 arcTo 方法绘制出来的。需要特别注意的是，坐标系的 y 是向下为正方向，因此 90° 的方向为向下，270° 的方向为向上。

绘制贝塞尔曲线的方法也有两个，它们的调用语法分别如下所示。

- quadraticCurveTo(cp1x, cp1y, x, y);
- bezierCurveTo(cp1x, cp1y, cp2x, cp2y, x, y);

这两个方法分别用于绘制一个控制点和两个控制点的贝塞尔曲线，画笔当前点为曲线的起点，(x,y) 为曲线的终点，(cp1x, cp1y) 和 (cp2x, cp2y) 都是控制点，理解了贝塞尔曲线，这两个方法就很容易理解。我们来看下面的例子。

```
<canvas id="canvas2d">
    浏览器不支持 canvas
</canvas>

<script text="text/javascript">
    var canvas = document.getElementById('canvas2d');
    if (canvas.getContext) {
        var ctx = canvas.getContext('2d');
        ctx.beginPath();
```

```
        ctx.moveTo(30,50);
        ctx.quadraticCurveTo(40,80,100,50);

        ctx.moveTo(130,60);
        ctx.bezierCurveTo(160,30,200,100,260,50);
        ctx.stroke();
    }
</script>
```

这个例子中，分别使用 quadraticCurveTo 和 bezierCurveTo 方法画了两条贝塞尔曲线，绘制出的结果如图 24-9 所示。

图 24-9 两条贝塞尔曲线

图 24-9 中左侧的曲线是使用 quadraticCurveTo 方法绘制的，右侧的曲线是使用 bezierCurveTo 方法绘制的。

24.3 组合与剪切

组合与剪切主要是对应多个图形来说的，组合指的是多个图形重叠时的组合方式，剪切是指使用路径来指定绘图的区域，类似于 Photoshop 中蒙版的效果。

24.3.1 组合

图形的组合是通过 globalCompositeOperation 属性来操作的，该属性可以取下面的值。

- source-over：后绘制的图形覆盖原图，该值为默认值。
- source-in：保留后绘制图形和原图形重叠的部分，使用后绘制图形的样式，其他区域透明，也就是保留相交的部分。
- source-out：保留后绘制图形不和原图形重叠的部分，其他区域透明。
- source-atop：保留后绘制图形和原图形重叠的部分，使用后绘制图形的样式，原图中的非重叠部分不变。
- destination-over：后绘制图形被原图覆盖，也就是重叠部分显示原图。
- destination-in：保留后绘制图形和原图形重叠的部分，使用原图的样式，其他区域透明。
- destination-out：保留原图不和后绘制图形重叠的部分，其他区域透明。
- destination-atop：保留后绘制图形和原图形重叠的部分，使用原图的样式，后绘制图形中的非重叠部分不变。

- ❑ lighter：后绘制图形和原图重叠的部分进行叠加。
- ❑ copy：显示后绘制图形，不显示原图。
- ❑ xor：后绘制图形和原图重叠的部分进行异或操作。
- ❑ multiply：将后绘制图形和原图的像素相乘，图形变暗。
- ❑ screen：将后绘制图形和原图的像素分别反向后相乘再反向，图形变亮。
- ❑ overlay：组合使用 multiply 和 screen，使亮的部分更亮，暗的部分更暗。
- ❑ darken：取两个图形中较暗的像素值，例如，#aa0011 与 #cc3300 计算后为 #aa0000。
- ❑ ighten：取两个图形中较亮的像素值，例如，#aa0011 与 #cc3300 计算后为 #cc3311。
- ❑ color-dodge：使用原图像素除以后绘制图形的反向像素值。
- ❑ color-burn：使用原图反向像素除以后绘制图形的像素，然后再反向。
- ❑ hard-light ：组合使用 multiply 和 screen，它与 overlay 的区别是会将原图和后绘制图形进行交换。
- ❑ soft-light：类似于 hard-light，但比 hard-light 柔和。
- ❑ difference：使用后绘制图形的像素值减去原图的像素值。
- ❑ exclusion：difference 操作后降低对比度。
- ❑ hue：使用后绘制图形的色调和原图的亮度、色度。
- ❑ saturation：使用后绘制图形的色度和原图的亮度、色调。
- ❑ color：使用后绘制图形的色度、色调和原图的亮度。
- ❑ luminosity：使用后绘制图形的亮度和原图的色度、色调。

我们来看下面的例子。

```
<canvas id="canvas2d">
    浏览器不支持 canvas
</canvas>

<script text="text/javascript">
    var canvas = document.getElementById('canvas2d');
    if (canvas.getContext) {
        var ctx = canvas.getContext('2d');
        ctx.fillStyle = "#00CCFF";
        ctx.fillRect(30,60,60,40);

        ctx.globalCompositeOperation="destination-over";

        ctx.fillStyle = "#CC3300";
        ctx.fillRect(70,40,60,40);
    }
</script>
```

这个例子中，将 globalCompositeOperation 设置为 destination-over，这样就会在重叠部分显示原图的颜色，如果不设置的话默认会显示新绘制图形的颜色。具体的效果大家可以自己在浏览器中做测试。对于灰度（黑白）的图形来说，组合的效果很难看出来，这里就不给大家截图了。大家自己在测试的最后使用自定义的颜色，而不要使用纯色，对于有的效果纯色不是很明显。这是因为纯色的 RGB 值不是 00 就是 ff，而对它们计算后的结果一般也是 00 或者 ff，所以效果就不容易看出来。

如果大家想看精确的计算数值，可以使用拾色软件获取 RBG 值，或者直接在 Photoshop 中查看。这里的颜色计算都是对红、绿、蓝的颜色值分别计算的，而且相乘是将颜色值转换为小数（或者说按比例）来计算的，也就是使用颜色值除以 255（0XFF）转换为小数相乘后再乘以 255 转换为整数，反向是用 255 减原来的颜色值。例如，对 #00CCFF 和 #CC3300 两种颜色进行 screen 组合的时候，首先对原来的两种颜色分别反向，也就是将它们的红、绿和蓝的数值都用 255 减，结果就成了 #FF3300 和 #33CCFF，然后再将相应的红、绿、蓝数值相乘。对于红色来说，计算过程就是（$0xFF \div 0xFF$）×（$0x33 \div 0xFF$）$\times 0xFF$，其实就是相应数值相乘后再除以 0XFF（255）。绿色和蓝色也一样，相乘后红和蓝分别是 0x33 和 0x00，绿是 $0x33 \times 0xCC \div 0xFF$，也就是 $51 \times 204 \div 255$，结果是 40.8，取 41，也就是十六进制的 0x29，所以相乘的结果是 0x332900，然后再对计算结果取反就成了 0xCCD6FF。如果按此数值运行并截图后在 Photoshop 中就可以看到组合后的颜色是 #CCD6FF。

虽然这里给大家介绍了每种模式的计算方法，但是我们人类主要关注的是感觉，这些计算方法主要是为绘图软件（包含我们现在所学的 canvas）的开发者使用的，对于用户和设计师来说更重要的是体会不同模式所带来的效果和感觉。

24.3.2 剪切

剪切的作用其实是指定新的绘图区域，如果将图像绘制到剪切区域外面就显示不出来了，但是剪切操作不会影响剪切之前的图形。剪切使用的是 clip 方法，该方法有以下两种调用方式。

- clip([fillRule = "nonzero"]);
- clip(path[, fillRule = "nonzero"]);

参数中的 fillRule 用来指定使用什么算法来判断一个点是否在被剪切的区域内，可以取“nonzero”和“evenodd”，默认使用前者，一般不需要修改。

当路径是使用 beginPath 创建时，使用第一种方式直接调用 clip，当路径是使用 Path2D 新建时，需要使用第二种方式将创建的路径作为参数传入。我们来看下面的例子。

```
<canvas id="canvas2d">
    浏览器不支持 canvas
```

```
</canvas>

<script text="text/javascript">
    var canvas = document.getElementById('canvas2d');
    if (canvas.getContext) {
        var ctx = canvas.getContext('2d');
        ctx.fillRect(110,15,30,45);

        ctx.beginPath();
        ctx.arc(60,60,45,0,2*Math.PI);
        ctx.stroke();
        ctx.clip();

        ctx.fillRect(0,0,60,60);
    }
</script>
```

这个例子中，首先画了一个以 (110,15) 为左上顶点，宽为 30、高为 45 的矩形，接着剪切了一个以 (60,60) 为圆心、45 为半径的圆，然后又画了一个以 (0,0) 为左上角，宽和高都是 60 的矩形。这时第一个矩形可以正常显示，但是第二个矩形只有剪切区域中的部分（也就是和剪切区域相交的部分）才可以显示出来。为了方便大家理解，这里将剪切的路径也使用 stroke 方法进行了描边，正常情况下剪切区域（图中的圆）是看不出来的，最后显示的结果如图 24-10 所示。

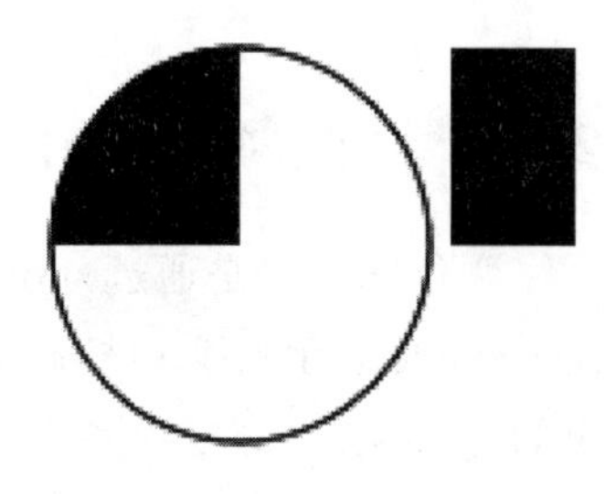

图 24-10　最后结果

图 24-10 中，右侧的矩形是剪切前绘制的，左侧的扇形是剪切后矩形和圆相交的部分。

24.4　坐标检测

坐标检测就是检测指定的点是否在所画的路径中，可以用于动画和游戏的碰撞检测中。坐标检测使用的是 isPointInPath 方法，它也有以下两种调用方式。

- isPointInPath(x, y[,fillRule = "nonzero"]);
- isPointInPath(path, x, y[, fillRule = "nonzero"]);

参数中，fillRule 也用于指定算法，一般不需要修改；x 和 y 为要检测点的坐标；path 为使用 Path2D 新建出来的路径，如果是 beginPath 新建的路径，就可以直接调用。例如下面的例子。

```
<canvas id="canvas2d">
    浏览器不支持 canvas
</canvas>

<script text="text/javascript">
```

```
    var canvas = document.getElementById('canvas2d');
    if (canvas.getContext) {
        var ctx = canvas.getContext('2d');

        var newPath = new Path2D();
        newPath.rect(30,30,40,60);

        console.log(ctx.isPointInPath(newPath, 30, 40));       //true
        console.log(ctx.isPointInPath(newPath, 20, 40));       //false
    }
</script>
```

这个例子中，首先新建了 newPath 路径，然后在其中绘制左上角为 (30,30)，长为 40，宽为 60 的矩形（这里并没有描边，因此在页面中并看不到），最后使用 isPointInPath 方法分别判断 (30, 40) 和 (20, 40) 两点是否在路径中。

24.5 修改颜色和样式

颜色和样式是通过 strokeStyle 和 fillStyle 两个属性修改的，它们的默认值都是 black，strokeStyle 表示画线（描边）用的样式，fillStyle 表示填充用的样式，它们可以被赋予三种类型的值：纯色、渐变和模式。

24.5.1 纯色

纯色有以下三种赋值方法：

- 直接赋予颜色值，包括赋予十六进制的值和颜色的单词，例如 #00FF00、red 等。
- 使用 rgb 函数赋值，rgb 函数有三个十进制（0 ~ 255）的参数，分别表示红、绿、蓝的值。
- 使用 rgba 函数赋值，rgba 函数在 rgb 函数的基础上添加了透明度（alpha），它用第 4 个参数表示透明度。透明度的取值范围为 [0,1]，其中，0 表示完全透明，1 表示完全不透明。

例如下面的例子。

```
<canvas id="canvas2d">
    浏览器不支持 canvas
</canvas>

<script text="text/javascript">
    var canvas = document.getElementById('canvas2d');
    if (canvas.getContext) {
        var ctx = canvas.getContext('2d');

        ctx.fillStyle="#f91b1b";
```

```
        ctx.beginPath();
        ctx.rect(20,80,60,20);
        ctx.fill();

        ctx.fillStyle="rgb(249,27,27)";
        ctx.beginPath();
        ctx.rect(20,50,60,20);
        ctx.fill();

        ctx.fillStyle="rgba(249,27,27,0.5)";
        ctx.beginPath();
        ctx.rect(20,20,60,20);
        ctx.fill();
    }
</script>
```

这个例子中，分别使用三种赋值方式画了三个矩形，它们的颜色都一样，只是最后一个的透明度为0.5。

设置透明度，除了使用rgba之外，还可以使用globalAlpha属性。globalAlpha属性用于设置全局的透明度，也就是说，设置globalAlpha之后，所有的绘图都会按照globalAlpha设置的值来绘制，如果设置globalAlpha之后，又使用rgba的话两个透明度的值会相乘。因此，如果要使用globalAlpha，使用完之后要及时恢复到1。例如下面的例子。

```
<canvas id="canvas2d">
    浏览器不支持canvas
</canvas>

<script text="text/javascript">
    var canvas = document.getElementById('canvas2d');
    if (canvas.getContext) {
        var ctx = canvas.getContext('2d');

        ctx.fillStyle="#f91b1b";
        ctx.beginPath();
        ctx.rect(20,20,60,20);
        ctx.fill();

        ctx.fillStyle="rgba(249,27,27,0.5)";
        ctx.beginPath();
        ctx.rect(20,40,60,20);
        ctx.fill();

        ctx.fillStyle="rgba(249,27,27,0.25)";
        ctx.beginPath();
        ctx.rect(20,60,60,20);
        ctx.fill();

        ctx.globalAlpha=0.5;
```

```
            ctx.fillStyle="rgb(249,27,27)";
            ctx.beginPath();
            ctx.rect(20,80,60,20);
            ctx.fill();

            ctx.fillStyle="rgba(249,27,27,0.5)";
            ctx.beginPath();
            ctx.rect(20,100,60,20);
            ctx.fill();
        }
    </script>
```

这个例子中画了 5 个矩形，它们的颜色都相同，第 1 个没有设置透明度，第 2 个和第 3 个分别将透明度设置为 0.5 和 0.25，接着设置了全局透明度 0.5，第 4 个本身没有设置透明度（也就是透明度为 1），第 5 个设置了透明度 0.5，与全局透明度相乘后，第 4 个和第 5 个的透明度就成了 0.5 和 0.25，也就是第 2 个和第 4 个相同，第 3 个和第 5 个相同。

24.5.2 渐变

渐变的颜色是通过 CanvasGradient 对象来表示的，它可以使用下面两个方法来创建。

- createLinearGradient(x0, y0, x1, y1);
- createRadialGradient(x0, y0, r0, x1, y1, r1);

第一个方法创建的是线性渐变，第二个方法创建的是径向渐变，也就是发散渐变。线性渐变使用两个点作为参数，径向渐变使用两个圆（圆心和半径）作为参数。CanvasGradient 对象包含一个 addColorStop 方法，用来添加渐变的颜色控制点，其调用语法如下。

```
addColorStop(offset, color);
```

其中，第一个参数 offset 用于设置控制点位置，取值范围为 [0,1]；color 用于设置控制点的颜色，如果大家熟悉 Photoshop 中渐变的用法，就不会对颜色控制点感到陌生。例如下面的例子。

```
<canvas id="canvas2d">
    浏览器不支持 canvas
</canvas>

<script text="text/javascript">
    var canvas = document.getElementById('canvas2d');
    if (canvas.getContext) {
        var ctx = canvas.getContext('2d');

        var lineGradient = ctx.createLinearGradient(20,20,100,150);
        lineGradient.addColorStop(0, '#ff6e02');
        lineGradient.addColorStop(0.5, 'rgba(255,255,0,0.7)');
        lineGradient.addColorStop(1, '#ff6d00');
        ctx.fillStyle = lineGradient;
```

```
        ctx.beginPath();
        ctx.arc(50,50,30,0,2*Math.PI);
        ctx.fill();

        var radialGradient = ctx.createRadialGradient(130,50,10,130,50,30);
        radialGradient.addColorStop(0, 'rgba(255,204,205,0.3)');
        radialGradient.addColorStop(0.5, '#ffff00');
        radialGradient.addColorStop(1, '#ff6d00');
        ctx.fillStyle = radialGradient;
        ctx.fillRect(100,20,60,60);
    }
</script>
```

这个例子中，创建了一个线性渐变和一个径向渐变，并将它们分别填充到圆和矩形中，当然也可以赋值给strokeStyle应用到画线（描边）中。这个例子最后显示的结果如图24-11所示。

图24-11 渐变效果图

使用渐变的原理其实是这样的：在创建完渐变后，渐变所在区域的颜色其实就已经确定了（因为渐变本身是包含坐标的），但是它并不会显示出来，只有将它设置到fillStyle或者strokeStyle并进行相应的绘制后才可以显示出来。这就像使用米汤写过字的纸再使用碘酒涂过才可以显示出来字一样，只有使用碘酒涂过的地方才可以显示出字，没涂过的地方虽然也有字但是显示不出来。

24.5.3 模式

模式是用CanvasPattern对象来表示的，它使用createPattern方法来创建，创建语法如下。

```
createPattern(image, repetition);
```

参数中，image为CanvasImageSource类型，它可以是html中的img节点、video节点、canvas节点或者CanvasRenderingContext2D对象。repetition为重复方式，它可以取下面4个值。

- repeat：水平和竖直两个方向重复。
- repeat-x：水平方向重复，竖直方向不重复。
- repeat-y：竖直方向重复，水平方向不重复。
- no-repeat：水平和竖直方向都不重复。

模式的用法就好像使用图片作为画笔来绘图，其中repetition属性跟CSS中的background-repeat属性相类似，例如下面的例子。

```
<img src="https://www.baidu.com/img/baidu_jgylogo3.gif" id="baiduLogo" hidden="true"/>
<canvas id="canvas2d">
    浏览器不支持canvas
</canvas>
```

```
<script text="text/javascript">
    var canvas = document.getElementById('canvas2d');
    if (canvas.getContext) {
        var ctx = canvas.getContext('2d');

        var img = document.getElementById("baiduLogo");
        var pattern = ctx.createPattern(img,'repeat');

        ctx.fillStyle = pattern;
        ctx.fillRect(0,0,300,150);
    }
</script>
```

这个例子中，在文档中添加了一个隐藏的 img 节点，在脚本中使用它创建水平和竖直都重复的模式，并设置给 fillStyle，最后使用它绘制以 (0,0) 为左上角，宽度为 300，高度为 150 的矩形，最后的显示结果如图 24-12 所示。

图 24-12　最后的显示效果

24.6　插入文本

在绘图的过程中经常需要插入一些文本内容，在 CanvasRenderingContext2D 中可以使用下面的方法来插入。

- fillText(text, x, y[,maxWidth]);
- strokeText(text, x, y[,maxWidth]);

第一个方法用于插入实心文本，第二个方法用于插入空心文本。参数中，text 为要插入的文本内容；x 和 y 为插入的位置；maxWidth 为可选参数，代表最大宽度。与插入文本相关的还有下面 4 个属性。

- font：字体，用法类似于 CSS 中的 font。
- textAlign：排列方式，其值为 start、end、left、right 和 center 中的一个，分别表示参数中的坐标用作文本的起点、终点、左侧、右侧和中间，start 和 left 在默认情况下效果相同，但当文本方向为从右到左时就不同了，end 和 right 也是，默认值为 start。

- direction：方向，其值为 ltr、rtl、inherit 中的一个，分别表示从左到右、从右到左和继承前面使用的方向，默认值为 inherit，但现在浏览器还不支持这个属性。
- textBaseline：文本的基线，汉字中用不到，其值为 top、hanging、middle、alphabetic、ideographic、bottom 中的一个，默认值为 alphabetic。

例如下面的例子。

```
<canvas id="canvas2d" height="300" width="500">
    浏览器不支持 canvas
</canvas>

<script text="text/javascript">
    var canvas = document.getElementById('canvas2d');
    if (canvas.getContext) {
        var ctx = canvas.getContext('2d');
        ctx.font="48px 楷体 ";
        ctx.fillText(" 黎明即起 ", 10,50);

        ctx.font=" 仿宋 ";
        ctx.strokeText(" 洒扫庭除 ", 10,100);

        ctx.textAlign="end";
        ctx.fillText(" 黑发不知勤学早 ", 400,180);

        ctx.textAlign="start";
        ctx.strokeText(" 白首方悔读书迟 ", 10,230);
    }
</script>
```

这个例子中，分别使用 fillText 和 strokeText 插入了实心和空心文本，并设置了字体，显示结果如图 24-13 所示。

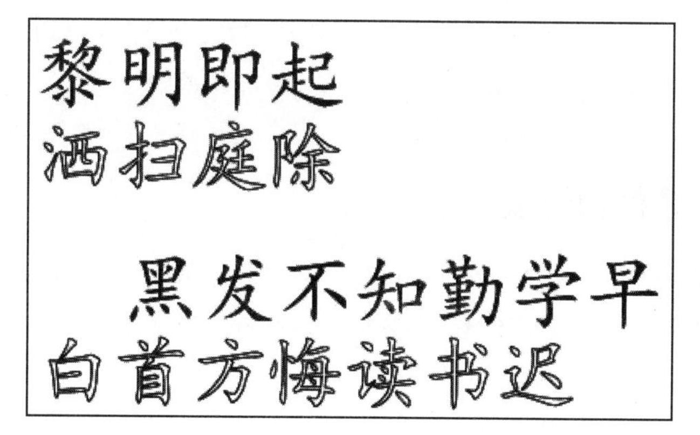

图 24-13 最后的显示效果

24.7 插入图片

在 CanvasRenderingContext2D 中还可以插入其他图片。插入图片是使用 drawImage 方法，它一共有以三种调用方式。

- drawImage(image, x, y);
- drawImage(image, x, y, width, height);
- drawImage(image, sx, sy, sWidth, sHeight, dx, dy, dWidth, dHeight);

参数中，image 为 CanvasImageSource 类型，24.5.3 节中已经使用过，它可以为 html 中的 img 节点、video 节点、canvas 节点或者 CanvasRenderingContext2D 对象。三个方法中的第一个可以指定图片绘制位置的左上角；第二个可以指定绘制后的宽和高，这个方法可能会产生变形；第三个可以截取原图的一部分绘制到当前 canvas 中，并且可以进行缩放，它的后 8 个参数中的前 4 个表示在原图中要截取的位置，(sx,sy) 为截取的左上角的位置，sWidth 和 sHeight 为截取的宽度和高度，后 4 个参数表示在当前 canvas 中绘制的位置，(dx,dy) 为绘制的左上角，dWidth 和 dHeight 为绘制的宽度和高度，例如下面的例子。

```
<canvas id="canvas2d">
    浏览器不支持 canvas
</canvas>
<img src="pic.png" id="pic" hidden="true"/>

<script text="text/javascript">
    var canvas = document.getElementById('canvas2d');
    if (canvas.getContext) {
        var ctx = canvas.getContext('2d');
        var pic = document.getElementById("pic");
        ctx.drawImage(pic,30,30,320,240,30,30,300,150);
    }
</script>
```

这个例子中，将隐藏的 img 节点中图片的 (30,30) 为起点，宽为 320，高为 240 的矩形绘制到 canvas 中以 (30,30) 为起点，宽为 300，高为 150 的矩形中。

24.8 环境的保存和恢复

在绘图的过程中经常需要对环境进行设置，例如填充样式、描边样式、透明度等，在操作完之后往往需要恢复到原来的环境。如果使用过 C++ 绘图，就会对这一点感到非常熟悉，在 CanvasRenderingContext2D 中可以使用 save 和 restore 方法快速进行操作。之前介绍的剪切也可以保存起来，这样就可以在剪切后再恢复到剪切的区域中进行绘图，这点使用其他方法是不容易做到的，例如下面的例子。

```
<canvas id="canvas2d">
    浏览器不支持 canvas
</canvas>

<script text="text/javascript">
    var canvas = document.getElementById('canvas2d');
    if (canvas.getContext) {
        var ctx = canvas.getContext('2d');
        ctx.save();

        ctx.beginPath();
        ctx.arc(60,60,45,0,2*Math.PI);
        ctx.stroke();
        ctx.clip();

        ctx.fillRect(0,0,60,60);

        ctx.restore();

        ctx.fillRect(60,60,100,40);
    }
</script>
```

这个例子中，首先保存初始的环境，然后剪切一个圆，接着绘制一个矩形，然后又恢复原来的环境，并绘制新的矩形，显示结果如图 24-14 所示。

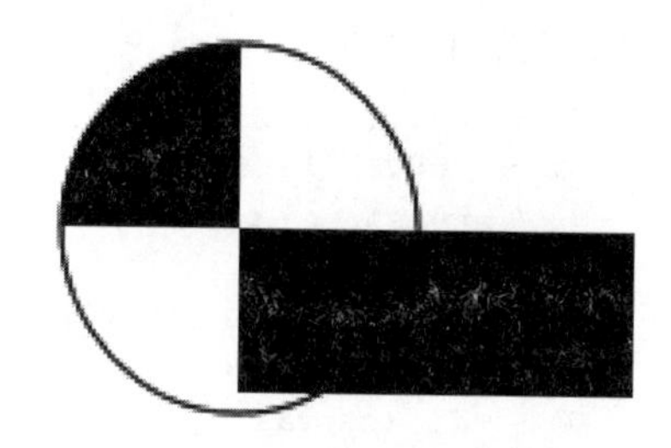

图 24-14 显示结果

上面例子中，第一个矩形因为是在剪切后绘制的，所以只能显示剪切区域中的部分，第二个矩形因为是在将环境恢复到原始设置后绘制的，所以不受剪切区域的影响，所绘制的图形可以全部显示出来。

环境的保存和恢复还可以进行多层嵌套。多次使用 save 方法可以创建多个保存点，每次调用 restore 方法都会按 save 相反的顺序获取所保存的环境，其实就是压栈、出栈的操作。

24.9 移动坐标原点

前面学习过 CanvasRenderingContext2D 中的坐标原点在左上角，但有些时候这种操作并不方便，特别是在已经知道坐标或者坐标很容易计算的时候，这点在数控加工中经常会用到。CanvasRenderingContext2D 中是使用 translate 方法来移动坐标原点的，它的两个参数分别为移动后坐标原点的横坐标和纵坐标。例如下面的例子。

```
<canvas id="canvas2d">
    浏览器不支持 canvas
</canvas>
```

```
<script text="text/javascript">
    var canvas = document.getElementById('canvas2d');
    if (canvas.getContext) {
        var ctx = canvas.getContext('2d');
        ctx.translate(90,90);

        ctx.beginPath();
        ctx.arc(0,0,50,0,2*Math.PI);
        ctx.fill();
    }
</script>
```

这个例子中，首先将坐标原点移动到 (90,90)，然后以 (0,0) 为圆心、50 为半径画一个圆，这时所画的圆的圆心其实是原坐标中的 (90,90)，也就是说，移动后 (90,90) 就成了新的坐标原点。

24.10 旋转坐标系

坐标系除了可以移动外还可以旋转。旋转坐标系使用的是 rotate 方法，参数为旋转的角度，例如下面的例子。

```
<canvas id="canvas2d">
    浏览器不支持 canvas
</canvas>

<script text="text/javascript">
    var canvas = document.getElementById('canvas2d');
    if (canvas.getContext) {
        var ctx = canvas.getContext('2d');
        ctx.translate(60,60);

        ctx.beginPath();
        for(var i=0; i<5; i++){
            ctx.moveTo(0,0);
            ctx.lineTo(100,0);
            ctx.stroke();

            ctx.translate(100,0);
            ctx.rotate(Math.PI*4/5);
        }
    }
</script>
```

这个例子中，首先将坐标原点移动到 (60,60)，然后在 for 循环中画了 5 条线，每条线都是从 (0,0) 画到 (100,0)，并且每次画完之后都会将坐标原点向 x 方向移动 100 个像素，也就是移动到所画线段的终点，最后将坐标系旋转 Math.PI*4/5，这样就可以画出一个五角星，如

图 24-15 所示。

从这个例子中可以看出，坐标系的移动和旋转都是相对于当前状态来操作的，而不是相对于原始状态来操作的。通过直接操作坐标系来恢复到原始状态会比较麻烦（后面会学到简单的方法），可以使用前面学过的保存和恢复环境来操作。

图 24-15 画出的五角星

24.11 缩放

坐标系除了可以移动和旋转外还可以进行缩放，缩放使用的是 scale 方法，它有两个参数，分别表示横轴和纵轴缩放的比例，1 为原始大小，大于 1 为放大，小于 1 为缩小。例如下面的例子。

```
<canvas id="canvas2d">
    浏览器不支持 canvas
</canvas>

<script text="text/javascript">
    var canvas = document.getElementById('canvas2d');
    if (canvas.getContext) {
        var ctx = canvas.getContext('2d');
        ctx.scale(1, 0.5);
        ctx.strokeRect(30,30,100,100);
    }
</script>
```

这个例子中，首先将 y 轴缩小为原来的一半，x 轴没变，然后以 (30,30) 为原点，100 为边长画了个正方形，但是由于已经对 y 轴进行过缩小操作，所以最后画出来的结果并不是正方形，而是矩形，如图 24-16 所示。

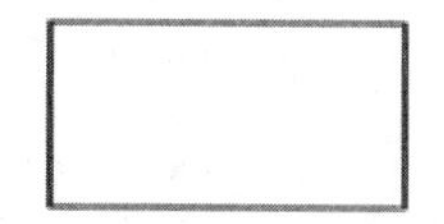

图 24-16 利用缩放绘制的矩形

注意，canvas 绘制的是位图，也就是说画出的图形是用各个点的像素值来表示的。图形一旦绘制完之后就生成了相应的像素值，所以坐标系的所有变化都不会影响已经绘制完成的图形的，坐标系的缩放当然也不会对其产生影响。例如下面的例子。

```
<canvas id="canvas2d">
    浏览器不支持 canvas
</canvas>

<script text="text/javascript">
    var canvas = document.getElementById('canvas2d');
    if (canvas.getContext) {
        var ctx = canvas.getContext('2d');
        ctx.fillRect(30,30,50,50);
        ctx.scale(1,0.5);
```

```
        ctx.strokeRect(100,30,100,100);
    }
</script>
```

这个例子中绘制了两个正方形，一个是在缩放前绘制的，一个是在缩放后绘制的，缩放前绘制的是实心图形，它不会发生变形，缩放后绘制的是空心图形，会发生变形，最后的显示结果如图 24-17 所示。

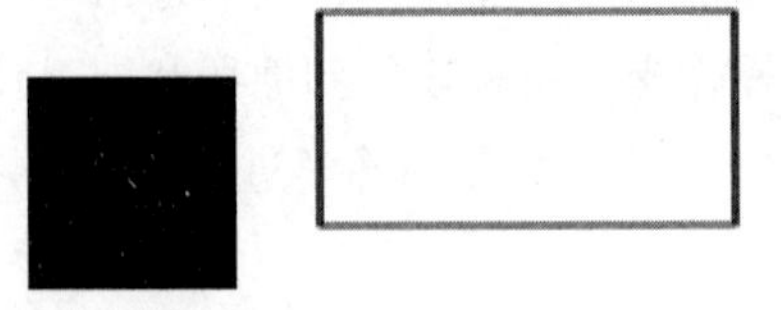

图 24-17 最后的显示结果

坐标系的缩放还有种特殊的用法，当缩放系数小于 0 时，所对应的轴的正方向就会发生变化。这一点非常有用，可以将它和坐标系的平移结合来将所用的坐标系转换为数学中经常使用的笛卡儿坐标系，也就是纵轴向上为正方向。例如下面的例子。

```
<canvas id="canvas2d">
    浏览器不支持 canvas
</canvas>

<script text="text/javascript">
    var canvas = document.getElementById('canvas2d');
    if (canvas.getContext) {
        var ctx = canvas.getContext('2d');
        // 转换坐标系
        ctx.translate(canvas.width/2,canvas.height/2);
        ctx.scale(1,-1);

        // 绘制 x 轴
        ctx.beginPath();
        ctx.moveTo(-canvas.width/2, 0);
        ctx.lineTo(canvas.width/2, 0);
        ctx.lineTo(canvas.width/2-15, -5);
        ctx.moveTo(canvas.width/2, 0);
        ctx.lineTo(canvas.width/2-15, 5);
        ctx.stroke();

        // 绘制 y 轴
        ctx.beginPath();
        ctx.moveTo(0, -canvas.height/2);
        ctx.lineTo(0, canvas.height/2);
        ctx.lineTo(-5, canvas.height/2-15);
        ctx.moveTo(0, canvas.height/2);
        ctx.lineTo(5, canvas.height/2-15);
        ctx.stroke();

        // 绘制 30° 扇形
        ctx.beginPath();
        ctx.arc(0,0,50,0,Math.PI/6);
        ctx.lineTo(0,0);
```

```
        ctx.closePath();
        ctx.stroke();
    }
```

这个例子中，首先将坐标系转换为常用的笛卡儿坐标系，然后画出坐标轴，最后画一个 0° 到 30° 、半径为 50 的扇形，显示结果如图 24-18 所示。

注意，纵轴的正方向翻转后使用 strokeText 方法插入的文本内容会倒立，而且在绘制矩形时前两个参数指定的坐标点会成为矩形的左下角而不是左上角。

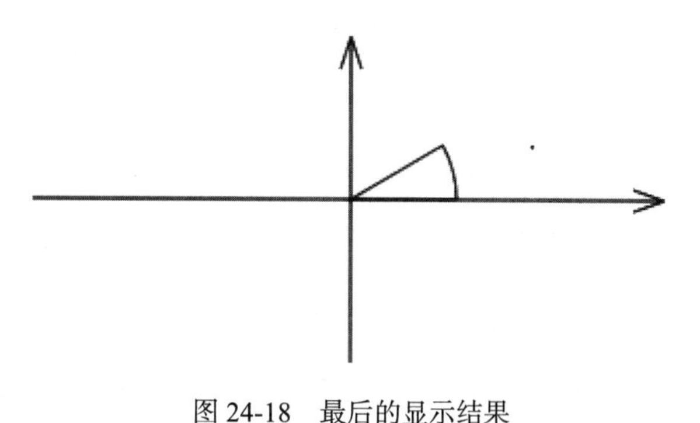

图 24-18 最后的显示结果

24.12 自由转换

CanvasRenderingContext2D 中跟自由转换相关的方法一共有三个。

- ❑ transform(a, b, c, d, e, f);
- ❑ setTransform(a, b, c, d, e, f);
- ❑ resetTransform();

参数 a、b、c、d、e、f 是转换矩阵中的元素。transform 方法是在转换之前矩阵的基础上进行操作，也就是说连续两次使用 transform 方法时，后一次是在前一次的基础上进行操作的，并且 translate、rotate、scale 方法都会影响 transform 方法的转换。setTransform 是在原始矩阵的基础上（也就是左上角为原点，向右为 x 轴正方向，向下为 y 轴正方向）进行操作的，它不会受其他操作的影响。resetTransform 方法用于将转换矩阵恢复为原始矩阵。

什么是转换矩阵

矩阵是解析几何中的一个概念，它是由行和列组成的一种数据结构，可以简单地将它理解为一个没有合并单元格的 Table 表格或者 Excel 中的一块没有合并单元格的矩形区域。概念本身并不重要，重要的是怎样去使用。

转换矩阵中的转换是用来指定功能的，转换矩阵是用来转换图形中坐标的矩阵。平面转换矩阵为 3 行 3 列，立体（三维）转换矩阵为 4 行 4 列，这里主要给大家介绍平面转换矩阵，它的结构如下：

$$\begin{matrix} a & c & e \\ b & d & f \end{matrix}$$

其中，a、b、c、d、e、f是从上往下竖着写的，它们的含义分别如下。

a：水平缩放。

b：水平倾斜。

c：垂直倾斜。

d：垂直缩放。

e：水平移动。

f：垂直移动。

它是通过一个坐标矩阵来计算的，坐标矩阵为

$$\begin{bmatrix} x \\ y \\ 1 \end{bmatrix}$$

使用转换矩阵进行转换时将它们相乘就可以了，公式如下。

$$\begin{bmatrix} x' \\ y' \\ 1 \end{bmatrix} = \begin{bmatrix} a & c & e \\ b & d & f \\ 0 & 0 & 1 \end{bmatrix} \cdot \begin{bmatrix} x \\ y \\ 1 \end{bmatrix} = \begin{bmatrix} ax + cy + e \\ bx + dy + f \\ 1 \end{bmatrix}$$

也就是说转换后的坐标为

$$x'=ax+cy+\mathrm{e}$$

$$y'=bx+dy+f$$

对于矩阵的相乘，这里就不给大家解释了，如果学过解析几何就不会陌生，没学过也没关系，只要记住最后的结果就可以了。

可以使用下面的语句来完成上一节中将坐标系转换为常用笛卡儿坐标系的功能。

```
ctx.transform(1,0,0,-1,canvas.width/2, canvas.height/2);
```

另外，resetTransform方法可以将所有对坐标系的修改都恢复到原始状态，这一点是非常方便的。

24.13 阴影

使用阴影可以使平面图形呈现出立体效果，4个参数如下所示。

- shadowOffsetX：阴影的水平偏移距离。
- shadowOffsetY：阴影的竖直偏移距离。
- shadowBlur：阴影的模糊效果，数字越大越模糊。
- shadowColor：阴影颜色。

例如下面的例子。

```
<canvas id="canvas2d">
    浏览器不支持 canvas
</canvas>

<script text="text/javascript">
    var canvas = document.getElementById('canvas2d');
    if (canvas.getContext) {
        var ctx = canvas.getContext('2d');
        //设置阴影效果
        ctx.shadowOffsetX = -7;
        ctx.shadowOffsetY = 5;
        ctx.shadowBlur = 3;
        ctx.shadowColor = "rgba(255, 255, 0, 0.7)";

        ctx.fillStyle = "red";
        ctx.fillRect(15,30,130,40);
    }
</script>
```

这个例子中，画了一个带阴影的矩形，显示效果如图24-19所示。

图 24-19　带阴影的矩形

另外，要注意阴影的使用不受坐标系转换的影响，坐标系转换之后，shadowOffsetX 和 shadowOffsetY 的设置还是以向右和向下为正方向。

24.14　动画

动画其实并不是一种新功能，而是对前面所学功能的一种应用。动画是由多幅连续的图片组成的，按顺序切换不同的图片就会给人一种动画的感觉，切换的速度越快动画的感觉越真实，当速度达到1秒24幅图片的时候人的肉眼就无法分辨了，这就是所说的24帧。canvas中的动画其实就是循环执行擦除和绘制的操作，并且一般会在操作之前保存环境，操作之后恢复环境。

使用canvas制作动画有两个关键点：循环执行，绘制每次显示的图片。关于绘制图片前面已经讲过了很多。循环执行主要有两种方式，一种是使用前面所学过的setInterval或者setTimeout方法（setTimeout方法需要在方法体中再次调用自己）；另外一种是调用新增加的专门用于动画的 requestAnimationFrame 方法，这个方法不需要设置间隔时间，直接将处理逻辑写入参数的回调函数中就可以了。但是 requestAnimationFrame 自身需要被放到回调函数中，另外，它的启动操作可以用 cancelAnimationFrame 方法来取消。例如下面的例子。

```
<canvas id="canvas2d">
    浏览器不支持 canvas
</canvas>

<script text="text/javascript">
    var canvas = document.getElementById('canvas2d');
    if (canvas.getContext) {
        var ctx = canvas.getContext('2d');
        function draw(){
            var date = new Date(),
                    h = date.getHours(),
                    m = date.getMinutes(),
                    s = date.getSeconds(),
                    dot = s%2?" ":":";

            var dateStr = h+dot+m+dot+s;

            ctx.save();
            ctx.clearRect(0,0,300,300);
            ctx.fillStyle="red";
            ctx.font="37px Times New Roman";
            ctx.fillText(dateStr,30,50);
            ctx.restore();
            window.requestAnimationFrame(draw);
        }
        draw();
    }
</script>
```

这个例子中，在 canvas 中绘制了一个电子表，每隔 1s 显示一次。

24.15 游戏

游戏其实就是在动画的基础上添加了控制，也就是添加键盘和鼠标的事件监听。添加事件的方法前面已经学过，添加键盘事件和普通节点对象的键盘事件相同，只是 canvas 中的鼠标事件需要做一些处理。

24.15.1 鼠标事件

在鼠标事件中，鼠标指针所处位置的坐标是非常重要的属性，17.4.3 节中讲过鼠标事件中只能获取相对于屏幕左上角和相对于浏览器文档左上角的坐标，而 canvas 中使用的是自己的坐标系，因此需要将获取的坐标转换为 canvas 中的坐标。在转换之前，首先获取 canvas 在浏览器中的位置，可以通过 getBoundingClientRect 方法来获取。例如，可以使用下面的方法将浏览器中的坐标转换为 canvas 中的坐标。

```
function convertToCanvas(canvas, x, y) {
    var canvasElement =canvas.getBoundingClientRect();
    return { x: (x- canvasElement.left)*(canvas.width / canvasElement.width),
        y: (y - canvasElement.top)*(canvas.height / canvasElement.height)
    };
}
```

转换的逻辑是先使用鼠标事件中相对于浏览器文档的坐标减去 canvas 左上角的坐标，然后进行相应的缩放。之所以要进行缩放，是因为 canvas 在页面中显示的大小和实际的大小不一定是 1:1 的关系。这是因为 canvas 实际的大小是通过 canvas 标签的 width 和 height 属性指定的，而显示的大小可以通过 CSS 来指定，这是两套互相独立的值，从而导致显示的大小和实际的大小不一定是 1:1 的关系。例如，canvas 本身的宽和高分别是 300 和 150，而 CSS 中设置为 600 和 600，那么 canvas 中 x 轴方向的 1 个像素显示到页面中的就是 2 个像素，而 canvas 中 y 轴方向的 1 个像素显示到页面中是 4 个像素，因此需要进行缩放。

明白坐标的转换再使用鼠标事件就比较容易了，例如下面这个完整的例子。

```
<canvas id="canvas2d" width="300" height="300">
    浏览器不支持 canvas
</canvas>

<script text="text/javascript">
    var canvas = document.getElementById('canvas2d');

    function convertToCanvas(canvas, x, y) {
        var canvasElement =canvas.getBoundingClientRect();
        return { x: (x- canvasElement.left)*(canvas.width / canvasElement.width),
            y: (y - canvasElement.top)*(canvas.height / canvasElement.height)
        };
    }

    if (canvas.getContext) {
        var ctx = canvas.getContext('2d');

        var path, scoreArea = {w:300,h:50};
        function drawObj(){
            var offsetX = 0, offsetY = scoreArea.h;

            ctx.save();
            ctx.clearRect(offsetX,offsetY,300,300);

            var r = 30;
            var x = r+offsetX+Math.round(Math.random()*(canvas.width-2*r-offsetX));
            var y = r+offsetY+Math.round(Math.random()*(canvas.height-2*r-offsetY));
```

```
            path = new Path2D();
            path.arc(x,y,r,0,2*Math.PI);
            ctx.stroke(path);
        }
        window.setInterval(drawObj,500);

        var score = 3;
        function drawScore(isTrue){
            score += isTrue?5:-3;

            ctx.save();
            ctx.fillStyle="red";
            ctx.clearRect(0,0,scoreArea.w,scoreArea.h);
            ctx.fillText(" 得分: "+score,30,30);
            ctx.restore();
        }
      drawScore(false);

        canvas.onclick= function (event) {
            var p = convertToCanvas(canvas,event.pageX,event.pageY);
            drawScore(ctx.isPointInPath(path, p.x, p.y));
        }
    }
</script>
```

这个例子非常简单，每隔半秒随机选择一个位置画一个半径为 30 的圆，鼠标每次单击到就会得 5 分，单击了鼠标但是没击中则会减 3 分，分数会显示到 canvas 的左上角，初始显示 0 分。

24.15.2 键盘事件

canvas 中使用键盘事件和其他节点并没有什么区别，直接添加键盘事件就可以了（键盘事件不是标准事件，在 DOM 的 Event 标准中并没有键盘事件）。

在使用键盘事件的时候有一点需要注意，那就是应确保 canvas 节点可以接收到按键事件。而想让 canvas 接收到键盘按键的事件就需要在按键时保证 canvas 处于激活状态（或者称为获取到焦点）。不过这点很难保证，例如，当用户单击 canvas 外的区域后，canvas 就无法获取键盘的按键事件。这样会降低用户的体验，在每次想操作的时候都得先使用鼠标单击一下（或者使用其他方法激活）canvas 后才能操作。

为了解决上述问题，一般会将键盘事件绑定到顶层容器上，例如，window 对象、document 对象、body 节点等，这样只要浏览器处于激活状态就可以了，在顶层容器接收到按键事件后就可以直接进行相关的操作。例如下面的例子。

```
<!DOCTYPE html>
<html>
```

```
<head>
    <meta charset="utf-8">
    <title>canvas键盘事件(游戏人物移动)</title>
</head>
    <body>
        <canvas id="canvas2d" width="300" height="200">
            浏览器不支持canvas
        </canvas>

        <script text="text/javascript">
            var canvas = document.getElementById("canvas2d"),
                    ctx = null,
                    cwidth = canvas.width,
                    cheight = canvas.height;
            var map = {x:[], y:[], width:[], height:[]},
                    offsetX = 0,
                    offsetY = 0;

            function drawRole(ctx, name, direction){
                switch (name){
                    case "张三丰":
                    default :
                        switch (direction){
                            case "left":
                            case "right":
                            case "up":
                            case "down":
                            default :
                                ctx.save();
                                ctx.beginPath();
                                ctx.arc(cwidth/2, cheight/2-50, 10, 0, 2*Math.PI);
                                ctx.stroke();
                                ctx.fillRect(cwidth/2-15, cheight/2-40, 30, 50);
                                ctx.restore();
                        }
                }
            }

            function drawMap(ctx, map, offsetX, offsetY){
                ctx.save();
                ctx.translate(offsetX, offsetY);
                for(var i=0; i<5; i++){
                    ctx.strokeRect(map.x[i],map.y[i],map.width[i], map.height[i]);
                }
                ctx.restore();
            }

            function draw(ctx,direction){
                ctx.clearRect(0,0,cwidth,cheight);
                drawRole(ctx, direction);
```

```
    switch (direction){
        case "left":
            offsetX++;
            break;
        case "right":
            offsetX--;
            break;
        case "up":
            offsetY++;
            break;
        case "down":
            offsetY--;
            break;
        default :
            offsetX = 0;
            offsetY = 0;
    }
    drawMap(ctx,map,offsetX,offsetY);
}

function init(){
    ctx = canvas.getContext("2d");
    for(var i=0; i<5; i++){
        map.x[i] = Math.random()*cwidth;
        map.y[i] = Math.random()*cheight;
        map.width[i] = Math.random()*cheight/5;
        map.height[i] = Math.random()*cheight/5;
    }
    draw(ctx);
}

if (canvas.getContext) {
    init();

    document.onkeydown = function (event) {
        event = event||window.event;
        var currKey=event.keyCode||event.which||event.charCode;
        switch (currKey){
            case 37:
                draw(ctx,"left");
                break;
            case 38:
                draw(ctx,"up");
                break;
            case 39:
                draw(ctx,"right");
                break;
            case 40:
                draw(ctx,"down");
                break;
```

```
                                default :
                                    ;
                            }
                        }
                    }
                </script>
            </body>
        </html>
```

这个例子演示了游戏中人物的移动。在游戏中人物的移动一般有两种方式，一种是地图不动人物移动，另外一种是人不动地图向相反的方向移动。这个例子使用的是第二种方式，它们的实现原理是一样的，理解了这个例子之后就可以很容易地写出第一种方式的实现代码。这个例子中定义了两个方法：drawRole 和 drawMap，分别用于绘制人物和地图。在实际使用时，它们一般都是使用 drawImage 方法来绘制图片，但是为了方便则不使用图片，而是直接画一些简单的图形。其中，人物是使用一个圆和一个矩形来表示的，地图使用的是 5 个随机生成的矩形，虽然不好看，但是这里主要是给大家介绍原理。draw 方法根据方向调用 drawRole 和 drawMap 方法进行整体绘制，最后给 document 注册 keydown 事件，事件处理方法根据按键调用 draw 方法重新绘制图形。

对于上面的例子，再给大家补充几点需要注意的内容：

1）drawRole 方法在绘制人物时可以根据不同的人物和不同的方向绘制不同的图片，虽然上面的例子没有具体绘制，但是结构已经设计好，如果需要的话直接写入绘制代码即可。

2）对于 drawMap 方法，这里使用的是 translate 进行坐标系的平移，如果调用 drawImage 方法，则可以直接在不同的位置进行绘制。

3）由于键盘事件不是标准的事件，所以按键编码的属性也不统一，有的浏览器使用 keyCode，有的浏览器使用 which，有的浏览器使用 charCode，使用 event.keyCode || event.which || event.charCode 能够在所有浏览器中获取按键的编码。对于每个按键的具体编码是多少，可以在事件处理器中使用 console.log 方法将获取的按键编码打印到控制台，这样只要在键盘上按相应的键就可以在控制台看到它所对应的键值。

第 25 章　WebSocket

网站大都是使用 HTTP 或者 HTTPS 协议进行传输的，HTTPS 协议在 HTTP 的基础上增加了用于加密的 SSL 协议，而 WebSocket 是使用另外一种协议直接与服务端进行通信的。

25.1　网络传输的原理和底层协议

网络的底层传输实际使用的主要是 TCP/IP 参考模型，这个模型一共分为 4 层：网络接入层、网际互联层、传输层和应用层。

大家不要被这些名词吓倒，理解了它们的含义之后其实非常简单。网络接入层就是接入要传输数据的网络；网际互联层指的是将不同的节点连接起来，其主要作用就是为每个节点都指定单独的 IP 地址；传输层是实际传输数据；应用层是对接收到的数据进行使用。这就好像我们要在网上买东西，首先要确定自己所在的位置有相应的快递服务点，这就相当于网络接入层，然后需要告诉卖家地址，地址就相当于网际互联层，快递送货相当于传输层，最后收到货物之后拆包使用就相当于应用层。

在传统的 BS 结构中，TCP/IP 模型的网络接入层没有相应协议，网际互联层是 IP 协议，传输层是 TCP 协议，应用层是 HTTP 协议。经常听说的 Socket 同时实现了 TCP 和 IP 协议，使用它就可以进行网络数据的传输。HTTP 协议主要规定了传输数据的格式，可以分为三个主要部分：首行、报文头和报文体，报文头和报文体之间通过一个空行进行分割，报文头中每一行表示一个属性，例如下面的例子。

```
GET / HTTP/1.1
Host: www.excelib.com
User-Agent: Mozilla/5.0 (Windows NT 6.1; WOW64; rv:39.0) Gecko/20100101 Firefox/39.0
Accept: text/html,application/xhtml+xml,application/xml;q=0.9,*/*;q=0.8
Accept-Language: zh-CN,zh;q=0.8,en-US;q=0.5,en;q=0.3
Accept-Encoding: gzip, deflate
DNT: 1
Connection: keep-alive
```

这个例子是在访问www.excelib.com时发出的请求报文。其中第一行表示请求为Get类型，请求的资源为根目录，使用的协议是HTTP 1.1，下面全部是报文头，Get请求没有报文体，服务器接收到这个请求后，就会返回根目录下的资源。服务器返回的叫作响应报文，响应报文和请求报文的结构相同，只是内容稍有不同。响应报文的首行包含HTTP的版本、响应状态码和简短描述三部分内容，报文头的结构都一样，报文体就是返回的HTML文档内容。

关于网络传输的原理和相关的协议笔者在另外一本名为《看透SpringMVC》的书中做过详细介绍，如果感兴趣可以去阅读相关章节。对于理解WebSocket来说本章给大家介绍的内容就足够了。

25.2 WebSocket简介

Socket在英语中是插孔、插座的意思，在网络通信中一般翻译为“套接字”，这是因为，如果翻译为插孔、接口之类则很容易和其他概念混淆，所以干脆叫一个没用过的名字，还能显示出其独特性。只要将“套接字”想象成“这个东西”“那个东西”就可以了，最重要的是明白它的功能。学习国外的技术很多时候都是这样，名字只是个代号，从名字很难理解具体的含义（这并不是翻译问题，因为原文也是如此），只要明白它的功能就可以了，而不像学习中国古代的经典著作，如果能悟出一个词甚至一个字就能明白很多道理。

Socket的功能其实就是不同设备之间进行网络通信的接口，就好像USB接口一样，只不过USB是硬件层面的接口，而Socket是软件层面的接口。我们知道，在使用USB传输数据时需要将USB设备（例如U盘）插入USB接口上，而一台计算机可以有多个USB接口。Socket的使用也是一样的，一台计算机理论上最多可以创建65535个Socket接口，每个接口对应一个端口，使用时也跟USB接口一样。Socket也分为服务端Socket和客户端Socket，客户端Socket跟服务端Socket连接之后就可以进行通信，而且是双全工通信，即连接完成后服务端和客户端是对等的，客户端可以给服务端发送数据，服务端也可以给客户端发送数据，并且可以同时发送。

Socket在设计之初主要用于CS结构的网络应用，而在CS结构的应用中数据都是自己进行处理的，因此Socket主要实现了网际互联层和传输层，即只要保证数据的正确传输即可。现在WebSocket则是针对BS结构的Web应用进行设计的，它同时还实现了应用层，这样使用起来就更简单了。这就好像以前使用U盘时直接将其插到计算机上打开盘符进行操作，现在随着智能手机的普及出现了很多手机管理软件，使用这些软件可以直接管理音乐、图片、视频和应用，有的软件还可以对联系人、短信等信息进行管理，这种直接操作U盘文件的方式就相当于普通的Socket，而使用手机管理软件就相当于WebSocket。

WebSocket是应用层协议，HTTP也是应用层协议，但是它们之间存在很大区别，HTTP

协议每次传输完数据（可能包含多个请求）之后都会自动断开连接，并且每个请求都会包含请求头，而WebSocket只有在主动调用close方法之后才会断开连接，而且并不是每次发送数据都需要包含头部信息。实际上WebSocket协议只有在刚开始连接的时候才需要发送请求头，后面再传输数据只要直接发送数据就可以了。

WebSocket在进行连接时使用的是HTTP协议，也就是说客户端（例如浏览器）刚开始会发送一个普通的HTTP请求，只是请求头中会包含一个值为WebSocket名为Upgrade的属性（另外还会包含Sec-WebSocket-Key属性），这样服务器接收到之后就知道这是WebSocket请求，然后使用WebSocket进行连接，在连接完成之后可以直接发送数据而不需要再发送信息头。另外，HTTP是单向通信的，而WebSocket是双向通信的，换句话说，HTTP中只能是客户端向服务端请求数据，而WebSocket中既可以是客户端向服务端请求数据，也可以是服务端主动向客户端发送数据，也就是通常说的拉（pull）数据和推（push）数据。

25.3 WebSocket的优势

WebSocket跟HTTP相比主要存在以下优势。

- 避免频繁进行连接所带来的资源浪费。
- 实现真正的长连接，从而使服务端主动push数据变得非常简单。
- 可以节省宝贵的网络流量。

服务端主动push数据的功能使用的场景非常多，例如，接收到邮件后自动提醒、自动推送新闻、自动更新股票信息、网页版聊天和网络游戏等，这些都需要使用服务端主动push数据的功能。

节省网络流量主要有两个原因：传输数据时不再需要发送消息头；服务端有需要推送的消息时直接push，不需要客户端再发送请求，相对于传统的轮询和长连接来说，就可以节省很多资源。对于网站来说，节省流量就意味着节省昂贵的费用，特别是对于调用非常频繁的连接来说更是如此，例如，一般网站检测服务器状态使用的都是Head请求，Head请求类似于Get，只是返回的响应消息没有响应体，这样就可以节省不少流量，而有了WebSocket之后使用它来检测可以进一步节省昂贵的流量。

25.4 基本应用

WebSocket的底层实现虽然复杂，但是使用还是非常简单的。WebSocket分为服务端和客户端两部分。

客户端和服务端连接时要新建WebSocket，新建时参数为要连接的URL，协议是ws协议，连接完成之后可以调用send方法发送数据，使用完之后应调用close方法关闭连接。除了send和close方法外，还有4个非常重要的消息：open、message、close和error，它们分别在WebSocket连接完成之后、收到消息之后、关闭之后和发生异常时被调用。其中用得最多的就是message消息，它用来接收服务端发送过来的消息。客户端代码通常如下所示。

```
var websocket = null;
if("WebSocket" in window){
    websocket = new WebSocket("ws://127.0.0.1");
}else{
    alert("浏览器不支持WebSocket")
}

//连接打开时调用
websocket.onopen = function(event){
    //连接完成后的操作
}

//发送数据，可以通过程序调用，也可以绑定为某个节点的事件
//例如可以绑定为发送按钮的click事件
function sendMsg(msg){
    websocket.send(msg);
}

//接收数据
websocket.onmessage = function(event){
    //通过event.data接收到的数据
}

//处理异常
websocket.onerror = function(event){

};

//关闭Socket，可以通过程序调用，也可以绑定为某种事件
//例如可以绑定为关闭按钮的click事件
function closeSocket(){
    websocket.close();
}

//Socket关闭之后调用，可能是主动关闭，也可能是服务端关闭
websocket.onclose = function(event){

}
```

这个例子中使用的是DOM0级事件，当然也可以使用addEventListener方法来绑定DOM2级事件，如果忘记了怎么绑定可以回头查阅相关内容。

WebSocket的服务端本书主要以Java为例。WebSocket的服务端和客户端的用法基本一致，只是服务端不需要主动发起连接（也就是不需要使用new来创建），只需要使用onOpen

方法等待客户端的连接就可以了，当接收到客户端的连接之后，就会将连接保存到一个Session中，之后使用Session就可以通信。通过不同的Session，一个服务端可以跟多个客户端通信。Session可以通过close方法关闭连接，也可以通过onOpen、onMessage、onError和onClose方法处理相应的事件。这4个事件跟客户端是一样的，只是发送的消息分为同步消息和异步消息两种，这两种类型的消息分别需要调用getBasicRemote和getAsyncRemote两个方法来获取相应的对象才能发送。

下面来看一个简单的例子，这个例子是在页面上显示一个动态的电子表，它的数据并不是通过JS脚本生成的而是服务器发送过来的，服务器会每隔1s发送一次，这样显示的时间就是服务器上的时间，而使用JS脚本获取的时间会是用户本机的时间。通过这个例子大家就可以明白服务器推送数据是怎么实现的，明白怎么推送数据，再做邮件提醒、新闻推送、实时股票数据等就非常容易了。先来看客户端代码。

```
<!DOCTYPE html>
<html>
    <head>
        <title>Timer</title>
    </head>

    <body>
        <div id="msg"> </div>
    </body>

    <script type="text/javascript">
        //用于将信息显示到页面的div标签中
        function showMsg(msg) {
            document.getElementById("msg").innerHTML = msg;
        }

        var websocket = null;
        if (window.WebSocket) {
            websocket = new WebSocket("ws://localhost/time");
        } else {
            showMsg("浏览器不支持WebSocket");
        }

        websocket.onerror = function (event) {
            showMsg("发生错误: " + event.data);
        };

        websocket.onopen = function (event) {
            showMsg("已连接");
        }

        //将接受到服务器的数据显示到页面中
        websocket.onmessage = function (event) {
```

```
            showMsg(event.data);
        }

        websocket.onclose = function () {
            showMsg("连接断开");
        }
    </script>
</html>
```

上面的代码非常简单，showMsg方法用于将内容显示到页面的div标签中，服务端的连接地址为ws://localhost/time，连接之后就会在页面中显示“已连接”，然后在接收到数据（服务端发送的时间）后将其显示到页面中，断开连接后会在页面中显示“连接断开”。

服务端这里使用Java编写，将代码编译后放到支持WebSocket的服务端容器（这里使用的是Tomcat8）下就可以了，代码如下。

```
import javax.websocket.*;
import javax.websocket.server.ServerEndpoint;
import java.io.IOException;
import java.text.SimpleDateFormat;
import java.util.*;
import java.util.concurrent.CopyOnWriteArraySet;

@ServerEndpoint("/time")
public class TimeServer {
    private Session session;

    //用于向客户端发送时间信息
    public void sendDate(){
        //指定时间格式
        SimpleDateFormat df = new SimpleDateFormat("yyyy-MM-dd HH:mm:ss");
        try {
            //实际发送数据
            session.getBasicRemote().sendText(df.format(new Date()));
        } catch (IOException e) {
            e.printStackTrace();
        }
    }

    //定时调用sendDate方法发送数据，每隔1s调用一次
    public void timer() {
        Timer timer = new Timer();
        timer.schedule(new TimerTask() {
            public void run() {
                sendDate();
            }
        },0, 1000);
    }

    //接受到客户端连接时自动调用
```

```
    //在方法内部首先将session保存起来，然后调用timer方法定时发送时间数据
    @OnOpen
    public void onOpen(Session session){
         this.session = session;
         timer();
    }

    @OnError
    public void onError(Session session, Throwable error){
       System.out.println("发生错误");
       error.printStackTrace();
    }
}
```

上面的代码中，虽然是Java代码，但是非常简单，在类上通过@ServerEndpoint注释可以指定连接地址，在方法上可以通过@OnOpen和@OnError注释指定连接完的事件处理方法和发送错误时的事件处理方法，另外，还可以通过@OnMessage和@OnClose注释来指定接收到客户端消息时的处理方法和关闭后的处理方法。上面的代码中，在@OnOpen注释的onOpen方法中通过调用timer方法来定时给客户端发送时间信息。

25.5 RESTful应用

WebSocket还可以使用RESTful连接。RESTful是一种设计风格，它将所有的地址都当成一种资源来处理，在WebSocket中主要体现在连接地址中PathParam的使用，也就是将地址中的一部分作为资源的标识，或者可以理解为一种参数，例如下面的例子。

```
localhost/chat/{userName}
```

这里的userName就是PathParam，例如“localhost/chat/Peter”可以在后台获取值为“Peter”的userName参数，在Java中可通过@PathParam注释获取。4种消息方法也就是添加了@OnOpen、@OnClose、@OnMessage或@OnError注释的方法中都可以获取，例如下面的例子。

```
import java.text.MessageFormat;

import javax.websocket.OnClose;
import javax.websocket.OnError;
import javax.websocket.OnMessage;
import javax.websocket.OnOpen;
import javax.websocket.Session;
import javax.websocket.server.PathParam;
import javax.websocket.server.ServerEndpoint;

@ServerEndpoint("/chat/{userName}")
public class MyWebSocket {
```

```
    private Session session;

    @OnOpen
    public void onOpen(Session session, @PathParam("userName") String userName){
        this.session = session;
        System.out.println(MessageFormat.format("{0} 加入了聊天 ",userName));
    }

    @OnClose
    public void onClose(@PathParam("userName") String userName){
        System.out.println(MessageFormat.format("{0} 退出了聊天 ",userName));
    }

    @OnMessage
    public void onMessage(String message, @PathParam("userName") String userName) {
        System.out.println(MessageFormat.format(" 接收到了 {0} 的消息: {1}",userName,message));
    }

    @OnError
    public void onError(Throwable error, @PathParam("userName") String userName){
        System.out.println(MessageFormat.format("{0} 发生了错误 ",userName));
        error.printStackTrace();
    }
}
```

如果你有一些 Java 编程基础的话，上面的代码就非常容易理解。当客户端新建了地址为“ ws://localhost/chat/ 张三丰”的连接后，在整个通信过程中后台的 4 个消息方法都会获取值为张三丰的 userName 参数，即使在客户端使用 onmessage 方法发送数据时不发送 userName，在服务端中注释了 @OnMessage 的接收客户端数据的方法中依然可以获取 userName 的值，这是因为 userName 参数其实已经保存到 Session 中。

除了 PathParam 之外，还可以在服务端通过调用 Session 的 getQueryString 方法来获取 URL 中传入的参数。例如，对于“ ws://localhost/chat/ 张三丰 ?age=81”地址来说，调用 getQueryString 方法就可以获取到 age=81。

这一节主要是 Java 方面的内容，虽然非常简单，但是如果没有接触过 Java 的话可能会有一些难度，Java 不是本书的重点，因此即使对本节的内容不理解也没关系。

25.6 在线聊天系统

下面来写一个在线聊天系统，前端页面的代码如下。

```
<!DOCTYPE html>
<html>
    <head>
        <title>Chat</title>
```

```
        <meta charset="utf-8">
        <script type="text/javascript">
            //将用于连接的节点和用于聊天的节点分别获取并保存起来
            var connectElements = document.getElementsByClassName("connect"),
                    chartElements = document.getElementsByClassName("chat");

            //用于保存 WebSocket 实例对象
            var websocket = null;

            //将消息显示到消息框中
            function showMsg(msg) {
                document.getElementById("msg").innerHTML +=  msg+"\n \n";
            }

            //进入聊天室，其中会新建 WebSocket 进行连接，并给 websocket 实例绑定事件
            function enter() {
                var roomName = document.getElementById("room-name").value,
                        userName = document.getElementById("user-name").value;
                if (roomName.trim() == "") {
                    alert("房间名不能为空");
                    return;
                } else if (userName.trim() == "") {
                    alert("昵称不能为空");
                    return;
                }
                if ('WebSocket' in window) {
                                websocket = new WebSocket("ws://localhost/
chat/"+roomName+"/"+userName);
                }else {
                    alert("浏览器不支持 WebSocket");
                }

                //连接完成后自动调用
                //将连接的相关节点设置为禁用，并将聊天的相关节点设置为可用
                websocket.onopen = function (event) {
                    for(var i=0;i<connectElements.length;i++){
                        connectElements[i].setAttribute("disabled", true);
                    }
                    for(i=0;i<chartElements.length;i++){
                        chartElements[i].removeAttribute("disabled");
                    }
                }

                //发生异常时自动调用
                websocket.onerror = function () {
                    showMsg("连接异常，请重新登入");
                    exit();
                };

                //接收到消息时自动调用
```

```
            // 将接收到的消息显示到消息框
            websocket.onmessage = function (event) {
                showMsg(event.data);
            }

            // 连接完成后自动调用
            // 将连接的相关节点设置为禁用，并将聊天的相关节点设置为可用
            websocket.onclose = function () {
                for(var i=0;i<connectElements.length;i++){
                    connectElements[i].removeAttribute("disabled");
                }
                for(i=0;i<chartElements.length;i++){
                    chartElements[i].setAttribute("disabled", true);
                }
            }
        }

        //退出
        function exit() {
            websocket.close();
        }

        //发送信息
        function sendMsg() {
            var message = document.getElementById("inputer").value;
            websocket.send(message);
            document.getElementById("inputer").value = "";
        }
    </script>
</head>
<body>
    房间名: <input id="room-name" type="text" class="connect"/><br/>
    昵称: <input id="user-name" type="text" class="connect"/>
    <button onclick="enter()" class="connect">进入</button>
    <br/><br/>
    <textarea cols="60" rows="10" id="msg" class="chat" readonly
    disabled></textarea><br/><br/>
    <textarea cols="60" rows="3" id="inputer" class="chat" disabled></textarea>
    <button onclick="sendMsg()" class="chat" disabled>发送</button>
    <button onclick="exit()" class="chat" disabled>退出</button>
</body>
</html>
```

上面的聊天系统可以通过房间名称来进行分组，每个人所发送的信息只有同一个房间的人才可以看到，房间号和用户名都是通过 PathParam 来传递的。服务端返回给用户的信息格式为“XXX 说:（换行）消息内容”，后端的 Java 代码如下。

```
import javax.websocket.*;
import javax.websocket.server.PathParam;
import javax.websocket.server.ServerEndpoint;
```

```
import java.io.IOException;
import java.text.MessageFormat;
import java.util.*;

@ServerEndpoint("/chat/{roomName}/{userName}")
public class ChatServer {
    private static final Map<String, Set<Session>> roomMap = Collections.
    synchronizedMap(new HashMap<>());

    //用于将消息发送到指定房间的客户端
    private final void sendMessage(String roomName, String message) {
        for(Session session : roomMap.get(roomName)) {
            try {
                session.getBasicRemote().sendText(message);
            } catch (IOException e) {
                e.printStackTrace();
            }
        }
    }

    @OnOpen
    public void onOpen(Session session, @PathParam("roomName") String roomName,
    @PathParam("userName") String userName){
        if(roomMap.get(roomName)==null){
            Set<Session> set = new HashSet<>();
            roomMap.put(roomName, set);
        }
        roomMap.get(roomName).add(session);

        sendMessage(roomName,MessageFormat.format("{0} 加入了 ", userName));
        System.out.println(MessageFormat.format("{0} 加入了 {1} 房间 ", userName, roomName));
    }

    @OnClose
    public void onClose(Session session, @PathParam("roomName") String roomName,
    @PathParam("userName") String userName){
        if(roomMap.get(roomName)!=null){
            roomMap.get(roomName).remove(session);

            sendMessage(roomName,MessageFormat.format("{0} 退出了 ", userName));
            System.out.println(MessageFormat.format("{0} 退出了 {1} 房间 ", userName, roomName));
        }
    }

    @OnMessage
    public void onMessage(String message,@PathParam("roomName") String roomName,
    @PathParam("userName") String userName) {
        sendMessage(roomName, MessageFormat.format("{0} 说: \n{1}", userName, message));
        System.out.println(MessageFormat.format("{0} 房间的 {1} 发送了消息: {2}",
        roomName,userName, message));
```

```
    }

    @OnError
    public void onError(Throwable error, @PathParam("roomName") String roomName,
     @PathParam("userName") String userName){
        System.out.println(MessageFormat.format("{0} 房间的 {1} 发生了错误 ",
         roomName, userName));
        error.printStackTrace();
    }
}
```

上面的代码虽然很简单，但是需要有一些 Java 编程基础。最后的显示效果如图 25-1 所示。

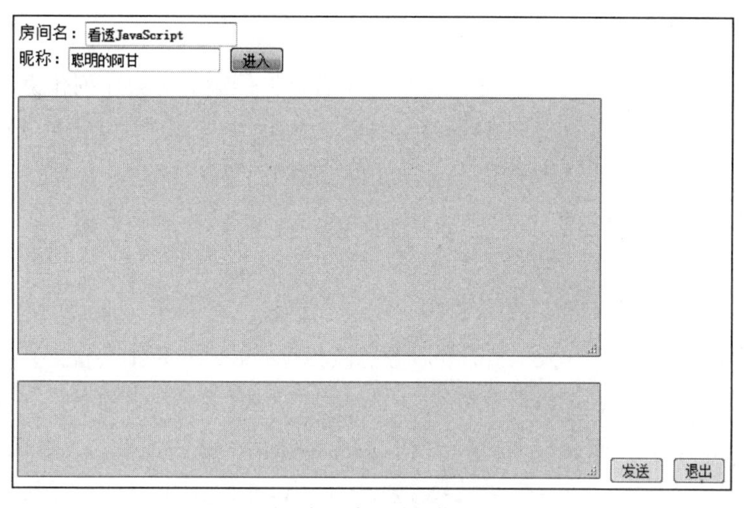

（a）加入房间前的截图

（b）加入房间后的截图

图 25-1　加入房间前后的效果

在图25-1中，加入房间前，房间名、昵称和进入按钮可以使用，而消息框、输入框、发送按钮和退出按钮不可用；加入房间后，整个反过来，房间名、昵称和进入按钮不可用，而消息框、输入框、发送按钮和退出按钮可用。

25.7 传输对象和二进制数据

WebSocket的功能是非常强大的，除了可以传输字符串之外，还可以传输对象甚至直接传输二进制数据。

25.7.1 传输对象

利用WebSocket传输对象其实非常简单，只需要将传输的对象序列化为JSON格式发送就可以了，对方接收到之后可以将其还原为对象。在JS中可以使用JSON.stringify(obj)方法将对象序列化为JSON字符串的格式，这样就可以按照字符串发送，在接收到服务端返回的SON字符串的消息后，可以使用JSON.parse(jsonString)方法将其转换为对象类型，这样就可以进行对象的传输。

需要注意的是，对象转换出的字符串可能会比较长，而WebSocket每次传输的数据都是有上限的，超出之后就分多次发送（需要服务端做相应的处理，否则会报错）。对于这种情况，如果服务端使用的是Java，那么需要在onMessage方法中使用isLast参数。isLast是布尔类型，它表示所接收到的数据是否是分成多次发送的数据的最后一条，如果是，则isLast为true，否则为false，Java中的sendText方法在发送数据时也可以使用isLast参数，例如下面的例子。

```
//接收数据
@OnMessage
public void onMessage(String message, boolean isLast, @PathParam("roomName")
 String roomName, @PathParam("userName") String userName) {
       sendMessage(roomName, MessageFormat.format("{0}说: \n{1}", userName,
       message),isLast);
       System.out.println(MessageFormat.format("{0}房间的{1}发送了消息: {2}",
       roomName,userName, message));
}

//发送数据
public void sendMessage(String roomName, String message, boolean isLast) {
    for(Session session : roomMap.get(roomName)) {
        try {
            session.getBasicRemote().sendText(message, isLast);
        } catch (IOException e) {
            e.printStackTrace();
        }
    }
}
```

上面的代码给25.6节中聊天系统的接收数据和发送数据的方法分别添加了分多次接收和发送的功能，这样就可以传输长文本了。

25.7.2 传输二进制数据

对于JS来说，传输二进制数据与传输对象没有太大的区别，只是发送时发的不再是string类型，而是二进制类型。在JS中具体分为Blob和ArrayBuffer两种类型，Blob主要对应文件数据，对于ArrayBuffer，12.3节中已经介绍过，它可以通过TypedArray和DataView进行非常灵活的操作，所以本节介绍如何使用ArrayBuffer进行传输。Blob的传输方式也是一样的，只是接收到数据后的处理方式不同。

在JS中，WebSocket传输二进制数据默认使用的是Blob类型，要使用ArrayBuffer来传输，需要先将WebSocket对象的binaryType属性设置为arraybuffer。例如，可以在open事件中进行设置，代码如下。

```
websocket.onopen = function (event) {
    websocket.binaryType = "arraybuffer";
}
```

这样就可以直接使用send方法发送，并通过message事件接收数据，其使用方法和传输文本信息相同。

在服务端的Java代码中需要将注释了@OnMessage的接收数据的方法中的String类型参数改为ByteBuffer或byte[]类型，另外，发送数据时要将sendText方法改为sendBinary方法，并且由于发送二进制数据时数据一般会比较大，通常会使用isLast参数，例如下面的例子。

```
//接收数据
@OnMessage
public void onMessage(ByteBuffer buf, boolean isLast) {
       sendBinary(buf, isLast);
}

//发送数据
private final void sendBinary(ByteBuffer buf, boolean isLast) {
    try {
        session.getBasicRemote().sendBinary(buf, isLast);
    } catch (Exception e) {
        e.printStackTrace();
    }
}
```

25.7.3 画板聊天室

本节中，将在25.6节聊天室的例子中添加一个共享画板的功能，这样除了聊天之外还可以画图。本节将分客户端和服务端两部分来讲解。客户端就是前端的 HTML 页面和其中的脚步，服务端还是采用 Java 来编写。

1. 客户端

首先，在 HTML 中增加一个 canvas 节点，用于绘制图形，代码如下。

```
<canvas id="drawing-board" width="400" height="400">
    浏览器不支持 canvas
</canvas>
```

然后，在 body 的 onload 事件中对其进行初始化，代码如下。

```
<body onload="init()">
......
</body>

<script type="text/javascript">
    var canvas = null, ctx = null;
    function init(){
        canvas = document.getElementById('drawing-board');
        if (canvas.getContext) {
            ctx = canvas.getContext('2d');
            ctx.strokeRect(0,0,canvas.width, canvas.height);
        }
    }
</script>
```

最后，给 canvas 添加绘画功能。绘画功能其实非常简单，就是在鼠标按下时（mousedown 事件）新建路径并调用 moveTo 方法将画笔移动到鼠标单击的位置；在鼠标移动时（mousemove 事件）调用 lineTo 画线并调用 stroke 方法描边；在鼠标松开时（mouseup 事件）停止绘画并将 canvas 中的图形发送到服务端。控制开始绘画和停止绘画的是 isDraw 变量，将图形发送到服务端的是 sendBoard 方法，完整代码如下。

```
<script type="text/javascript">
    //将屏幕坐标转换为 canvas 中的坐标
    function convertToCanvas(canvas, x, y) {
        var canvasElement =canvas.getBoundingClientRect();
        return { x: (x- canvasElement.left)*(canvas.width / canvasElement.width),
            y: (y - canvasElement.top)*(canvas.height / canvasElement.height)
        };
    }

    var canvas = null, ctx = null;
    function init(){
        canvas = document.getElementById('drawing-board');
        if (canvas.getContext) {
            ctx = canvas.getContext('2d');
            ctx.strokeRect(0,0,canvas.width, canvas.height);
        }
```

```
        var isDraw = false, p={x:0,y:0};
        canvas.onmousedown= function (event) {
            p = convertToCanvas(canvas,event.pageX,event.pageY);
            ctx.save();
            ctx.beginPath();
            ctx.moveTo(p.x, p.y);
            isDraw = true;
        }
        canvas.onmousemove= function (event) {
            if(isDraw){
                p = convertToCanvas(canvas,event.pageX,event.pageY);
                ctx.lineTo(p.x, p.y);
                ctx.stroke();
            }
        }
        canvas.onmouseup= function (event) {
            isDraw = false;
            ctx.restore();
            sendBoard(ctx.getImageData(0,0,canvas.width,canvas.height));
        }
    }
</script>
```

上述代码只是实现了最简单的绘图功能，大家可以自己使用在 canvas 中学过的内容添加更多功能，例如，绘制矩形、圆、椭圆、贝塞尔曲线，修改画笔样式，以及擦除等。这些都非常简单，这里就不详细介绍了，其中，擦除就是使用背景色进行绘制。

下面学习怎么传输数据。传输数据前首先要获取数据，CanvasRenderingContext2D 可以调用 getImageData 方法来获取 canvas 中的图像数据。它有 4 个参数，分别表示左上角坐标的 x、y 值，以及宽度和高度，和矩形的 4 个参数一样，它的返回值是 ImageData 类型。ImageData 的 data 属性就是图像的数据，它是 Uint8ClampedArray 类型，也就是 12.3 节中介绍过的类型数组（TypedArray），使用它可以对图片进行编辑，直接将它传输给服务端就可以了，代码如下。

```
//鼠标放开时发送 canvas 中图片的数据
canvas.onmouseup= function (event) {
    isDraw = false;
    ctx.restore();
    sendBoard(ctx.getImageData(0,0,canvas.width,canvas.height));
}

//发送图片的二进制数据
function sendBoard(img){
    if(!websocket)
        return;
    websocket.send(img.data);
}
```

这样就可以将图片的数据发送到服务端。服务端返回的消息在 JS 中也是通过 message 事件来接收的，但是，由于上面的例子中返回的既可能是聊天的文本消息，也可能是图片的二进制数据，在接收到数据后还需要进行判断。直接使用 typeof 判断即可。如果是 string 类型就是聊天信息，则调用 showMsg 方法将聊天信息输出到消息框中，否则就是图片数据，则调用 drawImg 方法将图形绘制到 canvas 中，代码如下。

```
websocket.onmessage = function (event) {
    if (typeof event.data == "string") {
        showMsg(event.data);
    } else {
        var data = new Uint8ClampedArray(event.data);
        drawImg (data);
    }
}
```

上面的代码中，如果接收的是二进制数据，那么 event.data 是 ArrayBuffer 类型，需要将其转换为 Uint8ClampedArray 类型的数组对象才可以使用。另外，在 CanvasRendering-Context2D 中只要新建一个和 canvas 一样大小的 ImageData 对象，并将接收到的数据赋值给它的 data 属性，最后调用 CanvasRenderingContext2D 的 putImageData 方法将图像的数据替换掉，代码如下。

```
function drawImg(bytes) {
    var imageData = ctx.createImageData(canvas.width, canvas.height);

    for (var i=8; i<imageData.data.length; i++) {
        imageData.data[i] = bytes[i];
    }
    ctx.putImageData(imageData, 0, 0);
}
```

到这里，客户端（HTML 页面）的代码就完成了，下面是客户端的完整代码。

```
<!DOCTYPE html>
<html>
    <head>
        <title>画板聊天室</title>
        <meta charset="utf-8">
        <!-- canvas 相关脚本 -->
        <script type="text/javascript">
            function convertToCanvas(canvas, x, y) {
                var canvasElement =canvas.getBoundingClientRect();
                return { x: (x- canvasElement.left)*(canvas.width / canvasElement.width),
                    y: (y - canvasElement.top)*(canvas.height / canvasElement.height)
                };
            }
            var canvas = null, ctx = null;
            function init(){
                canvas = document.getElementById('drawing-board');
```

```
        if (canvas.getContext) {
            ctx = canvas.getContext('2d');
            ctx.strokeRect(0,0,canvas.width, canvas.height);
        }

        var isDraw = false,p={x:0,y:0};
        canvas.onmousedown= function (event) {
            p = convertToCanvas(canvas,event.pageX,event.pageY);
            ctx.save();
            ctx.beginPath();
            ctx.moveTo(p.x, p.y);
            isDraw = true;
        }
        canvas.onmousemove= function (event) {
            if(isDraw){
                p = convertToCanvas(canvas,event.pageX,event.pageY);
                ctx.lineTo(p.x, p.y);
                ctx.stroke();
            }
        }
        canvas.onmouseup= function (event) {
            isDraw = false;
            ctx.restore();
            sendBoard(ctx.getImageData(0,0,canvas.width,canvas.height));
        }
    }
</script>

<!-- WebSocket 相关脚本 -->
<script type="text/javascript">
    // 将用于连接的节点和用于聊天的节点分别获取并保存起来
    var connectElements = document.getElementsByClassName("connect"),
        chartElements = document.getElementsByClassName("chat");

    // 用于保存 WebSocket 实例对象
    var websocket = null;

    // 将消息显示到消息框中
    function showMsg(msg) {
        document.getElementById("msg").innerHTML += msg+"\n\n";
    }

    // 将接收到的图片信息显示到 canvas 中
    function drawImg(bytes) {
        var imageData = ctx.createImageData(canvas.width, canvas.height);

        for (var i=8; i<imageData.data.length; i++) {
            imageData.data[i] = bytes[i];
        }
        ctx.putImageData(imageData, 0, 0);
```

```
}

//进入聊天室，其中会新建WebSocket进行连接，并给websocket实例绑定事件
function enter() {
    var roomName = document.getElementById("room-name").value,
            userName = document.getElementById("user-name").value;
    if (roomName.trim() == "") {
        alert("房间名不能为空");
        return;
    } else if (userName.trim() == "") {
        alert("昵称不能为空");
        return;
    }
    if ('WebSocket' in window) {
        websocket = new WebSocket("ws://localhost:67/chatwithdrawin
        g/"+roomName+"/"+userName);
    }else {
        alert("浏览器不支持WebSocket");
    }

    //连接完成后自动调用
    //将连接的相关节点设置为禁用，并将聊天的相关节点设置为可用
    websocket.onopen = function (event) {
        websocket.binaryType = "arraybuffer";
        for(var i=0;i<connectElements.length;i++){
            connectElements[i].setAttribute("disabled", true);
        }
        for(i=0;i<chartElements.length;i++){
            chartElements[i].removeAttribute("disabled");
        }
    }

    //发生异常时自动调用
    websocket.onerror = function () {
        showMsg("连接异常，请重新登入");
        exit();
    };

    //接收到消息时自动调用
    //将接收到的消息显示到消息框
    websocket.onmessage = function (event) {
        if (typeof event.data == "string") {
            showMsg(event.data);
        } else {
            var data = new Uint8ClampedArray(event.data);
            drawImg(data);
        }
    }

    //连接完成后自动调用
    //将连接的相关节点设置为禁用，并将聊天的相关节点设置为可用
    websocket.onclose = function (event) {
        for(var i=0;i<connectElements.length;i++){
```

```
                    connectElements[i].removeAttribute("disabled");
                }
                for(i=0;i<chartElements.length;i++){
                    chartElements[i].setAttribute("disabled", true);
                }
            }
        }
        //退出
        function exit() {
            websocket.close();
        }

        //发送信息
        function sendMsg() {
            var message = document.getElementById("inputer").value;
            websocket.send(message);
            document.getElementById("inputer").value = "";
        }
        //发送图片的二进制数据
        function sendBoard(img){
            if(!websocket)
                return;
            websocket.send(img.data);
        }
    </script>
    <style type="text/css">
        #drawing-board{
            float:left;
            margin-right: 10px;
        }
    </style>
</head>
<body onload="init()">
    房间名: <input id="room-name" type="text" class="connect"/><br/>
    昵称: <input id="user-name" type="text" class="connect"/>
    <button onclick="enter()" class="connect">进入</button>
    <br/><br/>
    <canvas id="drawing-board" width="400" height="400">
        浏览器不支持canvas
    </canvas>
    <div id="chat">
        <textarea cols="15" rows="10" id="msg" class="chat" readonly
         disabled></textarea><br/><br/>
        <textarea cols="15" rows="3" id="inputer" class="chat" disabled></textarea><br/>
        <button onclick="exit()" class="chat" disabled>退出</button>
        <button onclick="sendMsg()" class="chat" disabled>发送</button>
    </div>
</body>
</html>
```

上面的代码将 canvas 和 WebSocket 的脚本分开写，这样更容易理解。

图片的底层二进制数据是怎样保存的

图片从大的方向可以分为位图和矢量图两种类型。位图是将图片分成很多个点，然后保存每个点的颜色值，这里的每个点叫作一个像素，而矢量图保存的是图形的相应参数，例如，对于一个圆来说，矢量图会保存它的圆心在什么位置，半径是多少等。

这里主要介绍位图的保存方式。位图的格式有很多种，其中最基础的是 BMP 格式。这种格式不对图像进行处理，直接保存每个像素的颜色值，因此它的保真性最好，但是它所占的空间也比其他格式大，其他的图片格式（例如 JPG、PNG、GIF 等）都是经过压缩处理的，最后显示的时候需要计算出每个像素点的颜色值。BMP 格式是位图图片的基础格式，这里主要介绍 BMP 格式图片的保存方式。

BMP 图片的底层数据分为两部分：数据头和数据体。其中，数据体就是实际每个像素的颜色值。数据头一般为 54 个字节，并且以 42 4D 开头，它们分别为 B 和 M 的 16 位 ASCII 码。数据头中包含图形的宽度、高度、颜色的位数等信息。

BMP 的实际位图数据有多种保存方法，大致可以分为 16 位、24 位和 32 位三种类型。在 XP 系统的桌面上右击，在弹出的快捷菜单中单击“属性”，在打开的“显示 – 属性”对话框中激活“设置”选项卡，就可以在“颜色质量”下拉列表中按颜色的位数来设置电脑显示颜色的质量，如图 25-2 所示。

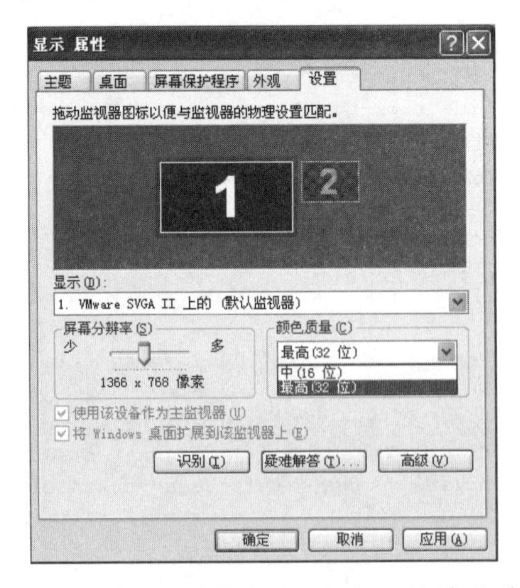

图 25-2　按颜色的位数来设置电脑显示颜色的质量

图 25-2 中所设置的位数与位图的位数相同。

位数的具体含义是每个像素的颜色使用多少位二进制数据来保存，8 位为 1 个字节，16 位、24 位和 32 位分别对应 2 个字节、3 个字节和 4 个字节。

最简单的类型是 24 位，也就是 3 个字节，分别表示 R、G、B 的值，这样 3 个字节（24 位）正好可以表示一个像素的颜色。32 位是 4 个字节，它是在 R、G、B 的基础上增加了透明度 A（Alpha）。16 位的颜色是最复杂的，它有多种结构，例如，R、G、B 分别占 5 位，剩下 1 位用作透明度或者留空，这种结构叫作 RGB555；还可以 R 和 B 各占 5 位而 G 占 6 位，这种结构叫作 RGB565；还有一种结构就是 R、G、B 各占 4 位，剩下的 4 位用作透明度或者留空，这种结构就叫作 RGB4444。使用 Photoshop 将文件存储为 BMP 模式的时候会要求选择模式，这时单击“高级模式”按钮，就可以看到各种存储格式，如图 25-3 所示。

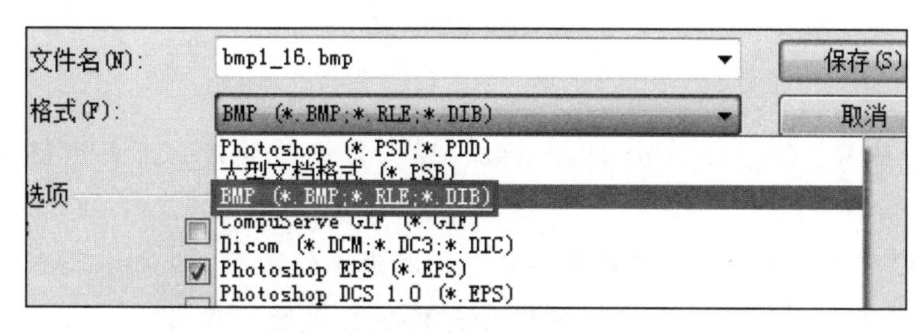

(a) 存储为 BMP 格式

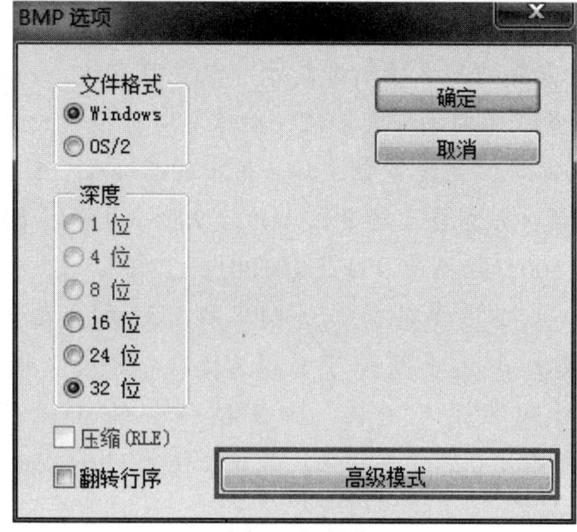

(b) BMP 选项

图 25-3　存储为 BMP 时的高级模式

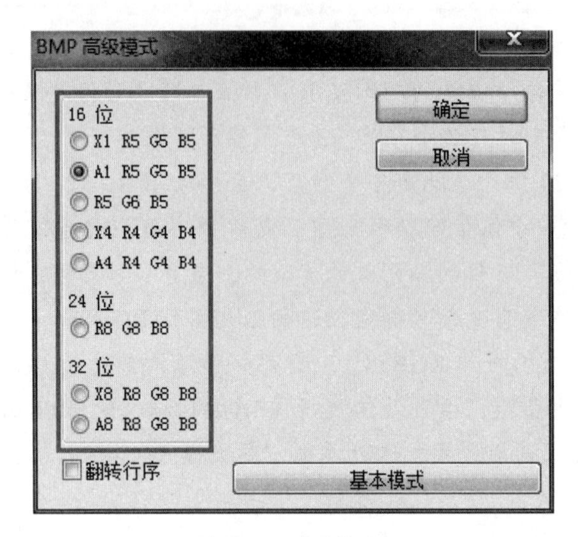

（c）BMP 高级模式

图 25-3（续）

图 25-3 中的 R、G、B、A 分别表示红、绿、蓝和透明度，X 表示留空、不使用，会用 0 占位。

24 位和 32 位的 RGB 的值都是直接保存，因为 1 个字节（8 位）正好可以保存 0 到 255 这 256 个数据，所以用 1 个字节来保存一种颜色正好。其实，将每种颜色分为 256 份本来也是人为规定的，使用 1 个字节来保存并没有什么更多的科学依据。

16 位的 RGB 比较复杂，因为它要使用 4 位、5 位或 6 位二进制表示一个颜色的分量，而一个颜色的分量需要使用 8 位二进制才可以完整表达，所以使用 4 位、5 位和 6 位来表示一个颜色的分量就需要丢掉其中的一些值。实际操作中是从 8 位二进制的低位开始丢的，也就是说 4 位的颜色分量会丢掉 8 位中的后 4 位，5 位的颜色分量会丢掉 8 位中的后 3 位，6 位的颜色分量会丢掉 8 位中的后 2 位。例如，10100110 转换为 4 位是 1010，转换为 5 位是 10100，转换为 6 位是 101001。

可以使用 UltraEdit 来查看文件的二进制数据。首先，在 Photoshop 中新建一个 10×10 像素的图片（图片小主要是为了容易观察），然后，将 #123456 这种颜色填充进去，之后，将其分别保存为 32 位、24 位和 16 位的 BMP 位图，并将 16 位中的 RGB555、RGB565、RGB4444 分别保存一张，最后，使用 UltraEdit 打开查看其中的数据。32 位图片的二进制数据如图 25-4 所示。

从图 25-4 中可以看到从第 55 个字节开始就是每个像素的颜色值了，因为图片是直接填充的颜色，所以每个像素的颜色值都是相同的，二进制都是 56 34 12 00，这里使用的是 Little-Endian 字节序。关于字节序，12.3.3 节已经介绍过，Little-Endian 表示使用低位字节来存放低地址的数据。因此，在使用数据时就需要按照相反的方向组合数据，例如，56 34 12 00 其实表示的是 00123456，其中第一个字节 00 表示透明度，后面的 123456 分别表示 RGB 的值。

```
            0  1  2  3  4  5  6  7  8  9  a  b  c  d  e  f
00000000h: 42 4D C8 01 00 00 00 00 00 00 36 00 00 00 28 00 ; BM?......6...(.
00000010h: 00 00 0A 00 00 00 0A 00 00 00 01 00 20 00 00 00 ; ................
00000020h: 00 00 92 01 00 00 12 0B 00 00 12 0B 00 00 00 00 ; ..?.............
00000030h: 00 00 00 00 00 00 56 34 12 00 56 34 12 00 56 34 ; ......V4..V4..V4
00000040h: 12 00 56 34 12 00 56 34 12 00 56 34 12 00 56 34 ; ..V4..V4..V4..V4
00000050h: 12 00 56 34 12 00 56 34 12 00 56 34 12 00 56 34 ; ..V4..V4..V4..V4
00000060h: 12 00 56 34 12 00 56 34 12 00 56 34 12 00 56 34 ; ..V4..V4..V4..V4
00000070h: 12 00 56 34 12 00 56 34 12 00 56 34 12 00 56 34 ; ..V4..V4..V4..V4
00000080h: 12 00 56 34 12 00 56 34 12 00 56 34 12 00 56 34 ; ..V4..V4..V4..V4
00000090h: 12 00 56 34 12 00 56 34 12 00 56 34 12 00 56 34 ; ..V4..V4..V4..V4
000000a0h: 12 00 56 34 12 00 56 34 12 00 56 34 12 00 56 34 ; ..V4..V4..V4..V4
000000b0h: 12 00 56 34 12 00 56 34 12 00 56 34 12 00 56 34 ; ..V4..V4..V4..V4
000000c0h: 12 00 56 34 12 00 56 34 12 00 56 34 12 00 56 34 ; ..V4..V4..V4..V4
000000d0h: 12 00 56 34 12 00 56 34 12 00 56 34 12 00 56 34 ; ..V4..V4..V4..V4
000000e0h: 12 00 56 34 12 00 56 34 12 00 56 34 12 00 56 34 ; ..V4..V4..V4..V4
000000f0h: 12 00 56 34 12 00 56 34 12 00 56 34 12 00 56 34 ; ..V4..V4..V4..V4
00000100h: 12 00 56 34 12 00 56 34 12 00 56 34 12 00 56 34 ; ..V4..V4..V4..V4
00000110h: 12 00 56 34 12 00 56 34 12 00 56 34 12 00 56 34 ; ..V4..V4..V4..V4
00000120h: 12 00 56 34 12 00 56 34 12 00 56 34 12 00 56 34 ; ..V4..V4..V4..V4
00000130h: 12 00 56 34 12 00 56 34 12 00 56 34 12 00 56 34 ; ..V4..V4..V4..V4
00000140h: 12 00 56 34 12 00 56 34 12 00 56 34 12 00 56 34 ; ..V4..V4..V4..V4
00000150h: 12 00 56 34 12 00 56 34 12 00 56 34 12 00 56 34 ; ..V4..V4..V4..V4
00000160h: 12 00 56 34 12 00 56 34 12 00 56 34 12 00 56 34 ; ..V4..V4..V4..V4
00000170h: 12 00 56 34 12 00 56 34 12 00 56 34 12 00 56 34 ; ..V4..V4..V4..V4
00000180h: 12 00 56 34 12 00 56 34 12 00 56 34 12 00 56 34 ; ..V4..V4..V4..V4
00000190h: 12 00 56 34 12 00 56 34 12 00 56 34 12 00 56 34 ; ..V4..V4..V4..V4
000001a0h: 12 00 56 34 12 00 56 34 12 00 56 34 12 00 56 34 ; ..V4..V4..V4..V4
000001b0h: 12 00 56 34 12 00 56 34 12 00 56 34 12 00 56 34 ; ..V4..V4..V4..V4
000001c0h: 12 00 56 34 12 00 00 00                         ; ..V4....
```

图 25-4 32 位图片的二进制数据

再来看 24 位图片的二进制数据，如图 25-5 所示。

```
            0  1  2  3  4  5  6  7  8  9  a  b  c  d  e  f
00000000h: 42 4D 78 01 00 00 00 00 00 00 36 00 00 00 28 00 ; BMx.......6...(.
00000010h: 00 00 0A 00 00 00 0A 00 00 00 01 00 18 00 00 00 ; ................
00000020h: 00 00 42 01 00 00 12 0B 00 00 12 0B 00 00 00 00 ; ..B.............
00000030h: 00 00 00 00 00 00 56 34 12 56 34 12 56 34 12 56 ; ......V4.V4.V4.V
00000040h: 34 12 56 34 12 56 34 12 56 34 12 56 34 12 56 34 ; 4.V4.V4.V4.V4.V4
00000050h: 12 56 34 12 00 00 56 34 12 56 34 12 56 34 12 56 ; .V4...V4.V4.V4.V
00000060h: 34 12 56 34 12 56 34 12 56 34 12 56 34 12 56 34 ; 4.V4.V4.V4.V4.V4
00000070h: 12 56 34 12 00 00 56 34 12 56 34 12 56 34 12 56 ; .V4...V4.V4.V4.V
00000080h: 34 12 56 34 12 56 34 12 56 34 12 56 34 12 56 34 ; 4.V4.V4.V4.V4.V4
00000090h: 12 56 34 12 00 00 56 34 12 56 34 12 56 34 12 56 ; .V4...V4.V4.V4.V
000000a0h: 34 12 56 34 12 56 34 12 56 34 12 56 34 12 56 34 ; 4.V4.V4.V4.V4.V4
000000b0h: 12 56 34 12 00 00 56 34 12 56 34 12 56 34 12 56 ; .V4...V4.V4.V4.V
000000c0h: 34 12 56 34 12 56 34 12 56 34 12 56 34 12 56 34 ; 4.V4.V4.V4.V4.V4
000000d0h: 12 56 34 12 3B 00 56 34 12 56 34 12 56 34 12 56 ; .V4.;.V4.V4.V4.V
000000e0h: 34 12 56 34 12 56 34 12 56 34 12 56 34 12 56 34 ; 4.V4.V4.V4.V4.V4
000000f0h: 12 56 34 12 00 00 56 34 12 56 34 12 56 34 12 56 ; .V4...V4.V4.V4.V
00000100h: 34 12 56 34 12 56 34 12 56 34 12 56 34 12 56 34 ; 4.V4.V4.V4.V4.V4
00000110h: 12 56 34 12 00 00 56 34 12 56 34 12 56 34 12 56 ; .V4...V4.V4.V4.V
00000120h: 34 12 56 34 12 56 34 12 56 34 12 56 34 12 56 34 ; 4.V4.V4.V4.V4.V4
00000130h: 12 56 34 12 01 00 56 34 12 56 34 12 56 34 12 56 ; .V4...V4.V4.V4.V
00000140h: 34 12 56 34 12 56 34 12 56 34 12 56 34 12 56 34 ; 4.V4.V4.V4.V4.V4
00000150h: 12 56 34 12 00 00 56 34 12 56 34 12 56 34 12 56 ; .V4...V4.V4.V4.V
00000160h: 34 12 56 34 12 56 34 12 56 34 12 56 34 12 56 34 ; 4.V4.V4.V4.V4.V4
00000170h: 12 56 34 12 00 00 00 00                         ; .V4.....
```

图 25-5 24 位图片的二进制数据

理解了 32 位的结构，24 位的结构更容易理解。它就是直接将各个像素点的 RGB 颜色分量按照 little endian 字节序保存起来的。

下面再来看 16 位中的 RGB565。因为这种结构中同时使用了 5 位和 6 位两种表示方式，所以它的二进制数据如图 25-6 所示。

```
           0  1  2  3  4  5  6  7  8  9  a  b  c  d  e  f
00000000h: 42 4D 10 01 00 00 00 00 00 00 46 00 00 00 38 00 ; BM........F...8.
00000010h: 00 00 0A 00 00 00 0A 00 00 00 01 00 10 00 03 00 ; ................
00000020h: 00 00 CA 00 00 00 12 0B 00 00 12 0B 00 00 00 00 ; ..?...........
00000030h: 00 00 00 00 00 00 00 F8 00 00 E0 07 00 00 1F 00 ; .......?.?....
00000040h: 00 00 00 00 00 00 AA 11 AA 11 AA 11 AA 11 AA 11 ; ......?????
00000050h: AA 11 AA 11 AA 11 AA 11 AA 11 AA 11 AA 11 AA 11 ; ????????
00000060h: AA 11 AA 11 AA 11 AA 11 AA 11 AA 11 AA 11 AA 11 ; ????????
00000070h: AA 11 AA 11 AA 11 AA 11 AA 11 AA 11 AA 11 AA 11 ; ????????
00000080h: AA 11 AA 11 AA 11 AA 11 AA 11 AA 11 AA 11 AA 11 ; ????????
00000090h: AA 11 AA 11 AA 11 AA 11 AA 11 AA 11 AA 11 AA 11 ; ????????
000000a0h: AA 11 AA 11 AA 11 AA 11 AA 11 AA 11 AA 11 AA 11 ; ????????
000000b0h: AA 11 AA 11 AA 11 AA 11 AA 11 AA 11 AA 11 AA 11 ; ????????
000000c0h: AA 11 AA 11 AA 11 AA 11 AA 11 AA 11 AA 11 AA 11 ; ????????
000000d0h: AA 11 AA 11 AA 11 AA 11 AA 11 AA 11 AA 11 AA 11 ; ????????
000000e0h: AA 11 AA 11 AA 11 AA 11 AA 11 AA 11 AA 11 AA 11 ; ????????
000000f0h: AA 11 AA 11 AA 11 AA 11 AA 11 AA 11 AA 11 AA 11 ; ????????
00000100h: AA 11 AA 11 AA 11 AA 11 AA 11 AA 11 AA 11 00 00 ; ???????..
```

图 25-6　16 位图片的二进制数据

从图 25-6 中可以看出，它是用 AA 11 来表示一个像素的颜色值的，AA、11 的二进制分别为 10101010 和 00010001，它们按照 little endian 字节序组合后的结果为 0001000110101010，按照 5 位、6 位、5 位分开后为 00010、001101、01010。再来看 #123456，它转换为二进制后的值为 00010010、00110100 和 01010110（注意，这里的 12、34、56 都是十六进制），它们分别去掉后 3 位、2 位、3 位之后正好是 00010、001101、01010，这样就明白了 16 位颜色位图的保存方式。RGB555 和 RGB4444 跟这个类似，不再详细解释。

不过像位图这样直接保存所有点的像素值会占用太多的空间，因此一般图片都是压缩后存储的。压缩的原理就是换一种方法来表示，例如，紧挨着 100 个像素都是同一种颜色，那么可以用类似“颜色值 ×100”的方法来表示。再例如一张图片里边只有两种颜色 #123456 和 #654321，那么可以用 0 表示（替换）前一种颜色，用 1 表示（替换）后一种颜色，最后再将它们的对应关系写到一个地方，这样占用的空间就变小了，而且可以还原。这种可以还原的压缩叫无损压缩，还有一种是有损压缩，压缩后可以按照相应的解压算法生成一张位图图片，但它不一定跟原来的位图一样，一般来说人类对它们的区别感觉并不明显。

2. 服务端

服务端的处理非常简单，只需要添加接收和发送二进制数据的方法就可以了，代码如下。

```
//根据房间号发送二进制数据
@OnMessage
public void onMessage(ByteBuffer buf, boolean isLast, @PathParam("roomName")
String roomName, @PathParam("userName") String userName) {
       sendBinary(roomName, buf, isLast);
}

//接收二进制数据
private final void sendBinary(String roomName, ByteBuffer buf, boolean isLast) {
    for(Session session : roomMap.get(roomName)) {
        try {
            session.getBasicRemote().sendBinary(buf, isLast);
        } catch (Exception e) {
            e.printStackTrace();
        }
    }
}
```

只要将上面的代码添加到原来聊天系统的服务端应该就可以了。但是，Java的WebSocket中规定只能有一个注释了@OnMessage的方法，而我们既要接收二进制数据又要接收聊天的文本信息，这就需要两个接收消息的方法。这时可以使用Session的addMessageHandler方法来添加消息处理器，其中包含接收数据的方法，它的参数为MessageHandler类型的对象。MessageHandler又有两个子类型：Partial和Whole，前者使用isLast参数，后者不使用。这里对文本类型的消息和二进制的消息分别采用addMessageHandler和注释@OnMessage中的一种（当然，也可以都使用addMessageHandler来添加），最后的代码如下。

```
import jdk.nashorn.internal.parser.JSONParser;

import javax.websocket.*;
import javax.websocket.server.PathParam;
import javax.websocket.server.ServerEndpoint;
import java.io.IOException;
import java.nio.ByteBuffer;
import java.text.MessageFormat;
import java.util.*;

@ServerEndpoint("/chatwithdrawing/{roomName}/{userName}")
public class ChatWithDrawingServer {
    private static final Map<String, Set<Session>> roomMap = Collections.
    synchronizedMap(new HashMap<>());

    //按照房间发送文本信息
    private final void sendMessage(String roomName, String message) {
```

```
        for(Session session : roomMap.get(roomName)) {
            try {
                session.getBasicRemote().sendText(message);
            } catch (IOException e) {
                e.printStackTrace();
            }
        }
    }

    //按照房间发送二进制(图片)信息
    private final void sendBinary(String roomName, ByteBuffer buf, boolean isLast) {
        for(Session session : roomMap.get(roomName)) {
            try {
                session.getBasicRemote().sendBinary(buf, isLast);
            } catch (Exception e) {
                e.printStackTrace();
            }
        }
    }

    @OnOpen
    public void onOpen(Session session, @PathParam("roomName") String roomName,
     @PathParam("userName") String userName){
        if(roomMap.get(roomName)==null){
            Set<Session> set = new HashSet<>();
            roomMap.put(roomName, set);
        }
        roomMap.get(roomName).add(session);

        sendMessage(roomName,MessageFormat.format("{0} 加入了 ", userName));
      System.out.println(MessageFormat.format("{0} 加入了 {1} 房间 ", userName, roomName));

        //添加接收文本消息的处理器
        session.addMessageHandler(new MessageHandler.Whole<String>() {
            @Override
            public void onMessage(String message) {
                sendMessage(roomName, MessageFormat.format("{0} 说: \n{1}",
                 userName, message));
                System.out.println(MessageFormat.format("{0} 房间的 {1} 发送了消息:
           {2}", roomName, userName, message));
            }
        });
    }

    @OnClose
    public void onClose(Session session, CloseReason reason, @
    PathParam("roomName") String roomName, @PathParam("userName") String userName){
        if(roomMap.get(roomName)!=null){
            roomMap.get(roomName).remove(session);

            sendMessage(roomName,MessageFormat.format("{0} 退出了 ", userName));
```

```
            System.out.println(MessageFormat.format("{0}退出了{1}房间：{2}",
            userName, roomName, reason.getReasonPhrase()));
        }
    }

    //接收二进制消息，并发送给相同房间的用户
    @OnMessage
    public void onMessage(ByteBuffer buf, boolean isLast, @PathParam("roomName")
     String roomName, @PathParam("userName") String userName) {
        sendBinary(roomName, buf, isLast);
    }

    @OnError
     public void onError(Throwable error, @PathParam("roomName") String
     roomName, @PathParam("userName") String userName){
        System.out.println(MessageFormat.format("{0}房间的{1}发生了错误",
        roomName, userName));
        error.printStackTrace();
    }
}
```

对于上面的 Java 代码这里不再过多解释，如果使用过 Java 的话非常容易理解。

画板聊天室的例子这里就介绍完了。当然，这里只是实现了核心的内容，具体的细节并没有过多处理。例如，更多的绘画功能、用户认证、权限管理的功能，以及多人同时绘图时数据的处理等，都没有实现，但是已经实现了最核心的功能，至于其他的功能使用相关的知识往上添加就可以了。对于多人同时绘图的问题，一种简单的解决方法是使用权限来限制同一时间只能有一个人绘图。所做的画板聊天室最后的运行效果如图 25-7 所示。

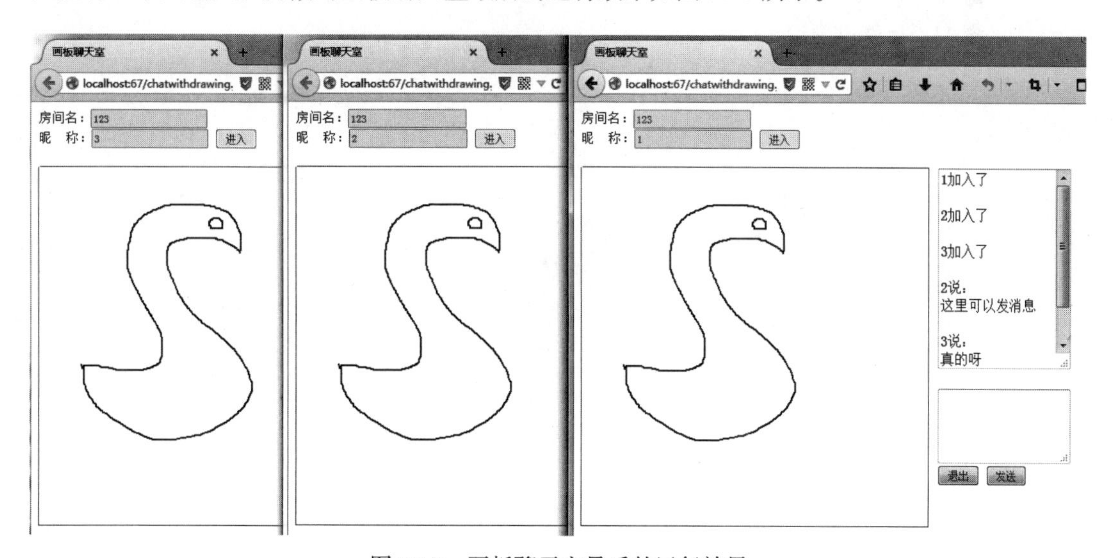

图 25-7　画板聊天室最后的运行效果

这个例子可以同时发送聊天的文本消息和图像的二进制数据，音频和视频其实也是二进制的格式。明白了这个例子，还可以使用相同的方法做多人在线视频聊天室。但是，音频和视频的数据量要比图片大很多，如果使用这种方法来实现则会对服务器和带宽有很高的要求，如果真要做，可以使用另外一种技术来实现，那就是 WebRTC。WebRTC 的传输方法相当于 P2P，它的数据传输是直接客户端到客户端的传递，不经过服务器（实际使用中，开始需要通过服务器将通信的节点连接起来，这点可以使用 WebSocket 来实现），这样就会节省大量的带宽和服务器资源。但是，WebRTC 标准现在还处于草案阶段，没有正式发布。

第 26 章　多线程处理

本章首先给大家介绍单线程与多线程，以及线程与进程的概念，只有理解了这些概念，才能真正明白多线程到底是怎么回事，然后给大家介绍 JavaScript 中多线程的使用方法，以及线程同步的问题。

26.1　单线程与多线程的概念

单线程与多线程的概念非常容易区分，只要看有几个“人”干活就可以了。一个“人”干活就是单线程，多个人干活就是多线程。

虽然多线程自身的概念并不复杂，但是如果跟其他一些概念放到一起，有的人可能就分不清楚了。为了让大家可以彻底理解多线程的概念，下面为大家做一些对比，在对比完之后再介绍多线程中非常重要的同步问题。

26.1.1　多线程与分支语句

虽然分支（判断）语句有多条路可以走，但是在实际执行的时候只会走其中一条路而不会同时走多条路，所以分支语句是属于单线程的。这就像在做事情的时候经常会进行判断，但是无论判断的结果是什么，判断的过程和判断之后要做的事情都是我们自己在做，也就是说还是一个人在做，因此还是单线程。

26.1.2　多线程与函数调用

函数调用是把正在做的事情停下来去做另一件事情，做完一件事情之后再返回来做原来的事情，因此还是单线程。例如，正在工作的时候感觉饿，然后去做饭、吃饭，吃完饭又返回来工作，这就相当于函数调用，所有事情都是我们自己做的，仍属于单线程，但是如果我们让别人去做，或者打电话叫外卖，就属于多线程了，因为在这两种情况下做饭是其他人来做的，其中出现了多个人。

26.1.3 多线程与事件模型

事件模型是指所要做的事情并不是预先在流程里边安排好的，而是在某件事情发生了之后才去做。例如，将鼠标移动到一个按钮上之后让其变色，这就是事件模型，我们并不能在流程中直接写好什么时候让按钮变色，而是在“鼠标移动到上面”事件发生之后才会修改其颜色。用多线程来实现事件模型是非常好的选择，但是事件模型本身跟多线程并没有直接的联系，用单线程也可以实现事件模型。例如，还是上面的例子，当程序正在处理一个耗时的业务时，“鼠标移动到按钮上面”这个事件发生了，这时 CPU 可以把当前状态保存下来，然后去修改按钮的颜色，修改完之后再返回来接着处理原来的业务，这还是“一个人”来做的，因此还是单线程。

事件模型跟函数类似，只是函数的调用是在流程里安排好的，而事件处理方法的调用是需要事件来触发的，事先并不知道什么时候会去调用，也不知道正在做什么的时候会被打断。

26.1.4 多线程与多 CPU

多线程使用多 CPU（包括多核）来实现是非常好的选择，但是多线程也并非只能使用多 CPU 来实现，单 CPU 也可以用来实现多线程，而且在多核 CPU 出现之前，对于常用的个人机来说使用单 CPU 实现多线程几乎是唯一的选择。

单 CPU 本身并不真正具有处理多线程的功能，因为计算机中的一个 CPU（核心）就相当于一个干活的人，一个人干活当然应该是单线程，但是通过分时技术可以模拟出多线程的执行。例如，正在看书的时候饭好了，可以先记下来看到什么地方，然后去吃饭，吃完饭之后回来接着看，这就相当于单线程的事件模型；如果正好看到精彩的地方，爱不释手但又不得不去吃饭，这时候可以边看书边吃饭，吃一口饭看一眼书，再吃一口饭看一眼书，这样相当于把看书和吃饭两件事一起来做，这就相当于多线程，虽然是一个人但是做着应该多个人一起做的事情。

单 CPU 实现多线程并不会加快执行的速度，反而会减慢速度。这是因为一直需要在不同线程之间进行切换，切换的时候还需要保存原来的执行环境，就像上面的例子中，在看完一眼书去吃饭之前需要先记住这一眼看到什么地方，等吃完饭返回来再看的时候需要先找到看到的位置，然后接着看，这样会额外增加需要做的事情，导致总的执行速度变慢，因此单 CPU 下使用多线程并不是为了提高速度。现在多核 CPU 已经普及，使用多线程可以真正做到多个人共同协作（当然还要看底层的实现，也可能在多核 CPU 系统中还使用单核的分时模拟），这时就会提高速度。从这个角度看，这里所说的多线程就是由多个人来做并不准确，但是容易理解，更准确的说法应该是有几套独立、并行的处理流程，对于常用的栈执行模型来说就是有几个执行栈。

26.1.5 多线程同步

多线程编程中的同步是非常重要的一个问题，来看个例子。例如，用银行卡买东西，但是银行卡里没有钱，需要先从其他地方转进去，然后才可以刷卡。这时候需要先发起一个“转入银行卡”的请求，这就相当于一个线程，是由其他人来完成的，这里涉及多个人，因此这是一个多线程的任务。当钱转入银行卡之后就可以刷卡了，其流程可以分为两步：将钱转入银行卡；刷卡购物。但是，如果在程序中直接这么来写，就可能会出现在刷卡的时候钱还没有转入银行卡的问题，这种情况对于我们人来说非常简单，再等一下就可以了，但是，如果在程序中按上面的两步直接写就会被认为钱不够，无法购买，从而导致购买失败，这就是一个同步的问题。

当然，上述例子中的后果并不算太严重，因为数据并没有发生错误，但是，如果是刷卡的速度慢引起的问题就严重了。例如，卡里面有 100 元，先刷卡买了 90 元的东西，然后又一次刷卡购买 5 元的东西，但是，在第二次刷卡的时候第一次刷卡的数据还没有处理完，也就是说第二次刷卡的时候读到卡里还是 100 元，读取完之后第一次刷卡的业务才处理完，即将卡里的余额修改成了 10 元，但是第二次刷卡的时候已经读取卡里的余额，系统认为刷卡前就是 100 元，而不会再次读取，这样第二次刷卡完成后就会将卡里的余额修改成 95 元，这样问题就严重了。

上面两个例子其实属于同一种类型，那就是在第一次“读并写”未完成的时候又发生了第二次“读并写”操作，这种情况还是容易理解的。除此之外，还有一种发生数据错误的情况，那就是在“只读”操作未完成时发生“读并写”操作。还是举一个银行卡的例子，例如，将银行卡插入取款机中查询余额，知道卡里有 100 元，这样一个只读操作就发生了，然后在我们不知道的情况下其他人拿着卡刷了 50 元，这时候我们以为卡里边还是 100 元，这就产生了问题，因为在刷卡之前“只读”操作还没有结束，正确的做法应该是其他人在刷卡之前应该先告诉我们要刷卡，这样之前的只读操作才算结束。

线程同步的问题主要包括两大类。

- 在第一次“读并写”操作完成之前发生了第二次读操作。
- 在“只读”操作未完成时发生了“读并写”操作。

这类问题一般是使用锁来解决的，关于锁的内容本书就不介绍了，并且 JavaScript 使用的也不是锁的解决方案。

26.2 线程与进程的概念

与线程相关的还有一个概念，那就是进程。

线程主要指处理的流程，而进程除了线程外还包含执行的环境，就像一个工厂，工人加工所用的工艺规程就是线程，而加工的整个环境，包括厂房、被加工的零件（对于程序来说就是数据）等都属于进程，当然线程也属于进程。一个进程中可以有多个线程，就像一个厂房里可以有多台设备在同时加工一样，而且同一个进程的多个线程是可以共用进程资源的，例如可以共用堆中的数据。

跟多线程相对应的还有一个多进程的概念。对于多进程来说，每个进程都包含一套执行环境，不同进程之间的数据一般是不可以相互访问的，当然这也不是绝对的，在特殊情况下还是可以并且需要相互访问的。在底层通过分页模式可以将不同进程之间的数据完全隔离，这时不同的进程即使访问同一内存地址得到的结果也不一样。

26.3 JavaScript 中的多线程

HTML5 提供了专门用于多线程的对象 Worker，它是 window 对象的属性对象。

26.3.1 Worker 对象

Worker 这个词选得还是很传神的，一个 Worker 实例对象代表一个干活的人，多个人一起干活就是多线程。

Worker 是 window 对象的属性对象，是 function 类型的对象，它不可以当作方法来调用，只可以使用 new 来创建实例对象，创建时需要一个 js 文件名作为参数，干活的逻辑就保存在该 js 文件中。

既然是要使用实例对象，我们关心的当然就是其 prototype 属性，可以通过下面的代码来查看。

```
Object.getOwnPropertyNames(Worker.prototype);
```

运行后可以看到它共包含 5 个属性：terminate、postMessage、onmessage、onerror 和 constructor。这 5 个都是方法属性，除了最后一个 constructor 指向构造函数外、其他 4 个都是使用 JS 中的多线程时所使用的方法。

26.3.2 多线程用法

大家先思考要创建一个线程都需要做哪些事情？

看一个叫外卖的例子。叫外卖首先要找到外卖的电话，然后打电话告诉对方自己想要什么，并告诉对方送来后怎么联系，接下来就可以做其他事情了。在做其他事情之前还需要做好两种准备：对方送来后我们怎么做；对方打电话说由于一些原因叫的外卖做不了了，这种情况下又应该怎么做。另外，在对方没送来之前还可以打电话取消订餐。

这个例子可以用下面的语句来表达。

```
var 外卖 = 查找外卖();

告诉外面我们要什么

当外卖送来后 {
            下楼
            付款
            取饭
            上楼
            吃饭
}

当接到订餐失败通知后 {
            找另外一家重新订餐
}

(可选)通知外卖取消订餐
```

从上面的逻辑可以看出，与订餐相关的一共有5件事情。虽然JS引擎并不认识上面的语句，但是这5段代码跟Worker的用法一一对应。第一段为查找外卖，即使用Worker创建一个外卖实例对象；第二段为叫外卖，使用postMessage方法；第三段为外卖送来后的处理方法，使用onmessage方法；第四段为订餐失败的处理方法，使用onerror方法；第五段为取消订餐，使用terminate方法。

上述5件事情又可以分为三类：查找（创建）干活的人，这个用new Worker完成；向干活的人发消息，包括postMessage和terminate方法，前者用于发生启动消息，后者用法发送终止消息；接收干活的人返回的消息，包括onmessage和onerror两个方法，分别用于接收成功和失败消息。另外，也可以使用在DOM中学过的addEventListener、removeEventListener和dispatchEvent来处理消息。上述例子可以用下面的代码来实现。

```
<script>
   var restaurant = new Worker("restaurant.js");    //创建外卖对象

   function receive(event){
          console.log("go downstairs");
          console.log(`pay${event.data.price}`);
          console.log("do receive");
          console.log("go upstairs");
          console.log("eat");
   }
   restaurant.onmessage = receive;                //绑定收货处理方法
   restaurant.addEventListener("message", receive);
```

```
    function fail(event){
            console.log(`reason:${event.message }`);
    }
    restaurant.onerror = fail;                      //绑定订餐失败处理方法
    restaurant.addEventListener("error", fail);

    console.log("开始订餐");
    restaurant.postMessage("卤面");                   //订餐

    //下面语句可以取消订餐
    //restaurant.terminate();                         //取消订餐

    var pageNum = 1;                                  //做其他事情
    var reading = setInterval(function(){
            if(pageNum>500)
                    clearInterval(reading);
            console.log(pageNum++);
    }, 100);
</script>
```

上面的代码中，首先创建一个外卖的 Worker 实例，然后绑定成功和失败的处理方法，接着调用 postMessage 方法完成订餐，订完餐之后使用一个 100ms 的定时器执行 500 次来模拟接下来继续看书的过程，当接收到返回消息后会中断看书去执行相应操作，操作完成之后接着看书。在这个例子中，分别使用 onmessage（onerror）和 addEventListener 两种方式来添加返回消息后的处理方法，因此当返回消息后相应处理方法会执行两次，也可以使用 addEventListener 绑定多个处理方法。另外，如果只使用 onmessage，那么也可以使用匿名函数或者箭头函数，例如下面的代码。

```
restaurant.onmessage = function (event){
   console.log("go downstairs");
   console.log(`pay${event.data.price}`);
   console.log("do receive");
   console.log("go upstairs");
   console.log("eat");
}
```

或

```
restaurant.onmessage = event=>{
   console.log("go downstairs");
   console.log(`pay${event.data.price}`);
   console.log("do receive");
   console.log("go upstairs");
   console.log("eat");
}
```

这样写起来更加简洁而且可以少一个额外的函数名。

当然，这里只是举了一个例子而不是实际叫外卖，因此与实际情况还是有些区其他。在程序开发中上面的代码只完成了一半，而另一半，也就是外卖餐厅的代码也需要自己来创建，其中应写清楚具体做饭的过程。例如，上面例子中创建外卖对象时使用了下面的代码。

```
var restaurant = new Worker("restaurant.js");
```

这里需要一个 restaurant.js 文件，它就相当于外卖餐厅。这个文件中常用的就是 onmessage 和 postMessage 两个方法，分别用于接收消息和发送消息。例如，这个例子中的 restaurant.js 文件可以使用下面的代码来实现。

```
var onmessage = function(event){
   var result = {};

   console.log("cooking...");
   setTimeout(function(){
          result.price = 15;
          postMessage(result);
   }, 1000);
}
```

上面代码中的 onmessage 就是餐厅接到订单消息后的处理过程。在这里使用 1s 的延时来模拟做饭过程，最后调用 postMessage 方法给客户返回消息。

JS 中的一切都是对象，线程处理文件当然也不例外，用于接收消息的 onmessage 是一个全局变量。当然它也是一个全局属性，可以将其写作 this.onmessage。这里的 Global 对象并不是 window 对象，而且在线程处理文件中不可以使用 window 对象，也不可以使用 DOM 对象，甚至从主线程将 DOM 对象传递给子线程也是不可以的，但是可以使用 WebSocket。

除了 onmessage 之外，线程处理文件中当然也可以有其他函数。例如，可以把上面例子中做饭的过程单独拿出来作为一个函数，代码如下。

```
this.onmessage = function(event){
   cooking();
}

function cooking(){
   var result = {};

   console.log("cooking...");
   setTimeout(function(){
          result.price = 15;
          postMessage(result);
   }, 1000);
}
```

线程处理文件中的 onmessage 也可以使用箭头函数，这里就不写代码了。

对于 Worker 的基本用法就介绍到这里。现在大家思考一个问题：假如用同一个 Worker 实例创建的线程还未执行完的时候又创建了第二个线程，这时候会怎么处理呢？也就是说在打了一次订餐电话并且还没送来的时候又给同一家打了一次订餐电话，那么餐厅会送两份还是会把第一份取消只送第二份呢？这个问题对于人来说是很灵活的，不过对于 JS 引擎来说，它只会按照固有的规则进行处理。现在将上面的例子修改一下，连续订 10 份餐，而且每份都用序号表示，代码如下。

```
<script>
  var restaurant = new Worker("restaurant.js");

  restaurant.onmessage = event=>{
        console.log("go downstairs");
        console.log(`pay${event.data.price}`);
        console.log("do receive");
        console.log("go upstairs");
        console.log("eat");
  }

  restaurant.onerror = event=>{
        console.log(`reason:${event.message}`);
  }

  console.log(" 开始订餐 ");
  for(var i=1;i<=10;i++)
        restaurant.postMessage(` 第 ${i} 份 `);

  // 下面语句可以取消订餐
  //restaurant.terminate();

  var pageNum = 1;
  var reading = setInterval(function(){
        if(pageNum>500)
              clearInterval(reading);
        console.log(pageNum++);
  }, 100);
</script>
===========================================================

//=========================restaurant.js=========================
this.onmessage = function(event){
  cooking(event);
}

function cooking(event){
  var result = {};

  console.log(`cooking...${event.data}`);
  setTimeout(function(){
        console.log(` 完成 ${event.data}`);
        result.price = 15;
```

```
            postMessage(result);
    }, 1000);
}
```

下面是笔者将上述代码在计算机上运行的结果。

```
开始订餐
1
2
3
cooking... 第 1 份
cooking... 第 2 份
cooking... 第 3 份
cooking... 第 4 份
cooking... 第 5 份
cooking... 第 6 份
cooking... 第 7 份
cooking... 第 8 份
cooking... 第 9 份
cooking... 第 10 份
4
5
6
7
8
9
10
11
12
13
完成第 1 份
go downstairs
pay15
do receive
go upstairs
eat
完成第 2 份
go downstairs
pay15
do receive
go upstairs
eat
完成第 3 份
go downstairs
pay15
do receive
go upstairs
eat
完成第 4 份
go downstairs
pay15
```

```
do receive
go upstairs
eat
完成第 5 份
go downstairs
pay15
do receive
go upstairs
eat
完成第 6 份
go downstairs
pay15
do receive
go upstairs
eat
完成第 7 份
go downstairs
pay15
do receive
go upstairs
eat
完成第 8 份
go downstairs
pay15
do receive
go upstairs
eat
完成第 9 份
go downstairs
pay15
do receive
go upstairs
eat
完成第 10 份
go downstairs
pay15
do receive
go upstairs
eat
14
15
...
```

从运行结果可以看出，在 JS 引擎中同时添加的任务都会执行。另外，从运行结果中还可以看出 10 个任务几乎是同时做完的，这说明它们是同时做的，换句话说，发出 10 个订单就会有 10 个厨师做，虽然这跟实际生活中有些不同，但是多线程就应该这么处理。

大家再思考一个问题，子线程中的 postMessage 方法用于给主线程返回消息，那么是返回一次就结束了还是可以多次返回消息呢？

对于这个问题，大家可以将上面例子中线程处理文件中的 setTimeout 方法修改为 setInterval 方法，然后进行试验，结果会发现这时候订一次餐就会每隔 1s 送一份！也就是说，在线程处理文件（准确来说应该是 onmessage 处理函数）中可以多次调用 postMessage 给主线程发送消息，并不是返回消息后就结束，只有 onmessage 函数执行完的时候子线程才结束。

另外，在 Worker 创建的子线程处理程序中还可以使用 Worker 创建自己的子线程，方法很简单这里就不举例了。

26.3.3　线程同步

线程同步的概念在前面已经给大家介绍过。JS 中解决同步问题不需要使用锁的解决方案，直接按照业务逻辑编制程序即可。

多线程中实现同步的困难主要在于一个线程不知道另一个线程在什么时候修改共享的数据。例如，在前面所说的银行卡的例子中，要先将钱转入银行卡中，然后才可以购物，但是转入操作是别人办的，什么时候办完我们并不知道，这样就产生了问题。

对于这种问题一般会使用锁的解决方案，但是 JS 采用了另外一种简单直接的处理方式：在 JS 使用 Worker 所创建的多线程模式中，不同线程（包括主线程）之间是不可以直接相互操作数据的，也就是说，即使传递的是对象类型的数据，在子线程中对其进行修改后主线程中的数据并不会发生改变。这是因为主线程给子线程传递数据的时候会将数据复制一个副本传递给子线程，而不是直接将数据的地址传递给子线程。例如下面的例子。

```
<script>
   var add2 = new Worker("worker.js");

   var obj = {num:1};

   add2.onmessage = event=>{
          console.log(`子线程返回数据：${event.data.num}`);
          console.log(`子线程返回后，原对象数据：${obj.num}`);
   }

   add2.onerror = event=>{
          console.log(`reason:${event.message}`);
   }

   console.log(`子线程调用前，原对象数据：${obj.num}`);
   add2.postMessage(obj);
</script>
//==============================================================

//=====================add2.js=================================
this.onmessage = event=>{
   done(event.data);
}
```

```
function done(obj){
   console.log(`子线程接收到数据：${obj.num}`);
   obj.num+=2;
   postMessage(obj);
}
```

这个例子中，主线程给子线程传递了一个对象作为参数，在子线程中将其 num 属性加 2 后返回给主线程，主线程接收到返回消息后首先打印所接收到的消息中对象的 num 属性，然后再打印主线程中原对象的 num 属性，打印结果如下。

```
子线程调用前，原对象数据：1
子线程接收到数据：1
子线程返回数据：3
子线程返回后，原对象数据：1
```

从打印的结果可以看出，子线程对于对象属性的修改并不会影响到主线程中对象的数据。这一点与其他语言的多线程是不一样的，在其他语言中子线程直接操作的是主线程中的数据，这样主线程就不知道数据什么时候会被修改，但是 JS 中的这种模式并不存在此问题，因为它并不会在子线程中修改主线程中的数据。如果需要修改主线程中的数据，那么可以在 onmessage 消息函数中手动修改。采用这种方式修改后，上面银行卡例子的操作步骤就变为：首先提交转入银行卡请求，然后可以做其他事情，当转入成功之后发送消息给我们，并告诉我们转入完成后银行卡的余额，但是并不会实际修改银行卡的余额，我们在收到消息后先自己修改银行卡的余额，然后刷卡消费（也就是说将刷卡的操作放入 onmessage 消息函数中），在这种模式中任何时候我们都清楚银行卡中的余额是多少。

从不同线程之间的数据不可以共享这点来看这个过程有点像多进程，但是这确实是多线程，其底层实现是这样的：在创建子线程的时候并不会直接使用主线程中的数据，也就是说对于对象类型的数据来说，传入子线程的时候会另外创建一份新的对象数据，而不会直接传入主线程中原对象的地址（这里只是在同一个环境中创建了两份数据，而不是两个环境，因此是多线程而不是多进程）。这样子线程在修改数据的时候不会影响到主线程中的数据，主线程只需要处理好业务逻辑就可以了。对于需要跟子线程交互的数据应该在 onmessage 消息处理函数中手动操作。

但是，这种传递副本的方式并不能解决线程同步的问题，线程同步还需要手工来解决。这种模式的线程同步问题的解决方法非常简单，主要包括两种处理方法：如果线程 A 用到的数据依赖于线程 B 的处理结果，那么一种方法是将发起线程 A 的 postMessage 方法放入线程 B 处理完数据的 onmessage 消息处理函数；另一种方法是使用一个标志，在线程 B 处理完数据的 onmessage 消息处理函数中将其设置为一个线程 A 可以发起的标志，而在线程 A 的发起函数 postMessage 调用前先检查该标志，如果线程 A 可以发起则发起，否则通过 setTimeout 方法设置一个时间间隔后重新检查。

第 27 章　获取位置信息

HTML5 中提供了获取位置信息的功能。这项功能对数据分析非常有用，对移动端来说更是如此，但是该功能可能会侵犯用户的隐私，在使用前需要征得用户的同意。

HTML5 中获取位置信息是通过 navigator 的 geolocation 属性对象来实现的。

27.1　geolocation 对象

geolocation 对象用于实际获取地理位置，共包含以下三个方法。

- getCurrentPosition(successCallback[, errorCallback[, options]]);
- watchPosition (successCallback[, errorCallback[, options]]);
- clearWatch(watchId);

getCurrentPosition 方法的作用是获取（一次）设备当前的位置，watchPosition 方法的作用是"观察设备的位置"，即自动连续获取设备的位置，clearWatch 方法用于停止 watchPosition 方法启动的位置观察，它的参数为调用 watchPosition 方法时的返回值。

前两个方法的参数都一样，第一个参数 successCallback 为获取成功后的回调函数；第二个参数 errorCallback 为获取失败后的回调函数；第三个参数 options 为获取位置的选项，例如获取时的超时时间等。其中后两个参数为可选参数。

在获取位置成功后的回调函数 successCallback 中会接收到 Position 类型的参数，其中包括获取到的位置信息。获取失败后的回调函数 errorCallback 会接收到 PositionError 类型的参数，其中包含获取失败后的相关信息。使用时的代码结构如下。

```
//获取 geolocation
var geoloc = navigator.geolocation;

//获取一次设备的位置
geoloc.getCurrentPosition(
        function (position) {
            //处理获取到的位置信息
```

```
            },
            function (error) {
                //处理获取失败的信息
            }
    );

    //连续获取设备位置
    var watchId = geoloc.watchPosition(
            function (position) {
                //处理获取到的位置信息
            },
            function (error) {
                //处理获取失败的信息
            }
    );

    //停止获取设备位置，可以设置为相应事件的处理函数
    function doClearWatch(){
        geoloc.clearWatch(watchId);
    }
```

上面的代码中，获取成功和获取失败的回调函数使用的都是匿名函数，当然也可以使用单独定义的命名函数。获取成功和获取失败后的具体处理需要用到 Position 和 PositionError 接口。

27.2 Position 接口

获取位置成功后的回调函数 successCallback 会接收到一个 Position 类型的参数，Position 接口一共有两个只读属性：Long 类型的 timestamp 和 Coordinates 类型的 coords。其中，timestamp 表示获取位置的时刻；cords 为 Coordinates 类型，其中包含获取到的位置信息。

Coordinates 接口中包含以下 7 个只读属性。

- longitude：经度。
- latitude：纬度。
- altitude：海拔高度。
- accuracy：位置精度，单位为 m。
- altitudeAccuracy：海拔精度，单位为 m。
- heading：方向，正北方向为 0° 。
- speed：速度，单位为 m/s。

例如下面的例子。

```
<script>
    function log (msg){
```

```
        console.log(msg);
    }

    function logCoords(coords){
        log(`经度: ${coords.longitude}`);
        log(`纬度: ${coords.latitude}`);
        log(`海拔高度: ${coords.altitude}`);
        log(`位置精度: ${coords.accuracy}`);
        log(`海拔精度: ${coords.altitudeAccuracy}`);
        log(`方向: ${coords.heading}`);
        log(`速度: ${coords.speed}`);
    }

    //获取 geolocation
    var geoloc = navigator.geolocation;

    //获取一次设备的位置
    geoloc.getCurrentPosition(
            function (position) {
                var coords = position.coords;
                var timestamp = position.timestamp;

                logCoords(coords);
                log(`获取时间: ${new Date(timestamp).toLocaleString()}`);
            }
    );
</script>
```

在这个例子中获取到的位置信息将被打印到控制台。为了保护用户的隐私，在获取位置时浏览器一般会询问是否允许获取，只有用户允许之后才可以成功获取。

27.3 PositionError 接口

并不是每次获取位置信息都会成功，当获取失败后就会调用 errorCallback 回调函数，也可以简单地把它理解为一个异常处理函数。它的参数为 PositionError 类型，包含两个只读属性和 3 个常量属性，两个只读属性分别为 code 和 message，message 为获取失败的原因描述，code 为获取失败的原因代码；code 的值为 3 个常量属性中的一个，3 个常量属性分别如下。

- PERMISSION_DENIED = 1：用户拒绝分享。
- POSITION_UNAVAILABLE = 2：无法获取位置信息。
- TIMEOUT = 3：获取超时。

在上一节的例子中添加对获取失败的处理功能。

```
<script>
    function log (msg){
```

```
        console.log(msg);
    }

    function logCoords(coords){
        log(`经度: ${coords.longitude}`);
        log(`纬度: ${coords.latitude}`);
        log(`海拔高度: ${coords.altitude}`);
        log(`位置精度: ${coords.accuracy}`);
        log(`海拔精度: ${coords.altitudeAccuracy}`);
        log(`方向: ${coords.heading}`);
        log(`速度: ${coords.speed}`);
    }

    //获取geolocation
    var geoloc = navigator.geolocation;

    //获取一次设备的位置
    geoloc.getCurrentPosition(
            function (position) {
                var coords = position.coords;
                var timestamp = position.timestamp;

                logCoords(coords);
                log(`时间: ${new Date(timestamp).toLocaleString()}`);
            },
            function (error) {
                log(`获取位置失败: ${error.code}`);
            }
    );
</script>
```

上面的代码中，使用 getCurrentPosition 方法获取一次设备的位置，当然也可以使用 watchPosition 方法连续获取，使用方式都是一样的。

27.4 PositionOptions 接口

PositionOptions 接口用于设置获取位置时的属性，通过它可以设置以下 3 个属性。

- enableHighAccuracy：获取高精度位置，默认为 false。
- timeout：获取位置的超时时间，默认为 0xFFFFFFFF，相当于不限制。
- maximumAge：最长有效期，使用 watchPosition 方法连续获取时最长的间隔时间，默认值为 0，表示不限定，由浏览器自己确定。

例如下面这个完整的例子。

```
<!DOCTYPE html>
<html>
    <head>
```

```
<meta charset="utf-8">
<title>自己的导航</title>
<script>
    function logCoords(coords){
        var properties = ['longitude', 'latitude', 'altitude',
         'altitudeAccuracy', 'accuracy', 'heading', 'speed'];
        for (var i = 0; i < properties.length; i++) {
            document.getElementById(properties[i]).innerHTML =
             coords[properties[i]];
        }
    }

    function logTime(timestamp){

        var date = new Date(timestamp),
                year = date.getFullYear(),
                month = date.getMonth(),
                day = date.getDay(),
                time = date.toLocaleTimeString();

        document.getElementById("timestamp").innerHTML =
        year+"-"+month+"-"+day+" "+time;
    }

    function logError(error){
        var span_error = document.getElementById("span_error");
        switch (error.code){
            case  error.PERMISSION_DENIED:
                span_error.innerHTML = "用户拒绝分享位置";
                break;
            case error.POSITION_UNAVAILABLE:
                span_error.innerHTML = "无法获取位置信息";
                break;
            case error.TIMEOUT:
                span_error.innerHTML = "获取超时";
                break;
            default :
                span_error.innerHTML = error.message;
        }
    }

    var watchId;
    function startWatch(){
        //获取 geolocation
        var geoloc = navigator.geolocation;

        //连续获取设备位置
        watchId = geoloc.watchPosition(
                function (position) {
                    var coords = position.coords;
```

```
                    var timestamp = position.timestamp;

                    logCoords(coords);
                    logTime(timestamp);
                },
                function (error) {
                    logError(error);
                },
                {
                    enableHighAccuracy: false,
                    timeout: 3000,
                    maximumAge: 10000
                }
            );
        }


        //停止获取设备位置，可以设置为相应事件的处理函数
        function stopWatch(){
            if(!watchId)
                return;
            geoloc.clearWatch(watchId);
        }

        function init(){
            var btn_geolocation = document.getElementById("btn_geolocation");
            btn_geolocation.startContent = " 开始获取 ";
            btn_geolocation.stopContent = " 停止获取 ";

            btn_geolocation.addEventListener("click", function (event) {
                var btn = event.currentTarget;
                if(btn.textContent==btn_geolocation.stopContent){
                    btn.textContent = btn_geolocation.startContent;
                    stopWatch();
                }else{
                    btn.textContent = btn_geolocation.stopContent;
                    startWatch();
                }
            },false);
        }
    </script>
</head>
<body onload="init()">

    <button id="btn_geolocation"> 开始获取 </button><br>
    <span id="span_error"> </span><br/>
    <table border="1">
        <tr>
            <th width="81" scope="col"> 名称 </th>
            <th width="161" scope="col"> 值 </th>
```

```
            </tr>
            <tr>
                <td> 经度 </td>
                <td id="longitude"> </td>
            </tr>
            <tr>
                <td> 纬度 </td>
                <td id="latitude"> </td>
            </tr>
            <tr>
                <td> 准确度 </td>
                <td id="accuracy"> </td>
            </tr>
            <tr>
                <td> 海拔高度 </td>
                <td id="altitude"> </td>
            </tr>
            <tr>
                <td> 海拔精度 </td>
                <td id="altitudeAccuracy"> </td>
            </tr>
            <tr>
                <td> 方向 </td>
                <td id="heading"> </td>
            </tr>
            <tr>
                <td> 速度 </td>
                <td id="speed"> </td>
            </tr>
            <tr>
                <td> 获取时间 </td>
                <td id="timestamp"> </td>
            </tr>
        </table>
    </body>
</html>
```

这个例子中，使用 watchPosition 方法启动位置的连续获取，并在其中使用获取成功的回调函数、获取失败的回调函数，以及参数，然后将获取到的位置信息输出到文档的表格中，这里没有使用字符串模板等新内容，因此通用性更好。另外，这个例子中将开始获取和停止获取的方法关联到一个按钮中，当单击按钮启动获取时按钮上的文本内容就会变为“停止获取”，再单击一下就又会变成“开始获取”，并执行相对应的处理方法。

27.5　显示到地图上

上面的例子都是将获取到的位置信息直接打印了出来，但是对于一般人来说，对这些信息并不会有太直观的认识，但是将它们显示到地图上就不一样了。

我们知道，通过经度和纬度就可以在地图上确定一个点，但是要画出地图并将位置准确地显示上去，并不是一件容易的事情。可以使用别人已经做好的接口来完成。例如，搜狗地图就提供了这样的接口，下面就给大家介绍其使用方法。

在使用搜狗地图的接口前需要先引入相关的插件，引入地址如下。

```
http://api.go2map.com/maps/js/api_v2.5.1.js
```

引入插件之后就可以使用 sogou.maps 包中的对象来操作，新建地图使用的是 sogou.maps 包中的 Map 对象，调用语法如下。

```
new sogou.maps.Map(element, options);
```

其中，element 为文档中要显示地图的节点，options 为地图的初始化参数，包含显示地图时的初始化放大倍数、地图的中心位置等信息。地图的中心位置是 sogou.maps 包中的 LatLng 对象，它的构造方法包含精度和纬度两个参数。例如下面这个完整的例子。

```
<!DOCTYPE html>
<html>
    <head>
        <meta charset="utf-8">
        <title>显示地图</title>
        <script type="text/javascript" src="http://api.go2map.com/maps/js/api_
        v2.5.1.js"></script>
        <style type="text/css">
            #div_sogou_map{width:600px; height:800px;}
        </style>
    </head>
    <body>
        <div id="div_sogou_map"> </div>
        <script text="text/javascript">
            var myLatlng = new sogou.maps.LatLng(123.456, 123.456);
            var myOptions = {
                'zoom': 15,              //设置放大倍数
                'center': myLatlng,      //将地图中心点设置为指定的坐标点
                'mapTypeId': sogou.maps.MapTypeId.ROADMAP      //指定地图类型
            }
            var map = new sogou.maps.Map(document.getElementById("div_sogou_map"),
            myOptions);
        </script>
    </body>
</html>
```

这个例子中创建了地图，并将经度和纬度都是 123.456° 的位置显示到地图的中心。需要注意的是，显示地图的节点要使用样式来指定大小，否则无法显示。另外，这个例子中虽然会将指定的点显示到地图的中心位置，但是不会做任何标记，如果想要做标记，那么可以使用 sogou.maps 包中的 Marker 对象。它的参数为一个对象，其中，position 属性用于指定标

记的位置，map 属性用于指定要标识的地图。例如，上面例子中的脚本改为下面的内容就可以将位置标识出来了。

```
var myLatlng = new sogou.maps.LatLng(123.456, 123.456);
var myOptions = {
    'zoom': 15,                    //设置放大倍数
    'center': myLatlng,            //将地图中心点设置为指定的坐标点
    'mapTypeId': sogou.maps.MapTypeId.ROADMAP   //指定地图类型
}
var map = new sogou.maps.Map(document.getElementById("div_sogou_map"), myOptions);
var marker = new sogou.maps.Marker({'position': myLatlng,'map': map});
```

上述这段代码就可以将地图显示出来并且标识出所指定的位置。如果将这段代码放到获取地理位置成功的回调函数中，就可以将获取到的位置显示到地图上。

除了搜狗地图外，百度地图也可以通过 API 将位置显示到地图上，本书就不详细介绍了。

第 28 章　富文本编辑器与公式编辑器

目前，浏览器自带的文本输入框只有 input 和 textarea 两个，它们都只能输入纯文字，而不能输入格式，例如，字体颜色、加粗等，也不能添加图片（并显示出来），这就给使用带来了麻烦。富文本编辑器就是可以提供上述功能的编辑器，它们之间的关系就像 Windows 自带的记事本和 Office 的 Word 一样。

富文本编辑器现在几乎成了互联网和企业 BS 业务系统的标配，但是浏览器自身又没有提供该功能，这就使这类需求变得非常大。有需求就有市场，有市场就有产品，因此第三方的编辑器也非常多，这里就不列举了。

对于有技术实力的公司来说一般还是会自己开发，虽然使用第三方更省事，并且很多也都免费，但是其所提供的功能通常不会跟自己所需要的功能完全吻合，再加上布局、样式及其他配置等问题，要想达到理想的效果并不容易。有时候实际的功能需求其实非常简单，例如，只是想在输入文字的基础上再添加输入表情或者输入图片的功能，或者只是想添加一个可以将输入框中的一部分文字使用中线划掉的功能（例如文稿审阅界面）。对于这些功能，如果使用第三方的富文本编辑器来实现，未免会显得有点“重”。本章就给大家介绍富文本编辑器的相关知识。

28.1　富文本编辑器的原理

28.1.1　编辑模式

HTML5 提供了一种编辑模式，在将一个标签变为编辑模式时只需要为其添加一个值为 true 的 contenteditable 属性就可以了，例如下面的代码。

```
<div contenteditable="true">editor</div>
```

上面代码中使用的是 div 标签，当然也可以使用其他标签，如 html、body。当给指定的标签添加一个值为 true 的 contenteditable 属性后，该标签变为了编辑模式，其所包含的内容就可以直接编辑。

编辑模式与非编辑模式的区别仅仅是一个可以编辑，一个不可以编辑，其他的都一样。也就是说，在编辑模式下可编辑区域里的内容要求跟非编辑模式下一样。例如，div 中也可以包含其他 div、span 等标签，并且所显示的结果也跟在非编辑模式下一样，因此使用这种方法就可以实现富文本的编辑器。

编辑模式有了，这样就可以直接修改其中的文字内容，但是样式怎么修改呢？例如要加粗一句话，该怎么操作呢？

28.1.2　修改样式的两种方法

可以修改所选择内容的样式的方法有两种，一种是手动修改，另一种是使用命令修改。这两种方法除了可以修改样式外也可以修改内容。

1. 手动修改样式

手动修改方式主要分以下两步。

1）获取所选区域。

2）修改所选的区域。

说到选区大家应该已经想到在 DOM 中所学习过的 Range，如果可以按 Range 接口获取所选内容，那么接下来的操作就容易了。可以使用 document 的 getSelection 方法来获取，该方法所返回的结果是 Selection 实例类型，而通过 Selection 实例可以获取 Range 对象。Selection 实例对象的属性可以分为数据属性、直接操作方法属性和 Range 相关方法属性三部分，下面分别给大家介绍。

（1）数据属性

数据属性主要包括：anchorNode、anchorOffset、focusNode、focusOffset、rangeCount 和 isCollapsed。其中，anchorNode 和 anchorOffset 分别指所选区域中起始位置所在节点和在节点中的偏移量，focusNode 和 focusOffset 分别指所选区域中结束位置所在节点和在节点中的偏移量，例如下面的例子。

```
<span>物格而后知至，</span>知至而后意诚，<span>意诚而后心正</span>
```

当选择上面内容中的粗体部分时，可以在控制台中通过下面代码来查看。

```
var s = document.getSelection();

console.log(s.anchorNode.nodeType);        //3，表示起始位置所在节点为 TEXT_NODE 类型
console.log(s.anchorNode.nodeValue);       // 知至而后意诚，
console.log(s.anchorOffset);               //2，表示所选内容在起始节点中的偏移量为 2

console.log(s.focusNode.nodeType);         //3，表示结束位置所在节点为 TEXT_NODE 类型
console.log(s.focusNode.nodeValue);        // 意诚而后心正
```

```
console.log(s.focusOffset);                    //4，表示所选内容在结束节点中的偏移量为 4
```

从打印结果可以看出，所选内容的起始位置位于一个 TEXT_NODE 类型的节点（也就是字符串节点）中，起始节点内容为“知至而后意诚,”，所选内容在起始节点中的偏移量为 2，结束节点相关属性的含义跟起始节点类似。请注意这里的偏移量，它指的是位置的偏移量而不是所选内容两端文字的偏移量。例如，对于“知至而后意诚”来说，无论是从前面选“知至”还是从后面选“而后意诚”，它们的位置都是一样的，都是在“知至”后面，如果从 0 开始计数，它的偏移量就是 2，是相当于在“知至”和“而后意诚”中间插入一个叫“位置”的东西，这里的偏移量说的就是这个“位置”的偏移量。

另外，起始位置和结束位置并不是按照在文档中前后位置来说的，而是按照选择时的先后顺序，如果使用鼠标对一行内容从右往左选，那么选区的起始位置就在右边，结束位置在左边。

rangeCount 属性表示所选区域数。在 Firefox 中可以使用 Ctrl 键进行多选，还可以通过下面将要给大家介绍的 addRange 方法添加选区。

isCollapsed 属性表示是否为折叠选区。“折叠”这个概念在 19.2.2 节中已经给大家介绍过，就是指起始位置和结束位置重合，类似于光标相同的一个位置，而不是一个选区。

（2）直接操作方法属性

直接操作方法属性是指可以直接用来操作所选区域的属性，主要包括：collapse、collapseToStart、collapseToEnd、deleteFromDocument 和 toString，它们分别表示折叠到指定位置（相当于将光标设置到某位置）、折叠到选区的起始位置、折叠到选区的结束位置、删除所选内容及返回所选内容中的文字。这几个方法因为非常简单且使用频率比较高，所以在 Selection 实例中可直接对其进行操作。其中，collapse 方法有两个属性：所要折叠到的节点和在节点中的偏移量，其他 4 个方法都不需要参数。

（3）Range 相关方法

Selection 中最灵活的方法还是通过 Range 进行操作，而要使用 Range 首先应获取到，而 Selection 中不但可以获取到而且还可以添加和删除 Range。对 Range 进行操作的方法主要有以下 4 个：addRange、removeRange、getRangeAt 和 removeAllRanges，它们分别表示给选区添加一个 Range、删除一个 Range、获取选区中的第几个 Range 及删除选区中的所有 Range。请注意，这里的删除 Range 并不是指在文档中删除 Range 的内容，而是在选区中删除 Range，或者说，如果 Range 的范围原来在选区中，那么删除后就不在选区中了，添加也是同样的道理。通过 getRangeAt 方法获取 Range 后就可以使用在 DOM 中给大家介绍过的方法来操作。

有了 Range 后就可以非常灵活地操作所选内容，对于修改样式大致有以下三种处理方法。

- 通过添加样式专用标签（例如 <b>）修改。

❑ 通过添加通用标签（例如 <span>）并使用内联样式（style 属性）的方法修改。

❑ 通过添加通用标签并使用类的方法进行修改。

例如，要将“黄沙百战穿金甲，不破楼兰终不还”中的“破楼兰”加粗可以有下面三种处理方法。

方法一：

```
黄沙百战穿金甲，不</b>破楼兰</b>终不还
```

方法二：

```
黄沙百战穿金甲，不<span style="font-weight:bold;">破楼兰</span>终不还
```

方法三：

```
<style>
   .bold{font-weight:bold;}
</style>
黄沙百战穿金甲，不<span class="bold">破楼兰</span>终不还
```

方法一这种使用标签表示样式的方法不建议大家使用，方法二和方法三所用的都是 span 标签，只不过一个用了内联样式，另一个用了单独样式表（当然样式也可以写入一个 CSS 样式文件中）。如果使用第三种方法的话，需要注意在最后的显示页面也要引入相同的样式才可以正确显示，对于这一点后面还会给大家详细分析。

这三种方法虽然看起来都很简单，但这只是原理，在实际使用的时候还可能会遇到一些细节的问题。例如，所选择的内容中包含半个标签，就像下面这种情况。

```
男儿不展<span>风云志</span>，空负<span>天生</span>八尺躯
```

这里的“风云志”和“天生”都在 span 标签里边，假如，要将“志 </span>，空”这部分内容选中并加粗，如果直接在所选内容外边加标签就可能出现混乱。为了大家看得清楚这里用 b 标签，直接加后的结果如下。

```
男儿不展<span>风云<b>志</span>，空</b>负<span>天生</span>八尺躯
```

这样标签的结构就出现混乱了。这是左侧包含半个结束标签的情况，右侧包含半个起始标签的情况也类似。对这种情况的处理非常简单，只要将所包含的半个标签移动到所选内容的左侧或者右侧就可以了。

还有种情况就是所选中的内容既包含左侧的半个结束标签又包含右侧的半个起始标签，例如下面加粗的部分。

```
男儿不展<span>风云志</span>，空负<span>天生</span>八尺躯
```

对于这种情况，可以制定一种固定的处理规则，例如，左边的标签往左移、右边的标签往右移，或者同时都往左移，或者同时都往右移，但是不可以左边的往右移、右边的往左移，这样本身就产生错误。至于哪种方案更合适大家自己选择。

另外还有更加复杂的情况，例如，在未闭合的半个标签之前存在已经闭合的标签，这时候就不可以直接移动，例如下面的情况。

```
<span>男儿不展<span>风云</span>志</span>，<span>空负<span>天生</span>八尺躯</span>
```

如果选中上面加粗部分的内容，那么会出现左侧包含半个 </span> 标签，右侧包含半个 <span> 标签的情况。但是，还不能直接将标签移到选区外面，因为在半个标签前面还有一对完整的 span 标签。这时可以通过将原标签分为两部分的方法处理。多层嵌套标签的处理方法与此类似。

在添加（或删除）样式时还有一种特殊情况，就是所选内容中包含另外一个完整的标签，而且跟所要添加（或删除）的样式间存在冲突。例如，要将一段内容的文字大小设置为 16px，但是所选的内容中包含一部分使用标签设置为 13px 的内容，例如下面的例子。

```
男儿不展<span style="font-size:13px">风云志</span>，空负天生八尺躯
```

假设选中的是上面全部内容（也就是完整的两句话），并且要将字体设置为 16px，但是其中的“风云志”原来已经设置为 13px，对于这种情况大家也需要注意。

学到这里，大家应该熟悉如何进行灵活的样式编辑，但是要注意这里介绍的 getSelection 方法并不是专门针对编辑模式的，也就是说对于非编辑模式中选择的内容也可以修改。在使用的时候大家需要注意此问题。例如，可以将编辑模式的标签作为一个 Range，然后判断跟所选中内容所在的 Range 的位置关系，如果所选内容不在编辑模式所在的标签范围内则不予处理。

2. 命令修改样式

除了使用 getSelection 方法获取选区并进行操作外，还可以直接通过 document 的 execCommand 属性方法来操作，并且此方法是专门针对编辑模式的，调用结构如下。

```
document.execCommand(命令[, 展示用户界面标志[, 参数值]]);
```

参数中，第一个参数为字符串类型，用于指定所要执行的命令；第二个参数可选，表示“展示用户界面标志”，一般很少使用，而且 Firefox 浏览器不支持；第三个参数也是可选参数，用于指定所要设置的参数值，例如，要设置背景颜色就需要使用第三个参数来设置具体的颜色值，而要加粗文字则不需要指定此参数值。execCommand 方法的返回值为布尔类型，如果所执行的操作无法完成（例如所选内容在编辑区域外）则返回 false，否则返回 true。

在编辑区域中选中内容后直接执行 execCommand 方法就可以了，也就是说，在执行方法前并不需要先获取跟选区相关的对象。例如，直接执行 document.execCommand("bold") 就可以将所选中的内容加粗，使用 backColor 和 foreColor 命令可以设置选中内容的背景色和字体颜色，使用 fontName 和 fontSize 命令可以设置字体名和字体大小，使用 underline 命令可以添加 / 删除下画线，使用 italic 命令可以设置斜体样式等。

因为 execCommand 所支持的命令列表在不同浏览器中并不相同，所以这里就不给大家一一列举了。

execCommand 方法在执行的时候会自动处理上一节所介绍的各种情况，这样使用起来就方便多了。但是，甘蔗没有两头甜的，此方法虽然方便但是没有 Selection 灵活，如果大家实际开发编辑器则可以综合使用两种方法、execCommand 方法有相应命令并且可以达到要求就使用该方法，如果没有相应命令或者其对命令的处理结果跟预期不一样就可以使用 getSelection 方法。另外，execCommand 方法只是执行命令，通过它无法获取所选区域的内容。

28.1.3 用 div 还是 iframe

28.1.1 节中介绍过，HTML 中所有标签都可以使用 contenteditable 属性进入编辑模式。如果要开发编辑器首先得选定一种标签，使用什么标签做编辑器合适呢？常见的有两种选择，一种选择是 div，另一种选择是 iframe。

div 标签表示一个块结构，很容易被选中，但是建议大家使用 iframe 标签，原因有两个。

原因一：使用 div 标签可能导致结构混乱。例如，在编辑器中输入的内容中包含了半个 </div> 标签，这样就会将编辑器中的一部分内容当成编辑器外部的内容，例如下面的代码。

```
<div id="editor" contenteditable="true">
   物格而后知至</ div >，知至而后意诚，意诚而后心正
</div>
```

上面的代码中，“物格而后知至”后面的 </div> 标签将编辑器的 <div> 标签闭合了，这就导致后面的内容跑到编辑器外面。另外，如果上面代码中的 </div> 是 <div> 标签，那么会将原来编辑器的 </div> 标签吸收掉，这样会使非编辑器中的内容也被放入编辑器中，而且这种未闭合的标签还有可能有更多的层次，从而导致结构混乱，而使用 iframe 就不会发生这样的问题，因为它是自成一体的。

原因二：使用 div 标签可能导致样式混乱。要理解这一点，首先在脑子里分清楚三个不同的页面——编辑器页面、编辑器所在页面和文章显示页面（包含文章），它们的关系如图 28-1 所示。编辑器中的内容表示一篇文章，可以将其看作一个单独的页面。这三个页面都可以有一套自己的样式表，如果使用 div 标签作为编辑器，那么前两个页面所使用的样式表就一样，在这种情况下，如果在文章中通过 style 标签创建新的样式并且跟主页面的样式冲突，则会有一个被覆盖，从而导致显示不正确。另外，还有一种情况就是在文章中直接使用主页面中定义的样式，这时虽然在编辑的时候可以正常显示，但是实际文章显示的页面可能就会显示不正确。

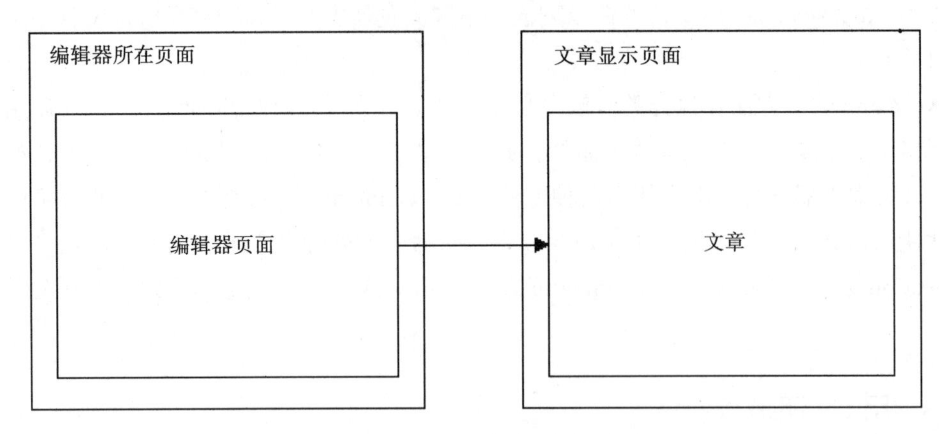

图 28-1　三个不同页面的关系图

因此，建议大家使用 iframe 而不是 div 标签来做编辑器。在使用 iframe 时可以直接将其中的 body 标签作为编辑器，当然也可以使用其他标签。

即使使用 iframe 也需要在某些危险操作中检查标签的完整性，特别是在用户直接修改源码后一定要检查一遍标签的结构。

关于样式中使用内联的 style 属性还是 class 样式这里再给大家分析一下。因为在编辑器中输入的文章最终会被保存，并且很多时候还会被转发到不同的页面来显示，这时如果所在页面没有相应的样式属性就无法正确显示，所以，一般来说，使用内联的 style 属性来指定样式比较多，特别是像字体、字号、颜色这种带数据的样式。但是，有时候确实使用 class 来指定样式更加合适，例如，编辑器中有插入源码的功能，源码的显示样式一般就是使用 class 来指定的。在使用 class 指定样式的时候，需要注意在最终显示文章的页面也要将相应的样式表添加进去，并且注意跟原来样式的冲突问题。虽然在显示文章的页面也可以使用一个 iframe 将文章自身隔离，使其不会跟页面中的样式发生冲突，但是这种方法如果用在互联网上可能会影响搜索引擎的分析结果。

只要分清楚编辑器和文章，以及它们所在页面（文章和文章所在页面一般会在同一个页面）之间的关系就可以按照我们自己的需要去使用。例如，可以在编辑器中按照一种方式显示，而在文章显示页面中按照另外一种方式显示。

28.1.4　对话框怎么实现

在编辑器中有些时候需要用到对话框。可以直接调用 window 的 open 方法打开一个新窗口或者使用浏览器自带的 prompt 方法，但是这样使用起来不够灵活，而且也不美观，可以自己来做对话框。

对话框的制作其实非常简单，直接使用 DIV 和 CSS 画出来一个，然后将其设置为

absolute 定位，平时将其隐藏起来，需要的时候将其显示出来就可以了。其实，浏览器并不关心是否是对话框，只要按照指定的规则显示出来就行了。我们也不需要较真到底是不是对话框，只要能完成对话框的功能就可以叫作对话框，即使是 windows 创建的对话框也一样只是画了个图形而已。

28.1.5 模态操作怎么实现

在某些操作中，需要将不相关的操作屏蔽掉，让用户只能执行指定的操作，这就叫作模态操作。模态操作一般用于对话框中，相应的对话框也叫作模态对话框。如果对话框是我们自己通过 div 画出来的，那么怎么实现模态操作呢？

既然要屏蔽掉所有不相关的操作，那么首先就要弄明白不相关的操作都包含哪些类型。对于 PC 端来说，一般就是键盘和鼠标两种，只要在不相关的操作中将这两种事件屏蔽掉就可以了，并且主要是屏蔽鼠标相关的事件。

另外，还有一种更加简单的方法来实现“屏蔽”的效果。首先创建一个 absolute 定位的 div 节点，让它跟整个页面一样大，然后通过 z-index 将其设置到其他内容的上面，最后再将允许操作的部分（例如对话框）放在该层上面。这样在除了对话框之外的所有位置的操作都会作为对我们所创建的那个层的操作，该层也叫作“遮罩层”。在实际使用时可以通过设置该层的透明度达到更好的展示效果。但是，最好不要将遮罩层设置为完全透明，因为有的浏览器会忽略完全透明的层。

28.1.6 怎么插入图片

插入图片是编辑器中非常重要的功能，并且也是很容易遇到问题的地方。本节将给大家介绍插入图片的相关内容。

浏览器中显示图片时使用的是 img 标签，其中指定的是图片地址而不是图片数据，因此在插入图片之前首先需要将其上传到服务器上，然后将服务器中访问图片的地址插入 img 标签的 src 属性中。

因此，插入图片的操作需要分为以下三步来完成：

1）先将要插入的图片上传到服务器上。

2）获取上传到服务器中图片的地址。

3）将获取到的地址通过 img 标签插入到文章中。

操作中涉及两个地址，大家需要注意区分，一个是上传图片的地址，这是一个 Post 请求，另一个是上传图片后在页面中显示图片的地址，这是一个 Get 请求。要插入文章中的是后一个地址。另外，还要注意一般使用绝对地址的情况比较多，也就是包含协议（例如 http）和域名的那种完整地址，如果使用相对地址而结构没设计好，或者完整结构后期发生变化，那么将会产生编辑的时候图片可以正常显示，但是在文章显示页面却看不到图片的问题。

对于插入视频及插入其他文件的处理方式都跟插入图片类似，只是在插入时所使用的标签不同而已。

28.1.7 怎么查看源码和保存数据

对于懂HTML的用户来说，有时候直接编辑源码会比使用编辑器更加方便和灵活，因此一般编辑器都会提供查看源码的功能。显示源码其实主要就是将标签显示出来，而显示标签最直接的方法就是使用转义符将标签的尖括号替换掉，但这种方法比较复杂，也容易出错。还有一种更简单的方法就是将文章的内容（HTML代码）复制到一个textarea中，这样就直接显示出来的。两种方式各有利弊，使用textarea虽然简单，但是在textarea中无法显示样式，而使用转义符虽然麻烦但是可以显示样式，例如，可以突出显示标签、样式等。

一般来说，查看源码跟编辑器所使用的不是同一个容器。在正常编辑模式下显示的是编辑器的容器（例如iframe），此时放源码的容器（例如另一个div或者textarea）隐藏，而在查看源码的模式下，编辑器的容器隐藏，放源码的容器显示。

下面介绍文章的数据是怎么保存的。无论是div标签还是iframe标签都不是表单标签，也就是说，在提交的时候无法直接将编辑器中的内容提交到服务器。在提交的时候，需要先将编辑器中的内容获取到，并放入一个隐藏的表单标签（例如textarea）中，然后提交。获取编辑器中的文章内容直接使用节点的innerhtml属性即可。当然，本地保存草稿或者定时保存的功能也与此类似，只是将获取的内容被保存到本地。至于怎么在本地存储，第23章中已经介绍过了。

28.2 公式编辑器

很多时候需要在页面中显示数学公式或者化学方程式，而这些内容直接通过HTML和CSS显示会很复杂，而且有的时候根本无法显示。HTML5中添加了对MathML的支持，而MathML就是专门用来显示公式的，这样可以在浏览器中使用公式。

请注意，虽然HTML5提出要支持MathML，但是很多浏览器并没有提供完整的实现，而Firefox浏览器对MathML提供了完整的实现。

28.2.1 MathML

MathML并不属于HTML5的一部分，它是一套独立的标准，专门用来处理数学公式。它内部是使用XML来保存公式的。既然使用XML，那么最重要就是标签和属性，MathML中的标签可以分为显示和表意两大类。用于显示的标签就像在纸上写公式一样，主要是指定每个符合或数字在哪里显示，怎么显示，它不管所显示内容的含义，也不管对错；而用于表意的标签正好相反，它只关心公式的含义而不关心怎么显示。表意的标签一般用于计算机自己阅读，然后运算（大家要注意 MathML 并没有提供数学符号，例如，积分符号、求和符号等）。下面简单介绍 MathML 中用于显示的标签。

1. 结构

MathML 的结构是最外层使用一个 math 标签，然后就可以在里边写要显示的公式。math 标签就像 HTML 中的 body 标签，例如下面的代码。

```
<math>
   <mi>a</mi>
   <mo>+</mo>
   <mn>2</mn>
   <mo>=</mo>
   <mn>5</mn>
</math>
```

上面的代码就可以显示一个公式，具体子标签的含义后面再给大家介绍。更标准的写法是连命名空间一起写上，也就是将 math 的起始标签写成如下形式。

```
<math xmlns="http://www.w3.org/1998/Math/MathML">
```

MathML 中用于显示的标签大概有 30 个，与 html 标签类似，每个都有自己的属性。其中，class、id、style、mathbackground 和 mathcolor 是大多数标签都支持的属性，前三个的含义与在 html 标签中相同，后两个分别表示背景色和字体颜色，若没有特殊需要后面的标签中将不再重复介绍这几个属性。

2. 元数据标签

元数据标签是最小的标签，其中不可以再包含其他子标签。在 MathML 中，所有内容都有专门的标签来表示，例如，运算符有运算符的标签，数字有数字的标签。元数据标签主要有 5 个：mn、mo、mi、mtext 和 ms，分别用于表示数字标签、操作符标签、变量标签、文本标签和字符串标签。相应的数据要放入相应的标签中，例如，数字要放入 mn 标签中，操作符要放入 mo 标签中。后三个标签大家可以参照编程里的概念去理解，变量标签 mi 所存放的内容就相当于程序中的变量，文本标签 mtext 所存放的内容是普通文本，就像程序中的注释或者界面上的 lable，字符串标签 ms 存放的内容就像程序中的字符串，也就是使用引号引起来的那种。例如下面的例子。

```
<math xmlns="http://www.w3.org/1998/Math/MathML">
   <mtext>请计算下式中的 a: </mtext>
   <mi>a</mi>
   <mo>+</mo>
   <mn>2</mn>
   <mo>=</mo>
```

```
    <mn>5</mn>
</math>
```

把上面的代码放入 HTML 的 body 标签中，然后在浏览器中打开就会显示如下内容。

```
请计算下式中的a: a + 2 = 5
```

在这个例子中，将“请计算下式中的 a：”这句话放入 mtext 标签中，将 a 放入 mi 标签中，将 + 和 = 放入 mo 标签中，将 2 和 5 放入 mn 标签中。

其实这 5 个标签在实际显示中并没有太大的区别，都相当于 HTML 中的 span，例如即使将操作符、字母甚至字符串放入数字标签 mn 中一样可以显示，其他标签也是如此。另外，有时候按这种方法来区分数据可能还会造成混乱，例如，存在一个变量 a2，这里的 2 是一个下标，应该属于变量的一部分，但是在 MathML 中写的时候必须将 a 和 2 分开，那么这里的 2 是属于变量还是属于数字呢？严格来说应该属于变量，但是很多公式中其实使用的都是 mn 标签。所以说 MathML 中的标签虽然从表面上看定义得很细，但是对于显示来说用处并不大，反而增加了使用的复杂度，这也许是 MathML 标准虽然已经建立很多年但是并不算非常成功的原因之一吧。当然这么做也不是毫无用处，例如，可以通过样式表将不同类型的数据按照不同的方式来显示。另外，不同的标签还可以有自己特有的属性，例如，ms 标签的 lquote 和 rquote 属性可以用来设置字符串的起始标记和结束标记，默认都为双引号。

除了上述 5 个主要标签外，还有一个 mspace 标签，它也是元数据标签，用于定义一块空白区域，主要包含 height、width、depth、linebreak 和 mathbackground 这 5 个属性，分别表示高度、宽度、基线偏移量、换行方式和背景色。

3. 结构标签

结构标签是 MathML 中非常重要的一种标签，一般来说，公式都是使用结构标签定义的。不同的结构标签会按不同的结构显示，例如，mfrac 标签中的内容会按分数显示，而 mroot 标签中的内容会按开几次方显示。结构标签一共包括 16 种。下面将给大家一一介绍。

（1）msub

msub 标签表示下标，其内部必须包含两个子标签，第一个标签用作主变量名，第二个标签用作下标，例如下面的例子。

```
<math xmlns="http://www.w3.org/1998/Math/MathML">
    <msub>
            <mi>a</mi>
            <mn>1</mn>
    </msub>
</math>
```

上述代码表示一个 a1。msub 标签内部不但可以包含元数据标签，也可以包含其他标签，只要可以分为两大块就可以了，在显示的时候会将第二个标签（或第二块）中的内容显示为下标。

（2）msup

musp 标签表示上标，用法与 msub 相同。

（3）msubsup

msubsup 标签表示上下标同时存在，其中包含三个子标签，第一个用于指定主变量，后两个分别用于指定下标和上标，例如下面的例子。

```
<math xmlns="http://www.w3.org/1998/Math/MathML">
   <msubsup>
           <mo> &int; </mo>
           <mn> 0 </mn>
           <mn> 1 </mn>
   </msubsup>
</math>
```

上述代码在 Firefox 浏览器中运行后会显示出 $\int_0^1$ 。

（4）mmultiscripts

mmultiscripts 标签表示四角标，是角标中最灵活的标签，可以使用它代替前面的三个标签。四角标功能强大，但使用起来比较复杂，它没有固定的子标签个数，其第一个子标签表示主变量，接下来的标签依次按照下标和上标进行排列，例如下面的例子。

```
<math xmlns="http://www.w3.org/1998/Math/MathML">
<mmultiscripts>
        <mi>H</mi>        <!-- 主标签 -->

        <mi>a</mi>        <!-- 第一个下标 -->
        <mi>b</mi>        <!-- 第一个上标 -->

        <mi>c</mi>        <!-- 第二个下标 -->
        <mi>d</mi>        <!-- 第二个上标 -->
    </mmultiscripts>
</math>
```

上述代码在 Firefox 浏览器中运行后会显示出 H_{ac}^{bd}，如果其中还包含其他子标签，那么可以接着往后输出下标和上标。该标签的功能不止如此，如果在其中添加一个 <mprescripts /> 标签，那么该标签后的角标就会输出到主变量前面，例如下面的代码。

```
<math xmlns="http://www.w3.org/1998/Math/MathML">
<mmultiscripts>
        <mi>H</mi>        <!-- 主标签 -->

        <mi>a</mi>        <!-- 第一个下标 -->
        <mi>b</mi>        <!-- 第一个上标 -->

        <mprescripts />

        <mi>c</mi>        <!-- 第二个下标 -->
        <mi>d</mi>        <!-- 第二个上标 -->
```

```
    </mmultiscripts>
</math>
```

上述代码运行后，c 和 d 角标会输出到 H 前面，最后的显示结果是 ${}_{c}^{d}H_{a}^{b}$。如果其内部还包含其他角标，则会将 <mprescripts /> 标签前面的角标依次输出到主变量后面，而将 <mprescripts /> 标签后面的角标依次输出到主变量前面。

另外，mmultiscripts 标签中还可以使用 <none /> 标签来表示一个空角标。例如，显示 a^2 可以使用下面的代码。

```
<math xmlns="http://www.w3.org/1998/Math/MathML">
<mmultiscripts>
        <mi>a</mi>

        <none/>
        <mi>2</mi>
    </mmultiscripts>
</math>
```

（5）mfrac

mfrac 标签表示分数，其中包含两个子标签，分别表示分子和分母。例如，表示 $\frac{a}{3}$ 可以使用下面的代码。

```
<math xmlns="http://www.w3.org/1998/Math/MathML">
    <mfrac>
        <mi>a</mi>
        <mi>3</mi>
    </mfrac>
</math>
```

mfrac 标签的 bevelled 属性对于分数的显示来说比较重要，它表示是否使用斜线来表示分数线，如果为 true 则使用斜线，否则使用正常的横线。例如，显示 a^3/b_2 可以使用下面的代码。

```
<math xmlns="http://www.w3.org/1998/Math/MathML">
    <mfrac bevelled="true">
        <msup>
            <mi>a</mi>
            <mn>3</mn>
        </msup>
        <msub>
            <mi>b</mi>
            <mn>2</mn>
        </msub>
    </mfrac>
</math>
```

（6）msqrt

msqrt 标签用于表示开方。例如，表示 $\sqrt{2}$ 可以使用下面的代码。

```
<math xmlns="http://www.w3.org/1998/Math/MathML">
   <msqrt>
           <mi>2</mi>
   </msqrt>
</math>
```

（7）mroot

mroot 该标签表示开几次方。例如，$\sqrt[\frac{3}{2}]{a_1}$ 可以使用下面的代码来表示。

```
<math xmlns="http://www.w3.org/1998/Math/MathML">
   <mroot>
           <msub>
                   <mi>a</mi>
                   <mn>1</mn>
           </msub>
           <mfrac>
                   <mn>3</mn>
                   <mn>2</mn>
           </mfrac>
   </mroot>
</math>
```

（8）mfenced

mfenced 标签用于显示一组内容，类似于数组的 toString 方法，默认情况下它会将所有子标签的内容通过逗号分隔后显示在一个小括号内，例如下面的代码。

```
<math xmlns="http://www.w3.org/1998/Math/MathML">
   <mfenced>
           <mi>a</mi>
           <mi>b</mi>
           <mi>c</mi>
           <mi>d</mi>
           <mi>e</mi>
   </mfenced>
</math>
```

上述代码在 Firefox 浏览器中运行后会显示出 (a, b, c, d, e)，也就是将 abcde 用逗号分隔后放入一个小括号中。

另外，该标签还可以通过 open、close 和 separators 属性来设置起始标签（也就是默认的“(”）、结束标签（也就是默认的“)”）以及分隔符（也就是默认的逗号），分隔符 separators 的值可以是一个或多个，当有多个值时会依次使用设置的分隔符来分隔子标签的内容，如果分隔符不够用则后面的子标签使用最后一个分隔符来分隔，例如下面的代码。

```
<math xmlns="http://www.w3.org/1998/Math/MathML">
  <mfenced open="|" close="|" separators="+-*=">
    <mi>a</mi>
    <mi>b</mi>
    <mi>c</mi>
```

```
    <mi>d</mi>
    <mi>e</mi>
  </mfenced>
</math>
```

上述代码在 Firefox 中运行后会显示出 $|a+b-c*d=e|$。上面的代码中并没有改变子标签，只是将起始标志和介绍标志修改为“|”并设置分隔符。如果分隔符设置为“+–”，则会显示出 $|a+b-c-d-e|$。

（9）menclose

menclose 标签表示包围，它会将所包含的子标签包围起来，包围的方式可通过 notation 属性设置。共有 17 种包围的方式：longdiv（默认）、actuarial、phasorangle、radical、box、roundedbox、circle、left、right、top、bottom、updiagonalstrike、downdiagonalstrike、verticalstrike、horizontalstrike、northeastarrow、madruwb。

menclose 标签的使用方法如下。

```
<menclose  notation="包围方式" >
    子标签
</menclose>
```

这里以 $a+b-c$ 为例，也就是以下面的代码作为子标签给大家列出不同包围方式的显示结果，如表 28-1 所示。

```
<mi>a</mi>
<mo>+</mo>
<mi>b</mi>
<mo>-</mo>
<mi>c</mi>
```

表 28-1　menclose 标签的 notation 属性

notation	显示结果
longdiv（默认）	$\overline{)a+b-c}$
actuarial	$\overline{a+b-c\mid}$
phasorangle	$a+b-c$
radical	$\sqrt{a+b-c}$
box	$\boxed{a+b-c}$
roundedbox	$\boxed{a+b-c}$
circle	$a+b-c$
left	$\mid a+b-c$
right	$a+b-c\mid$
top	$\overline{a+b-c}$
bottom	$\underline{a+b-c}$
updiagonalstrike	$a+b-c$
downdiagonalstrike	$a+b-c$

（续）

notation	显示结果
verticalstrike	$a+b-c$
horizontalstrike	$a+b-c$
northeastarrow （Firefox 中为 updiagonalarrow）	$a+b-c$
madruwb	$a+b-c$

（10）mover

mover 标签类似于 menclose 标签的 top 包围方式，但是，mover 上面可以不是一条横线而是其他我们自己需要的符号。它需要两个子标签，第一个用来指定包含的内容，第二个用来指定在上面显示的符号。例如，显示 $\overbrace{x+y+z}$ 可以使用下面的代码。

```
<math xmlns="http://www.w3.org/1998/Math/MathML">
   <mover>
           <mrow>
                   <mi> x </mi>
                   <mo> + </mo>
                   <mi> y </mi>
                   <mo> + </mo>
                   <mi> z </mi>
           </mrow>
           <mo> &OverBrace; </mo>
   </mover>
</math>
```

（11）munder

munder 标签与 mover 类似，只是会将符号显示到下方。例如，显示 $\underbrace{x+y+z}$ 可以使用下面的代码。

```
<math xmlns="http://www.w3.org/1998/Math/MathML">
   <munder>
           <mrow>
                   <mi> x </mi>
                   <mo> + </mo>
                   <mi> y </mi>
                   <mo> + </mo>
                   <mi> z </mi>
           </mrow>
           <mo> &UnderBrace; </mo>
   </munder>
</math>
```

（12）munderover

munderover 标签为 mover 和 munder 的组合，共包含三个子标签，分别指定中间、下面和上面的显示内容。例如，显示 $\int\limits_0^\infty$ 可以使用下面的代码。

```
<math xmlns="http://www.w3.org/1998/Math/MathML">
   <munderover>
         <mo> &int; </mo>
         <mn> 0 </mn>
         <mi> &infin; </mi>
   </munderover>
</math>
```

（13）mpadded

mpadded 标签相当于一个容器，可以将其所有的子标签作为一个整体来使用。例如，显示 $\sqrt{x+y}$ 可以使用下面的代码。

```
<math xmlns="http://www.w3.org/1998/Math/MathML">
   <msqrt>
         <mpadded>
               <mi> x </mi>
               <mo> + </mo>
               <mi> y </mi>
         </mpadded>
   </msqrt>
</math>
```

上述代码通过 mpadded 标签将 x+y 看成一个整体。将子标签作为一个整体还可以使用后面将要给大家介绍的 mrow 标签。另外，mpadded 标签还可以使用属性设置显示的位置和大小，这些属性主要包括 width、height、lspace、voffset 和 depth。其中，width 和 height 分别表示宽度和高度，lspace 和 voffset 分别表示水平偏移量和竖直偏移量，depth 表示基线的偏移量。这些属性值的设置比较灵活，不仅可以像 CSS 中那样直接以 px 或 em 设置值，还可以通过“+/–”符号设置增减量，而且可以使用其他属性作为参照（例如，高度属性的值使用长度作参照）。例如下面的例子。

```
<mpadded lspace="+100px" >
<mpadded voffset="-1.5em" >
<mpadded height="90%width" >
<mpadded width="+10%width" >
```

上述代码中，4 个 mpadded 标签分别表示向右的偏移量增加 100px，向下的偏移量增加 1.5em（voffset 表示向上偏移），高度设置为宽度的 90%，以及宽度在原来的基础上增加 10%。

（14）mstyle

mstyle 标签也相当于一个容器，不过其作用与 mpadded 不同，不是用来设置显示的位置和大小，而是用来设置显示的样式。mstyle 标签实际使用起来有点复杂，它既有自己的属性，也可以使用它的子标签的属性。一般来说，它的子标签会继承它所设置的属性，但是有些属性某些子标签是不继承的。例如，某个 mstyle 标签中包含 mfrac 标签，如果将表示斜分数线的 bevelled 属性设置到 mstyle 标签的属性中，那么此 bevelled 属性并不会被 mfrac 标签继承，看下面这个例子。

```
<math xmlns="http://www.w3.org/1998/Math/MathML">
   <mstyle bevelled="true">
          <mfrac>
                 <mi> x </mi>
                 <mi> y </mi>
          </mfrac>
   </mstyle>
</math>
```

上述代码运行后，显示结果是$\frac{x}{y}$，而不是x/y。大多数标签所包含的 mathbackground 和 mathcolor 属性是可以被子标签继承的，它们分别表示背景色和文字颜色。

（15）mphantom

mphantom 标签用于将子标签内容所占用的位置留空，也就是说，使用 mphantom 标签后，它的子标签所占用位置的大小不会发生变化，只是内容不显示了，例如下面的例子。

```
<math xmlns="http://www.w3.org/1998/Math/MathML">
   <mn>123</mn>
   <mo>*</mo>
   <munder>
          <mphantom>
                 <mn>456</mn>
          </mphantom>
          <mo>_</mo>
   </munder>
   <mo>=</mo>
   <mn>50688</mn>
</math>
```

上述代码在 Firefox 中运行后会显示出 123*$\underline{456}$ =50688。这个例子中，首先将 456 使用 mphantom 标签隐藏起来，其所占位置并没有发生变化，然后使用 munder 标签在原来位置画下画线。

（16）merror

merror 标签用于指定所包含的内容有误，在 Firefox 中会使用红色方框将其包含的内容包围起来，并将内容加粗显示，例如下面的代码。

```
<math xmlns="http://www.w3.org/1998/Math/MathML">
   <merror>
          <mn>123</mn>
          <mo>*</mo>
          <munder>
                 <mn>321</mn>
                 <mo>_</mo>
          </munder>
          <mo>=</mo>
          <mn>50688</mn>
```

```
  </merror>
</math>
```

上述代码在 Firefox 中运行后会显示出 **123*321=50688**。

4. 布局标签

（1）mtable、mtr 和 mtd

这三个标签的作用和功能都类似于 HTML 中的 table、tr 和 td，例如下面的例子。

```
<math xmlns="http://www.w3.org/1998/Math/MathML">
   <mrow>
          <mo> [ </mo>
          <mtable>
                 <mtr>
                        <mtd> <mn>1</mn> </mtd>
                        <mtd> <mn>2</mn> </mtd>
                        <mtd> <mn>3</mn> </mtd>
                 </mtr>
                 <mtr>
                        <mtd> <mn>4</mn> </mtd>
                        <mtd> <mn>5</mn> </mtd>
                        <mtd> <mn>6</mn> </mtd>
                 </mtr>
                 <mtr>
                        <mtd> <mn>7</mn> </mtd>
                        <mtd> <mn>8</mn> </mtd>
                        <mtd> <mn>9</mn> </mtd>
                 </mtr>
          </mtable>
          <mo> ] </mo>
   </mrow>
</math>
```

上述代码在 Firefox 中运行后会显示出 $\begin{bmatrix} 1 & 2 & 3 \\ 4 & 5 & 6 \\ 7 & 8 & 9 \end{bmatrix}$。

（2）mlabeledtr

mlabeledtr 标签相当于在 mtr 标签的基础上添加一个标号，其用法与 mtr 类似，只是会将所包含的第一个 mtd 子标签作为标号使用。标号就是指书写公式的时候经常在公式后面画条线，然后添加的带圆圈的数字，之后就可以使用该数字来引用所对应的公式。该标签在 Firefox 中支持得并不好。

（3）mrow

mrow 标签用于将所包含的子标签打包成一个块，对于一个完整的公式，建议大家使用该标签将其括起来。该标签虽然名为 mrow，但是不会自动换行，也就是说，如果连着写两个 mrow 标签，将会在同一行显示出来，而不会分成两行显示。有的时候 mrow 也会影响显示的结果，例如，前面矩阵的例子中，如果不是有 mrow 标签，则会显示 $\begin{matrix} & 1 & 2 & 3 & \\ [& 4 & 5 & 6 &] \\ & 7 & 8 & 9 & \end{matrix}$。

5. 动作标签

maction 是 MathML 中唯一的动作标签，该标签可以响应事件。事件类型可通过 actiontype 来设置，Firefox 目前只支持 toggle 事件。当单击该标签时，显示的内容会按照所包含的子标签的顺序依次显示，例如下面的例子。

```
<math xmlns="http://www.w3.org/1998/Math/MathML">
   <mrow>
          <mn>123</mn>
          <mo>*</mo>
          <maction actiontype="toggle">
                 <munder>
                        <mphantom>
                               <mn>456</mn>
                        </mphantom>
                        <mo>_</mo>
                 </munder>
                 <munder>
                        <mn>456</mn>
                        <mo>_</mo>
                 </munder>
          </maction>
          <mo>=</mo>
          <mn>50688</mn>
   </mrow>
</math>
```

上述代码在 Firefox 中运行后，首先会显示 123*____=50688，当单击横线上面的空白区域时，会变为 123*456=50688，再次单击又会变回去。这个例子中使用了两个子标签，如果有多个子标签，则会依次循环显示。

28.2.2 使用 MathML 做公式编辑器

MathML 中的公式就是通过上一节介绍的标签组合出来的，然而，直接通过标签写公式并不符合大多数用户的使用习惯，用户一般都喜欢所见即所得的公式编辑器。那么，HTML 中的公式编辑器怎么做呢？

因为 MathML 的 math 标签并不真正属于 HTML，所以即使为 math 标签赋予值为 true 的 contenteditable 属性，也不可以直接编辑。但是，可以将其放入某个容器中，然后将容器的 contenteditable 属性设置为 true，就可以直接编辑公式，例如下面的例子。

```
<div id="formulaEditor" contenteditable="true">
   <math xmlns="http://www.w3.org/1998/Math/MathML">
          <mrow>
```

```
                <mi>a</mi>
                <mo>+</mo>
                <mi>b</mi>
            </mrow>
    </math>
</div>
```

通过上述代码可以在 Firecox 中创建一个公式编辑器，其中 a、+ 和 b 都可以直接在浏览器中修改。

如果只可以像上面的例子中一样只能修改固定格式的数据，那么意义不大。真正的公式编辑器可以实现用户自己插入不同的结构，这就需要使用 JS 来操作。MathML 属于 XML，因此也符合 DOM 标准，可以直接使用 DOM 接口来操作 MathML 公式中的内容，例如下面的例子。

```
<html>
<body>
    <div id="formulaEditor" contenteditable="true">
            <math xmlns="http://www.w3.org/1998/Math/MathML">
                    <mrow><mi>a</mi><mo>+</mo><mi>b</mi></mrow>
            </math>
    </div>
</body>
</html>

<script >
    var mathEditor = document.getElementById("formulaEditor").
    getElementsByTagName("math")[0];
    console.log(mathEditor.getElementsByTagName("mrow")[0].firstChild.tagName);
</script>
```

上述代码在 Firefox 中运行后，会在控制台打印出 mi，即第一个 mrow 标签的第一个子标签的标签名。这个例子中，将整个 mrow 标签放在同一行，否则 Firefox 会将 mrow 标签与第一个 mi 标签之间的空白内容作为 mrow 的第一个子标签。

既然可以使用 JS，那么其他事情就容易了。可以使用 document 的 getSelection 方法获取光标的位置，然后通过 15.1.1 节中给大家介绍过的 parentNode、childNodes、firstChild、lastChild、previousSibling 和 nextSibling 来定位要操作的节点，接着就可以使用 appendChild、insertBefore、removeChild 和 replaceChild 方法来修改节点。另外，在实际使用中经常需要创建新的节点，在 JS 中可以使用 createElementNS 方法来创建节点，例如，创建 mi 节点可以使用下面的代码。

```
var mi = document.createElementNS("http://www.w3.org/1998/Math/MathML", "mi");
```

上述代码中的第一个参数为名称空间，使用“http://www.w3.org/1998/Math/MathML”即可，第二个参数是所要创建的节点类型。另外，文本节点可以直接使用 new Text(" 内容 ") 来创建。

对于节点的属性，大家可以使用 15.1.2 节中给大家介绍过的 hasAttribute、getAttribute、setAttribute、removeAttribute、getAttributeNode、setAttributeNode 和 removeAttributeNode 方法来处理。

现在大家所学的技术已经足以开发一个公式编辑器，接下来就需要设计跟用户的交互方式了。现有的公式编辑器大部分都是使用鼠标来选择（添加）公式模型，然后用键盘输入内容，对于这种方式，只要添加按钮、绑定事件并在事件处理函数中创建相应类型的节点，然后将其插入光标所在位置就可以了，实现起来也很简单。但是这种交互方式其实并不理想，使用起来非常复杂，如果直接使用文字来描述，那么用户体验应该会更好，当然，也可以将两者结合起来使用。

如果要使用文字描述的方式，那么首先应可以解析单个公式，例如，“几分之几”“根号几”这样的结构，显然这些内容使用正则表达式最合适，对于汉字中的数字（如一、二、三等）可以使用集合来描述。

在完成单个公式之后，还可以添加解析组合公式的功能。例如，“三分之二分之根号二”这样的结构。对于这种组合结构，首先要将其分成多个单一的结构，然后再按单个结果进行处理。“三分之二分之根号二”就可以分为“{{三分之二}分之{根号二}}”三个公式，然后使用前面介绍的方法一个一个解析。划分公式的时候既可以完全使用程序来划分，也可以让用户手工划分，例如，让用户直接输入“{{三分之二}分之{根号二}}”这样的语句，而程序只需要找大括号就可以了，但是大括号有时候是公式的一部分，也可以使用其他分割方式，例如，可以使用中文的引号来分隔等。

公式语句的解析跟编译里生成语法树一样，也需要先生成一个相应的公式树，然后一层一层使用 MathML 表示出来。公式求值的时候并不需要这么复杂。例如，对一个带括号带优先级的表达式求值，可以直接使用栈来实现（其实跟树的原理是一样的，因为树的遍历就是基于栈来实现的）。

数学表达式如何求值

在介绍如何对数学表达式求值之前，请大家先思考一个问题：什么是数学表达式？或者说数学表达式的作用是什么？

数学表达式就是将数学运算使用文字的形式表达出来，关键是数学运算，而数学运算主要包含运算方法和参与运算的数据两部分，因此表达式只要将这两部分都表述清楚就可以了。这两部分在数学表达式中分别叫作操作符和操作数。

我们来看两个表达式：一加一、1+1。这两个表达式所表达的含义是相同的，其中的“加”和“+”都是操作符，用来指定运算的方法，而“一”和“1”是操作数，用来指定对谁执行运算。既然这样，那么可不可以写成“1,1 +”或者“+ 1,1”这样的形式呢？这样也完全可以表达出所要执行的数学运算，既然可以表达出数学运算，当然就可以作为表达式来使用，这两种表达式分别叫作后缀表达式和前缀表达式，也就是操作符放到什么地方就是什么表达式。由此得出，平时使用的表达式就叫作中缀表达式，而汇编所用的就是前缀表达式。

前缀表达式和后缀表达式虽然没有平时使用的中缀表达式看起来直观，但是在计算上却比中缀表达式简单。例如下面的两个表达式。

7+(9+6)*3–5

7,9,6+3*+5–

其中，上面的表达式是平时使用的中缀表达式，下面的是后缀表达式。对于后缀表达式来说，直接从前往后计算，遇到什么操作符就执行什么运算，操作数到操作符前面去拿就可以了。例如，对于上面的第二个表达式来说，直接从左向右找，首先找到的是一个“+”，然后就会将其前面的两个数字拿过来进行计算，也就是 9,6+，计算完成后会拿结果 15 替换掉该表达式，这样就成了 7,15,3*+5–，接着往后找，又找到“*”，然后提取操作数、计算、替换表达式，结果就成了 7,45+5–，而这时后面直接就是操作符“+”，又要提取操作数、计算、替换表达式，这样就成了 52,5–，最后算出来了 47，这与使用中缀表达式的计算过程是一样的。前缀表达式的计算过程也类似，只不过前缀表达式要从后往前计算。

但是，对于我们来说还是写中缀表达式比较方便，这样就需要使用程序将中缀表达式转换成后缀表达式（或者前缀表达式）。转换过程也很简单，以转换为后缀表达式为例，方法是将第二个操作数放到操作符前面，例如，1+2，只要把 2 放到加号后面就可以了，也就是 1,2+。如果表达式比较长，那么直接从左到右边读取边转换就可以了，例如，1+2–3+4–5+6–7+8，直接从左往右将这个表达式中的操作符跟第二个操作数一换，就可以得到结果 1,2+3–4+5–6+7–8+。

有些时候需要进行一些特殊处理。例如，1+2*3，这时就不能直接转换，需要比较优先级之后再转换。既然要比较优先级，那么需要有个地方将操作符暂时保存起来，可以使用一个数组来保存操作符。这时的转换过程是：从左往右读取表达式，当遇到操作数时直接输出到结果；当遇到操作符时先看操作符数组是否为空，若为空，则将操作符放入数组中，若不为空，则比较当前操作符跟数组中最后一个操作符的优先级，当新读取的操作符优先级高时，就将其保存为操作符数组的最后一个元素，否则首先将操作符数组的最后一个元素输出到结果中，然后重新比较当前操作符与数组中最后一个操作符（也就是原来数组的倒数第二个元素）的优先级，直到当前操作符的优先级高或者数组为空的时候将当前操作符保存为数组的最后一个元素，在原表达式读取完之后将操作符数组中的元素从后到前依次输出到结果中。

对于括号的处理有些特殊。在转换过程中括号也应当作一种操作符来处理，并且左括号的优先级最高，也就是只要遇到左括号，就可以直接保存到操作符数组中，而遇到右括号时，就从操作符数组中依次从后往前取出操作符并输出到结果中，直到遇到一个左括号为止，左括号要从数组中取出但不输出到结果中。

当然，通过上述转换过程，大家可以看出，这里所说的操作符数组其实是一种“先入后出”的结构，也就是栈结构。在 JS 中也可以将数组作为栈来使用，通过其 push 和 pop 方法来入栈和出栈。

下面来看 7+(9+6)*3-5 的转换过程，见表 28-1 所示。

表 28-1 7+(9+6)*3-5 的转换过程

剩余表达式	当前内容	操　作	操作符栈	结　果
7+(9+6)*3–5	7	输出到结果		7
+(9+6)*3–5	+	入栈	+	7
(9+6)*3–5	(	入栈	+(	7
9+6)*3–5	9	输出到结果	+(	7 9
+6)*3–5	+	入栈	+(+	7 9
6)*3–5	6	输出到结果	+(+	7 9 6
)*3–5	)	出栈到 (	+	7 9 6 +
*3–5	*	入栈	+*	7 9 6 +
3–5	3	输出到结果	+*	7 9 6 + 3
–5	–	先出栈到空后入栈	–	7 9 6 + 3 * +
5	5	输出到结果	–	7 9 6 + 3 * + 5
		出栈		7 9 6 + 3 * + 5–

前缀表达式的转换过程跟后缀表达式类似，这里就不再介绍了。另外，后缀表达式在程序中运算时也是使用栈结构从左往右来计算的，过程非常简单，遇到操作符就在栈顶提取操作数，并将计算结果入栈。

第 29 章　总结

本章将对 JS 进行总结，JS 一共可以分为 4 大部分：ES、DOM、BOM 和 HTML5。

ES 规定了基础的语法，并定义了很多可以直接使用的内置对象。ES 是一种基于对象的语言，所有的操作都是通过对象来完成的，因此在浏览器中要想使用 ES，需要将浏览器转换为一个对象，而 BOM 正是来完成这个功能的。在浏览器中，最核心的部分是页面中所显示的内容，即浏览器中的文档内容，而文档要想使用 ES，也需要先转换为一个对象，这就是 DOM 所要做的事情。HTML5 是为 ES 提供了一些工具以方便使用。

29.1　ECMAScript

ES 是 JS 的基础，学习 ES 最重要的并不是记住它所包含的内置对象及其所包含的方法和功能，而是理解其内在本质。内置对象使用得多了自然就记住了，即使记不住也没关系，用的时候可以随时去查，而如果不能理解 ES 的本质，那就只能做一些简单的应用，而且容易出错。

ES 的本质就是对象，这句话听起来虽然非常简单，但是背后所包含的内容却非常丰富。

对象是由属性组成的，ES 的属性一共有三种类型：直接量、object 类型对象和 function 类型对象。直接量是直接保存的数值，在内存中占两块内存空间，通过自动封包解包的功能，直接量还可以调用相应类型对象的方法；对象类型是保存的对象的引用，也就是实际对象在内存中的地址，因此对象类型在内存中包含三块内存空间。object 对象是使用 function 类型对象创建出来的，这两种对象是整个 ES 的核心。

function 类型对象一共有三种用法：用作对象、创建 object 实例对象和处理业务。与三种用法相对应的是 function 类型对象的三种子类型：自身的属性、创建出来的实例对象的属性，以及作为函数使用时的局部变量。这三种子类相互独立，只能用于与自己相对应的三种用法中的一种，如果想在另外两种用法中使用，则需要通过一些技巧显式地关联到相应的用法中。在使用 function 类型对象处理业务时，要记住变量的作用域链和闭包，而且要理解其底层的原理。创建实例对象时不要忘了 prototype 属性，其作用是可以让创建的 object 实例对象调用自己的属性，通过它可以实现继承。

对于 object 类型对象，首先要知道它有三种创建方法，一般使用得较多的还是通过花括号和 function 类型对象来创建。然后要知道它有三种类型的属性，除了经常使用的命名数据属性外，还有命名访问器属性和内部属性，而且命名属性还有自己的特性，特性的合集叫作属性的描述。在 object 类型对象的方法中，this 经常被误用，甚至有的人见到 this 就害怕，其实 this 是非常简单的，只要记住谁直接调用方法 this 就指向谁，但是一定要注意是直接调用；如果方法不是使用某个对象调用的，而是自己直接执行的，那么 this 就指 window 对象；当然，有些方法中的 this 是可以自由指定的，这种用法属于特殊情况，但是种情况下的 this 一般也不会产生误解。

ES2015 中新增了很多新的内容，主要是一些语法和内置对象，ES 的本质并没有发生改变。

29.2 DOM 和 BOM

DOM 和 BOM 分别表示文档对象模型和浏览器对象模型，它们的作用是将页面中的文档和浏览器自身转换为一种对象，这样就可以使用 JS 进行操作。

DOM 标准是由多个子标准构成的。其中，Core 子标准定义了文档对象的基础类型、文档跟对象的转换关系和各种类型对象的操作方法。文档转换出的对象都叫作节点，DOM 中的节点一共包含 12 种子类型，HTML 中只用到其中的 6 种。

HTML 子标准对 Core 进行了 HTML 特有的扩展，它在 Core 的基础上新增了 HTMLCollection 和 HTMLOptionsCollection 接口，并且将 Document 对象扩展成 HTMLDocument 接口，将 Element 对象扩展成 HTMLElement 接口，还将 HTMLElement 细分为 52 种子类型的节点，每种类型的节点表示一种标签，例如，HTMLBodyElement 表示 body 标签、HTMLButtonElement 表示 button 标签等。

Events 子标准对 JS 中的事件做了规定，这就给用户提供了与文档进行沟通的桥梁。事件主要分为三大块：事件、事件目标（事件所对应的节点）和事件监听器。其中，事件监听器注册在事件目标上，当相应的事件发生时事件监听器会自动被调用。由于文档的结构是层层嵌套的关系，因此同一个事件可能被多个节点监听到，这时就需要有处理事件的先后顺序，即事件流。另外，还有 DOM0 级事件，即 DOM 的事件子标准制定前就使用的事件，它虽然功能上没有 DOM2 级事件（Events 标准中规定的事件）那么强大，但是用法却非常简单，因此现在还在广泛使用。

Style 和 Views 子标准规定了和显示样式相关的内容，Style 子标准又分为 StyleSheets 和 CSS 两部分，前者是样式表的总接口，后者用于样式表中具体的层叠样式表。

Traversal 和 Range 子标准规定了遍历节点与使用范围两部分内容。遍历节点使用 NodeIterator 和 TreeWalker 两个接口来完成；范围可以将文档中的任意一部分设置成一个范围（Range），它主要由 startContainer、startOffset、endContainer 和 endOffset 这 4 个属性来确定。范围创建完成之后可以对其进行操作，而操作可以分为对范围本身进行操作和对范围的内容进行操作两种类型。

BOM 一节中主要讲解了 window 对象、location 对象、history 对象和 navigator 对象。window 对象表示整个浏览器（对于现在多选项卡的浏览器来说指的是一个选项卡）；location 对象表示当前页面的地址，可以通过它对地址进行操作；history 对象表示浏览过的历史，前进、后退等操作都需要用到它；navigator 对象保存浏览器本身的相关信息，例如，通过其 userAgent 属性可以判断浏览器的类型和版本。

29.3 HTML5

HTML5 提供了很多实用功能，本书主要给大家综述本地存储、canvas 作图、WebSocket、多线程处理、获取地理位置、富文本编辑器和公式编辑器。

本地存储主要包含 Cookie、Storage 和 IndexedDB 数据库三种方式。Cookie 适用于存储少量服务端需要的内容，Storage 适用于存储比 Cookie 数据量大的、主要用于本地的内容，IndexedDB 适用于存储数据量更大，或者需要可以按不同字段快速查询的数据（在 IndexedDB 中可以按照主键 ID 和索引两种方式来查询数据）。另外，还可以使用 StorageEvent 进行多页面通信。

canvas 的功能虽然非常强大，但是还是得从最基础的学起。canvas 标签以及它所对应的 JS 对象 HTMLCanvasElement 本身非常简单，它们主要包含 width、height 两个属性和一个 getContext 方法，虽然新版的 HTML5 中新增 setContext 等方法，但是浏览器支持得并不好。

canvas 作图是通过 canvas 标签来完成的，但是该标签及其所对应的 HTMLCanvasElement 对象本身并没有太多的操作，它主要是通过 getContext 方法获取的环境对象进行操作的。context 分为 2D 和 3D 两种，要使用哪种就将参数传入 getContext 来获取相应的 context，但是，对于一个 canvas 来说，只可以作为 2D 或 3D 中的一种来使用，当第一次调用 getContext 方法时，其类型就确定下来了，之后不可以再使用不同的参数来获取另外一种。获取到 context 之后，可以使用它来完成绘图，2D 的 context 是 CanvasRenderingContext2D 类型的实例对象，绘图使用的就是它的属性方法。

WebSocket 是一种新的与服务端通信的方式，它是一种长连接的通信方式，也就是说，连接成功后若不主动断开，则会一直保持连接状态，而不像 HTTP(s) 协议那样会自动断开连接，使用 WebSocket 可以很容易实现服务端推送相关的业务。

多线程就像多个干活的人，而多进程相当于多个干活的工厂，一个进程里至少需要一个线程。多线程同步主要是为了防止数据出错，具体措施主要有两个原则：一个数据在“只读”操作的过程中，其他线程可以对其发起“只读”操作，但不可以发起“读并写”操作；一个数据在“读并写”的过程中，其他线程不可以对该数据发起任何操作。JS 中的多线程是使用 Worker 对象来实现的，是基于事件的模式进行处理的。这里需要注意线程之间传递的数据不是引用而是数据的副本，这样不同线程之间进行数据处理时就不会造成相互干扰，但是这并不表示就不存在线程同步的问题，线程同步问题还需要手动解决。

HTML5 中获取位置信息是通过 navigator 的 geolocation 属性对象来操作的，可以获取一次也可以连续获取，在获取位置信息前需要征得用户的同意。获取成功后会返回 Position 对象，其中包含经度、纬度、运动速度等信息；如果获取失败，则会返回 PositionError 对象，其中包含获取失败的原因。如果要将获取的信息显示到地图上，则可以使用已有的地图 API 来实现。

富文本编辑器可以直接通过 contenteditable 属性制作。虽然理论上可以使用任何标签来做编辑器，但是为了安全建议大家最好使用 iframe，这样可以避免对页面内的其他内容造成影响。对样式的修改可以使用 getSelection 获取到选区，然后手工修改，也可以通过 document 的 execCommand 方法使用命令来修改。插入图片时三个不同的地址要区分清楚，一个用于上传图片，一个用于在编辑器中显示图片，一个用于在文章中显示图片，后两个地址是同一个地址，如果在编辑器中可以正常显示图片而在文章中无法正常显示就要考虑这两个地址所处的环境。

公式编辑器主要使用的是 MathML 标准。这是一个独立的、基于 XML 的标准，其核心是各种标签和属性。编辑公式就是编辑其所包含的各种标签。

到这里，JS 的相关内容就给大家介绍完了。古人说：纸上得来终觉浅，绝知此事要躬行。要想真正用好 JS，还需要大家多实践、多思考、多总结。希望大家使用 JS 时都可以做到“随心所欲不逾矩”。

附录　ExcelibIDB 源代码

```
;(function(ExcelibIDB){
   window[ExcelibIDB] = function(dbName, version, upgradeFunction){
         if(upgradeFunction!=null && typeof upgradeFunction != "function"){
               alert("第三个参数必须为 function 类型");
               return;
         }

         var dbObj = this;

         this.name = dbName;
         this.version = version||1;
         this.status = 0;
         //数据库状态，0 表示未打开，1 表示打开成功，-1 表示打开失败，-2 表示已关闭
         this.db = null;                                    //数据库对象
         this.upgradeFunction = upgradeFunction||function(){};
         //版本升级处理方法

         var dbRequest = indexedDB.open(dbObj.name, dbObj.version);

         dbRequest.onerror=function(event){
               dbObj.status = -1;
               alert(`打开失败：${event.target.error.message}`);
         };

         dbRequest.onsuccess = function(event){
               dbObj.db = dbRequest.result;
               dbObj.status = 1;
         };

         dbRequest.onupgradeneeded=function(e){
               dbObj.upgradeFunction(e);
         };

         this.reOpen = function(dbName, version, upgradeFunction){
               dbObj.name = dbName || dbObj.name;
               dbObj.version = version || dbObj.version;
               dbObj.upgradeFunction = upgradeFunction||function(){};
```

```
            if(dbObj.status == 0){
                handle(dbObj, function(dbName, version, upgradeFunction){
                    dbObj.db.close();
                    dbObj.status = 0;
                    dbObj.db = null;
                    dbRequest = indexedDB.open(dbObj.name, dbObj.version);
                }, dbName, version, upgradeFunction);
            }else if(dbObj.status == 1){
                dbObj.db.close();
                dbObj.status = 0;
                dbObj.db = null;
                dbRequest = indexedDB.open(dbObj.name, dbObj.version);
            }else{
                dbObj.status = 0;
                dbObj.db = null;
                dbRequest = indexedDB.open(dbObj.name, dbObj.version);
            }
        }

        this.close = function(){
            if(dbObj.status == 0){
                handle(dbObj, function(){
                    dbObj.db.close();
                    dbObj.status = -2;
                });
            }else{
                dbObj.db.close();
                dbObj.status = -2;
            }
        }
    }

    var commFuntions = window[ExcelibIDB].prototype;

    window[ExcelibIDB].deleteDB = function(dbName, successHandler, errorHandler){
        var dbRequest = indexedDB.deleteDatabase(dbName);

        if(typeof errorHandler == "function"){
            dbRequest.onerror = errorHandler;
        }else{
            dbRequest.onerror = function(event){
                alert(`数据库删除失败，${event.target.error.message}`);
            };
        }

        if(typeof successHandler == "function"){
            dbRequest.onsuccess = successHandler;
        }
    }
```

```
function handle(dbObj, realHandler){
        if(typeof realHandler != "function"){
                alert("处理方法必须为 function 类型");
                return;
        }

        var args = arguments;
        if(dbObj.status == -1){
                alert(`数据库${dbObj.name}未打开`);
        }else if(dbObj.status == -2){
                alert(`数据库${dbObj.name}已关闭,`);
        }else if(dbObj.status == 0){
                setTimeout(function(){
                        handle.apply(this, args);
                }, 100);
        }else{
                var handlerArguments = [];
                for(var i=2; i<args.length; i++)
                        handlerArguments.push(args[i]);
                return realHandler.apply(this, handlerArguments);
        }
}

function commErrorHandler(e){
        alert(e.target.error.message)
}

commFuntions.add = function(storeName, obj, id, successHandler, errorHandler){
        var dbObj = this;
        handle(dbObj, function(storeName, obj, id, successHandler, errorHandler){
                var tx = dbObj.db.transaction(storeName,'readwrite');
                var store = tx.objectStore(storeName);

                if(id == null){
                        store.add(obj);
                }else{
                        store.add(obj, id);
                }

                if(typeof errorHandler == "function"){
                        tx.onerror = errorHandler;
                }else{
                        tx.onerror = commErrorHandler;
                }

                if(typeof successHandler == "function"){
                        tx.oncomplete = successHandler;
                }
        },storeName, obj, id, successHandler, errorHandler);
}
```

```
commFuntions.batchAdd = function(storeName, objHolder, successHandler, errorHandler){
        var dbObj = this;
        handle(dbObj, function(storeName, objHolder, successHandler, errorHandler){
                var tx = dbObj.db.transaction(storeName,'readwrite');
                var store = tx.objectStore(storeName);

                for(var i in objHolder){
                        if(objHolder[i].id == null){
                                store.add(objHolder[i].obj);
                        }else{
                                store.add(objHolder[i].obj, objHolder[i].id);
                        }
                }

                if(typeof errorHandler == "function"){
                        tx.onerror = errorHandler;
                }else{
                        tx.onerror = commErrorHandler;
                }

                if(typeof successHandler == "function"){
                        tx.oncomplete = successHandler;
                }
        },storeName, objHolder, successHandler, errorHandler);
}

commFuntions.delete = function(storeName, id, successHandler, errorHandler){
        var dbObj = this;
        handle(dbObj, function(storeName, id, successHandler, errorHandler){
                var tx = dbObj.db.transaction(storeName,'readwrite');
                var store = tx.objectStore(storeName);

                store.delete(id);

                if(typeof errorHandler == "function"){
                        tx.onerror = errorHandler;
                }else{
                        tx.onerror = commErrorHandler;
                }

                if(typeof successHandler == "function"){
                        tx.oncomplete = successHandler;
                }
        }, storeName, id, successHandler, errorHandler);
}

commFuntions.put = function(storeName, obj, id, successHandler, errorHandler){
        var dbObj = this;
        handle(dbObj, function(storeName, obj, id, successHandler, errorHandler){
                var tx = dbObj.db.transaction(storeName,'readwrite');
```

```
                var store = tx.objectStore(storeName);

                if(id == null){
                        store.put(obj);
                }else{
                        store.put(obj, id);
                }

                if(typeof errorHandler == "function"){
                        tx.onerror = errorHandler;
                }else{
                        tx.onerror = commErrorHandler;
                }

                if(typeof successHandler == "function"){
                        tx.oncomplete = successHandler;
                }
        }, storeName, obj, id, successHandler, errorHandler);
}

commFuntions.batchPut = function(storeName, objHolder, successHandler, errorHandler){
        var dbObj = this;
        handle(dbObj, function(storeName, objHolder, successHandler, errorHandler){
                var tx = dbObj.db.transaction(storeName,'readwrite');
                var store = tx.objectStore(storeName);

                for(var i in objHolder){
                        if(objHolder[i].id == null){
                                store.put(objHolder[i].obj);
                        }else{
                                store.put(objHolder[i].obj, objHolder[i].id);
                        }
                }

                if(typeof errorHandler == "function"){
                        tx.onerror = errorHandler;
                }else{
                        tx.onerror = commErrorHandler;
                }

                if(typeof successHandler == "function"){
                        tx.oncomplete = successHandler;
                }
        }, storeName, objHolder, successHandler, errorHandler);
}

commFuntions.clear = function(storeName, successHandler, errorHandler){
        var dbObj = this;
        handle(dbObj, function(storeName, successHandler, errorHandler){
                var tx = dbObj.db.transaction(storeName,'readwrite');
```

```
            var store = tx.objectStore(storeName);

            store.clear();

            if(typeof errorHandler == "function"){
                tx.onerror = errorHandler;
            }else{
                tx.onerror = commErrorHandler;
            }

            if(typeof successHandler == "function"){
                tx.oncomplete = successHandler;
            }
        }, storeName, successHandler, errorHandler);
}

commFuntions.get = function(storeName, id, successHandler, errorHandler){
        var dbObj = this;
        handle(dbObj, function(storeName, id, successHandler, errorHandler){
            var tx = dbObj.db.transaction(storeName,'readonly');
            var store = tx.objectStore(storeName);

            var request = store.get(id);

            if(typeof errorHandler == "function"){
                request.onerror = errorHandler;
            }else{
                request.onerror = commErrorHandler;
            }

            if(typeof successHandler == "function"){
                request.onsuccess = successHandler;
            }
        }, storeName, id, successHandler, errorHandler);
}

commFuntions.count = function(storeName, keyRange, successHandler, errorHandler){
        var dbObj = this;
        handle(dbObj, function(storeName, keyRange, successHandler, errorHandler){
            var tx = dbObj.db.transaction(storeName,'readonly');
            var store = tx.objectStore(storeName);

            var request = store.count(keyRange);

            if(typeof errorHandler == "function"){
                request.onerror = errorHandler;
            }else{
                request.onerror = commErrorHandler;
            }
```

```
                if(typeof successHandler == "function"){
                        request.onsuccess = successHandler;
                }
        }, storeName, keyRange, successHandler, errorHandler);
}

commFuntions.loads = function(storeName, keyRange, successHandler, errorHandler){
        var dbObj = this;
        handle(dbObj, function(storeName, keyRange, successHandler, errorHandler){
                var tx = dbObj.db.transaction(storeName,'readonly');
                var store = tx.objectStore(storeName);

                var request = store.openCursor(keyRange);

                if(typeof errorHandler == "function"){
                        request.onerror = errorHandler;
                }else{
                        request.onerror = commErrorHandler;
                }

                if(typeof successHandler == "function"){
                        request.onsuccess = successHandler;
                }
        }, storeName, keyRange, successHandler, errorHandler);
}

commFuntions.getByIndex = function(storeName, indexName, key, successHandler,
errorHandler){
        var dbObj = this;
        handle(dbObj, function(storeName, indexName, key, successHandler,
 errorHandler){
                var tx = dbObj.db.transaction(storeName,'readonly');
                var store = tx.objectStore(storeName);
                var index = store.index(indexName);

                var request = index.get(key);

                if(typeof errorHandler == "function"){
                        request.onerror = errorHandler;
                }else{
                        request.onerror = commErrorHandler;
                }

                if(typeof successHandler == "function"){
                        request.onsuccess = successHandler;
                }
        }, storeName, indexName, key, successHandler, errorHandler);
}

commFuntions.loadsByIndex = function(storeName, indexName, keyRange,
```

```
successHandler, errorHandler){
        var dbObj = this;
        handle(dbObj, function(storeName, indexName, keyRange,
         successHandler, errorHandler){
                var tx = dbObj.db.transaction(storeName,'readonly');
                var store = tx.objectStore(storeName);
                var index = store.index(indexName);

                var request = index.openCursor(keyRange);

                if(typeof errorHandler == "function"){
                        request.onerror = errorHandler;
                }else{
                        request.onerror = commErrorHandler;
                }

                if(typeof successHandler == "function"){
                        request.onsuccess = successHandler;
                }
        }, storeName, indexName, keyRange, successHandler, errorHandler);
}

commFuntions.getKeyByIndex = function(storeName, indexName, key,
successHandler, errorHandler){
        var dbObj = this;
        handle(dbObj, function(storeName, indexName, key, successHandler, errorHandler){
                var tx = dbObj.db.transaction(storeName,'readonly');
                var store = tx.objectStore(storeName);
                var index = store.index(indexName);

                var request = index.getKey(key);

                if(typeof errorHandler == "function"){
                        request.onerror = errorHandler;
                }else{
                        request.onerror = commErrorHandler;
                }

                if(typeof successHandler == "function"){
                        request.onsuccess = successHandler;
                }
        }, storeName, indexName, key, successHandler, errorHandler);
}

commFuntions.loadKeysByIndex = function(storeName, indexName, keyRange,
 successHandler, errorHandler){
        var dbObj = this;
        handle(dbObj, function(storeName, indexName, keyRange,
         successHandler, errorHandler){
                var tx = dbObj.db.transaction(storeName,'readonly');
```

```
                var store = tx.objectStore(storeName);
                var index = store.index(indexName);

                var request = index.openKeyCursor(keyRange);

                if(typeof errorHandler == "function"){
                    request.onerror = errorHandler;
                }else{
                    request.onerror = commErrorHandler;
                }

                if(typeof successHandler == "function"){
                    request.onsuccess = successHandler;
                }
            }, storeName, indexName, keyRange, successHandler, errorHandler);
    }
})("ExcelibIDB");
```